中国古代建筑装饰

雕·构·绘·塑

中国建筑设计研究院
建筑历史研究所

孙大章　著

中国建筑工业出版社

图书在版编目（CIP）数据

中国古代建筑装饰：雕·构·绘·塑 / 孙大章著. — 北京：中国建筑工业出版社，2015.2
ISBN 978-7-112-17696-0

Ⅰ. ①中… Ⅱ. ①孙… Ⅲ. ①古建筑-建筑装饰-中国
Ⅳ. ①TU-092.2

中国版本图书馆CIP数据核字（2015）第018843号

责任编辑：费海玲　张振光
书籍设计：肖晋兴
责任校对：陈晶晶　关　健

中国古代建筑装饰：雕·构·绘·塑
孙大章　著
*
中国建筑工业出版社出版、发行（北京西郊百万庄）
各地新华书店、建筑书店经销
晋兴抒和文化传播有限公司制版
北京顺诚彩色印刷有限公司印刷
*
开本：880×1230毫米　1/16　印张：$26^1/_2$　字数：690千字
2015年8月第一版　　2015年8月第一次印刷
定价：248.00元
ISBN 978-7-112-17696-0
(26869)

目录

绪论……1

第一章　雕饰……5

一、木雕……6
（一）梁枋大木雕刻……7
（二）支撑构件雕刻……21
（三）装修雕刻……25
二、石雕……38
（一）画像石……39
（二）构件雕刻……41
（三）装饰雕刻……56
（四）小品石刻……61
三、砖雕……68
（一）砖雕技法……68
（二）砖雕演进……69
（三）砖雕图案设计……74
（四）砖雕地区风格……80

第二章　构饰……91

一、门窗棂格……92
（一）历史演变……92
（二）棂格图案……96
二、内檐隔断……107
（一）槅扇门……108
（二）屏门……110
（三）博古架、书架……111
（四）罩……112
（五）通间隔断……116
三、天花、藻井……118
（一）天花……118

（二）藻井……121
四、斗栱装饰……129
（一）斗栱演变……130
（二）装饰化的斗栱……132
五、墙面砌筑……136
（一）砖石素砌……136
（二）砖石混砌……136
（三）砌花……140
六、封火山墙……143
（一）阶梯式封火墙……143
（二）曲线式封火墙……146
（三）寓意式封火墙……147
七、铺地……148
（一）铺地演变……148
（二）铺地材料及图案设计……148

第三章　绘饰……153

一、壁画……154
（一）早期壁画……154
（二）宫廷壁画……155
（三）墓室壁画……156
（四）石窟壁画……158
（五）寺观壁画……159
（六）壁画制作技艺……164
二、彩画……164
（一）早期彩画……164
（二）宋代彩画……168
（三）明代彩画……176
（四）清代彩画……182
（五）官式建筑彩画……190
（六）地区建筑彩画……205
（七）民族建筑彩画……209
三、墙绘……223
四、贴落画……230
五、刷饰……235

第四章 塑饰 243

一、模印花砖 244
二、脊饰 250
（一）吻兽 250
（二）走兽 255
（三）脊身花饰 256
三、瓦当 259
（一）瓦当的出现与演变 259
（二）战国瓦当 260
（三）汉代瓦当 262
（四）汉代以后的瓦当 265
（五）滴水瓦 268
四、琉璃饰件 269
（一）琉璃制作 269
（二）琉璃制品演进 270
（三）琉璃屋面 274
（四）琉璃建筑 279
五、灰塑 292
（一）灰塑制作 292
（二）灰塑分类 293
六、陶塑 299
七、石膏花饰 302
（一）石膏花饰的应用 302
（二）石膏花饰的制作技术 306
（三）新疆石膏花饰图案 307

第五章 贴饰 309

一、贴砖 310
二、嵌瓷 314
三、装裱 322
四、贴皮 324
五、帐挂 327

第六章 金饰 333

一、金饰的应用 334
二、贴金 337

（一）彩画贴金……337
（二）满金贴金……339
（三）木构贴金……349
三、镏金……350
（一）宫廷建筑镏金……350
（二）寺庙建筑镏金……352
（三）藏族建筑镏金……355
四、泥金……362
五、扫金……364

第七章 文字饰……365

一、匾联……366
（一）匾额……367
（二）对联……378
二、壁刻文字……385
三、文字棂格……393

第八章 建筑装饰图案……395

一、历史演变……396
二、构成规律……399
（一）适形图案……399
（二）连续图案……400
（三）组合图案……400
三、图案题材……401
四、吉祥图案……415
（一）直描……415
（二）象征……415
（三）音借……416
（四）组配……416

部分图片引自下列文献……417

绪论

装饰一词由来已久，在中国古籍中常常使用。《后汉书》中记载孟光嫁给梁鸿，“始以装饰入门，七日而鸿不答”。就是说梁鸿不赞成女子过于装饰，也说明汉代已经将妇女容妆打扮称为装饰。一般群众对“装饰”一词可理解为打扮、修饰（指服装、面貌方面）、装潢（指物品、书画、包装品等）、点缀、装点（指在物体表面添加一些美化措施）等，可以有多层含义。建筑上用装饰一词，一般泛指在结构性（承重结构与非承重的围护结构）的形体上进行美化加工的一些措施，如彩绘、雕刻、塑造等项内容。从词义上看“装”有包裹的意思。在英语中，Decoration与Ornament都可译为装饰。但仔细观察，Decoration多为装潢、美化、修饰的意思，用于工艺美术品、室内环境等方面的阐述；而Ornament则专指建筑装饰范畴，两者词义有所区别。

从古到今，装饰现象在日常生活中无处不在，是人们爱美的反映，是对事物美感体察更加细化的一种表现。它反映在生活需求的各个方面，包括衣食住行，甚至人们的身体。以穿衣为例，若从实用功能出发，区分出单、夹、皮、棉、长短袖、内外衣等不过数十种品类，但是若经过装饰加工，则可创制出数十万种而不止。又如生活用具、餐具的使用品类，不过是桌椅箱柜、锅碗盆碟等几百种而已，可是经过装饰处理，可以创造出无穷的新式样。妇女用的首饰更是装饰意匠的产物，古往今来，创意无限。观察世界名牌箱包、手表，无不是以其华丽高贵的装饰手段来赢得顾客的青睐。

建筑设计上同样反映出装饰手段的重要性。很多时代性的、民族性的、地域性的建筑，除了整体造型的特色之外，装饰加工起了很显著的作用。纵观西方古代建筑史，从古希腊、古罗马、哥特式、拜占庭式、文艺复兴式，直到巴洛克式建筑，除了布局与结构方面的进步以外，装饰美学成为其建筑风格特色的重要表征。柱式、雕刻、壁画、花窗、马赛克、彩色玻璃拼镶、铁艺等装饰手法成就了各历史时期建筑的艺术面貌。我们不能想象没有这些装饰加工的历史建筑会是什么样子。建筑装饰可以更加突出建筑形体，强化观感，增加思想内涵，也就是增加了建筑物的个性特征。

在中国封建社会中强调阶级差别，朝廷制定了许多有关的等级制度，规范臣民的生活状况，其中在居住建筑上的规定亦有许多条文。唐朝规定“王公以下舍屋不得施重栱藻井，三品以上堂舍不得过五间九架”，“非常参官不得造轴心舍，及不得施悬鱼、对凤、瓦兽、通栿乳梁装饰”，“庶人所造房舍……仍不得辄施装饰”。宋代规定“非品官毋得起门屋，非宫室寺观，毋得彩绘栋宇及朱漆梁柱窗牖，雕铸柱础”。明代洪武二十六年定制，内容除包括官民房舍间架，梁枋绘饰，大门的油饰色彩，门环的材质等的等级规定外，还有统一的禁令，即不许做歇山屋顶、重檐重栱、藻井天花，门窗油饰不得用红色，雕刻图案中不许有帝后、圣贤、日月、龙凤、麒麟等形象。以上规定也说明建筑装饰的直观特点在显示尊卑等级、门第高下时有着直接的作用。

建筑装饰手法的形成受地域的影响甚大。因为装饰是在建筑主体上进行的附加性处理，若主体的建筑材料及采用的结构形式不同，则其建筑装饰手段也不相同。例如，中国北方建筑的抬梁式梁架用料粗大，有条件绘制丰富的梁枋彩画。而南方民族建筑采用轻巧的穿斗架，穿枋窄小，故多为素油涂刷，装饰重点用在出挑的挑木及撑木上。又如多雨地区的建筑多为坡屋顶，因此在瓦脊瓦件上的装饰因素较多，而干旱地区多为平顶建筑，其装饰重点转为对前檐廊的加工，包括檐柱、檐枋及檐口板的雕刻处理。从世界范围来看，古代东西方建筑装饰也有明显的不同。中国传统的古代建筑（包括日本、朝鲜的建筑）是以木结构为主的建筑体系，形成细长构件相互拼接的构图，同时为了防雨，多为坡顶瓦面及出挑的屋檐。因此，它的装饰手法主要反映在杆件组织方式及表面的彩绘上。雕刻手法仅用在木材上，且多在檐下及室内，相对在砖石雕刻方面应用较少。西方古代重要建筑多为石结构，其形制表现为石墙、石拱券及穹顶，兼有抹灰的墙面及顶棚。所以，其装饰手法中大量运用石雕技艺，包括人像、柱饰、拱券、花窗等，还有石材拼嵌的马赛克地面及墙面。石墙及穹顶提供了大面积的平面，所以重点建筑多采用油彩的壁画。东西方古代建筑装饰风格完全异趣，各有千秋。

建筑装饰在中国两千余年的发展中，虽有兴衰嬗替及表现形式的变化，但它作为建筑创作中的重要手段，是建筑美学的一部分，这样的评估在人们心目中并无异议。但在19世纪现代建筑开始兴起以后，却对建筑装饰的必要性产生了怀疑。如美国芝加哥学派重要代表人物沙利文即认为，“建筑可以不要装饰，仅仅通过体量与比例本身而造成一种效果。装饰是一种智力的奢侈，而不是一种必需”。甚至他建议颁布一个临时禁令，禁止一切建筑的装饰，因为它们打破了功能、形式、材料之间的有机联系。20世纪初奥地利建筑师路斯甚至说“装饰就是罪恶”，“是对劳动力的浪费”，或是“对材料的一种亵渎”。他认为“装饰与我们的文明已经不再有着有机的联系，它也就不再是我们文明的表达方式”。为什么装饰问题在建筑向现代化迈进的时候，会产生如此大的非议，而一些其他日用品，如服装、用具、首饰、家具的现代化过程中，在装饰美化方面并没有产生如此严重的抵触，这要从建筑的特点来分析。任何物品的制作都是以材料为基础的，国内外的传统建筑皆是以木、石、土、灰等天然材料为主要用材。其结构也必然是适应这种材料的结构方式，随之其装饰手法也受到结构材料的制约与限定。因之，古代建筑装饰多为手工操作的雕刻与彩绘之类。可是现代建筑是一场伟大的革新，其首要的表现即是盖房子采用了工业化生产的人造材料，如水泥、钢材、玻璃，以及合成的钢筋混凝土等，建造效率极大地提高。这些材料根本无法用费时费力的雕刻手法来加工。因此，为推广现代建筑，则必须改变人们习以为常的对建筑装饰约定俗成的看法，用极端的语句否定它，才能开辟现代建筑的未来。而在服装、瓷器、家具、首饰等类日用品中并没有发生材料的突变，新的材料只是传统材料的补充，因此其装饰美化的理念并无改变。

当现代建筑推行一段时期以后，这种否定建筑装饰的弊端开始出现，建筑面貌变得毫无个性，冷冰冰，没有人情味，现代建筑走向千篇一律的国际主义风格。在20世纪的60年代末和70年代，在建筑界中产生了后现代主义，希望克服现代主义的缺憾。美国建筑大师文丘里就提出用装饰因素来丰富建筑，这种因素有两个来源：一是历史因素，如古希腊、古罗马、哥特式、文艺复兴式、巴洛克式等各种历史建筑风格，都可借鉴，形成历史符号；另一来源是通俗文化，即流行于当代的商业及民间建筑文化。当然，后现代主义建筑理论尚有古典主义、解构主义、地方主义、环境主义等各种流派，谁是主流，尚难有定论。但是鼓励多元建筑文化，重视包括建筑装饰在内的各类建筑表现手法，延续建筑文脉，创造新的民族和地域建筑风格，是建筑界的整体趋向。

当然，我们必须承认在现代建筑技术与材料具有根本性转变的新时代，建筑装饰也必须走创新之路，在继承传统的基础上，寻求新的建筑装饰手法。大量的现代建筑是框架结构体系，这点与东方传统建筑有共通之处，因此依附于这种体系的构造装饰应该有广泛的借鉴意义，例如杆件组合成的棂格图案，杆件端头的处理，杆件本身的装饰等。又如古代的贴饰手法，在后现代建筑中也容易体现。今天的建筑往往将外檐装修与内部结构相分离，可以有不同的贴饰手法。另外，现代材料已经发明了现场浇筑的人造材料，如人造石等，为地面装饰开辟了道路。现代砖制品的品类已经很多，为发展组配的装饰手法创造了条件。现代计算机技术可以准确地指导机器雕刻，不需要繁重的人工操作，因此雕刻技艺可以融入现代建筑中。就是纯粹的手工技艺制作技术，在现代室内装饰上仍然有重要地位。在宾馆、高档办公楼及标志性建筑中，仍大量采用雕、绘、塑的装饰手法，说明手工技艺并未消失，而且有新的表现。

中国古代建筑装饰受到古代条件的限制而有所偏重，仅在几个方面应用较多，即雕刻（包括木砖石雕）、彩画及塑制等。但从实际考察，传统装饰手法远不只以上数种。有些用于不同的地区，没有推广；有些限于时代，逐渐消失；有些用于民间，未引起重视。所以，若要总结中国古代劳动者的装饰智慧，不妨换一个思路，即从装饰所用的工具及加工方法予以概括，可分为雕饰、构饰、绘饰、塑饰、贴饰、金饰、文字饰几个方面的艺术美学成就。对于现代建筑而言，若要继承并发扬传统，必须在现代建筑材料的基础上，钻研其合宜的加工方法，走出新路，才有希望。

雕饰是指用刀进行加工的装饰手法，包括雕刻（木砖石三雕）、线刻、镂活等，是在硬质建筑材料上的人力加工，比较费力。但若有先进的刀具，则会减轻劳动强度，同样有改进与利用的空间。构饰是指建筑的细部构件加以组合装配，形成有新意的立体图案，包括斗栱、挑木（撑木）、棂格、铺地、席编等。这部分装饰手法最具民族风格，而且在现代建筑中最容易结合，可惜的是目前建筑师对构饰手法并没有认真总结与发扬。绘饰是指用笔进行装饰的手法，包括壁画、彩画、墙绘、贴落画、刷饰等。古代使用的是毛笔、水色。西方用的是棕毛笔、油色。假如有新的工具笔出现，则会有新的绘饰产生，如喷枪、激光笔等。塑饰是指用手在较柔软的可塑性材料上加工，然后固化成型的装饰手法，包括陶塑、琉璃、灰塑、石膏塑、抓花等。为了大量地制作成品，往往先用手工制成模具，批量模压成型，如瓦当、画像砖等。这种模印的手法在现代建筑装饰中应该比较容易传承。贴饰是指将装饰材料贴在建筑表面的装饰手法，包括贴砖、嵌瓷、装裱（如糊天花棚、贴落字画及一部分纸质的联匾）等。此项工艺除了胶粘剂的质量外，手艺的水平是关键，才能保证被粘物的表面平整。贴饰在现代建筑中应用较多，内外檐都可以贴，轻重质建筑材料皆可用。目前的缺憾是较少民族艺术创意。金饰是指用金属加工制成的装饰品，在中国古代主要是铜制品，高贵者可以镏金，包括铜缸、门钵、门钉、金钉等。民间可用铁制品。文字饰是以文字作为装饰母题，运用到建筑的各个部位，产生出美学效果。它是基于中华传统文化及语言文字的特点而生成的装饰手法，有着独树一帜的创意，与西方建筑装饰题材完全异趣，也是我们应该总结的。最后，还要注意到传统建筑的装饰题材，每项题材都有着直接的或寓意的思想内涵，表达了人们美好的愿望，是对建筑艺术的补充。

梁思成先生在《建筑设计参考图集》斗栱一集中说“我们虔诚地希望今日的建筑师不要徒然对古建筑作形式上的模仿，他们不应该做一座座唐代或宋代或清代的建筑……本图集并不是供给建筑师们以蓝本，只是供给他们一些参考的资料，希望他们对于中国古代结构法上有了了解，由那上面发挥出中国新建筑的精神。”

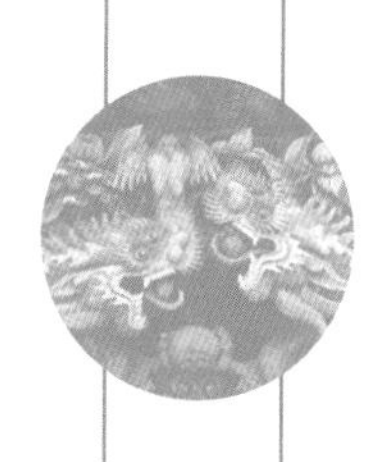

第一章

雕饰

雕刻是一门很古老的装饰手段，远在石器时代的原始社会，先民就雕出玉龙、玉璧、玉琮等祭祀用品。进至铁器时代雕镂之工大盛，汉代张衡的《西京赋》中描述宫殿建筑称“雕楹玉碣”，“镂槛文槐 ”，说明木石之雕已广泛应用。早期建筑雕刻的遗存大部分是石刻，但从实际状况推测，应该是木雕更普遍。至于砖雕是在青砖大量用于建筑以后，在木雕技术上发展出来的，应在宋元以后。

一、木雕

中国传统建筑的结构材料以木材为主材，对木材的美学加工主要为绘饰与雕饰，故木雕在古代建筑中具有重要地位。若以中国古代建筑的木石砖三雕的成就来比较，则木雕应占据首位。战国时代成书的《国语》中有“以土木之崇高、彤镂为美”，“丹桓公之楹，而刻其桷”的描述，两汉时期描述帝王宫室的赋文中亦有“雕楹”、“镂槛”、“龙桷雕镂”之词句，说明当时已经开始在木构件上进行雕饰加工。在宋《营造法式》雕作制度中还明确提出混作、雕插、起突、剔地四种木雕雕刻技法。混作即是立体圆雕，包括神仙、凤凰、狮子、角神、缠柱龙等八品，用于栏杆柱头、匾额四周、照壁板上及藻井内。还特别提到人物凤凰一类混作下边尚须配以莲花座。雕插即是板式圆雕，内容多为各式写生花卉，用于栱眼壁上。将随形雕好的花板插在栱眼壁的木制花盆内。起突为高浮雕，内容亦为各式写生花卉。用在梁额大木、槅扇门裙板、栏杆附件、匾额四周、天花板等处。因为起突手法多用在构件身上，故又可称为剔地起突。而用于天花板上的贴落小件可以透雕，可称为透突。剔地雕为浅浮雕，即从构件表面下压（剔地）而成的雕刻手法，内容有花卉、卷草、云纹等，一般用于平板的部位。而用于鹅项（弯曲的栏杆木）、地霞（栏杆下部雕饰）、叉子头等小构件之首的剔地雕，又称为实雕。宋代的木雕皆应用在结构部位，而内外檐的装修上并没有雕饰，如截间板帐等皆为素平的。降至明清之际，建筑内外檐的梁架大木、槅扇、挂落、替木、撑木、花罩等物件增多，木雕手法的应用更为普遍。在全国木雕技艺普遍提高的基础上，形成了几处木雕艺术重点地区，如北京宫廷、浙江东阳、广东潮汕、皖南徽州、云南剑川、甘肃临夏等地。

从遗存的优秀的建筑木雕作品角度来看，较为集中的有三大地区。北方地区以北京宫廷为中心，兼及民居及园林，作品多为内檐装修雕刻，尤以宫廷寝宫内的植物题材花罩最为精美，此外，帝王陵寝的楠木井口天花亦为传神之作。山西晋中一带民居前檐廊柱之间类似飞罩的木制挂落，亦为一种盛行的有特色的木雕制品。江南地区以浙江东阳为代表，影响遍及江、浙、皖、赣各省。东阳历来为木雕之乡，制作家具、用具、摆件等小器作的工艺十分发达，至清代更发展到建筑装饰上来。木雕部位多用在额枋、穿枋、撑木、牛腿、槅扇门窗上，多用突雕圆雕，图案的比例大，标题性十分鲜明，具有震撼效果。南方以广东潮汕为代表，分布在闽粤沿海地区，并影响到中国台湾及东南亚一带华人聚居地区。潮汕木雕更注意雕品的立体效果，动物、人物题材大增，在梁架上的小构件上应用尤多，并且多油饰红黑油漆，刷金贴金，气氛华贵热烈，刺激性较强。

从木构件的建筑装饰角度看，北方偏重彩绘，南方偏重木雕刻，闽粤地区更喜欢在雕刻上加以彩绘，反映出地区美学欣赏的差异。建筑中使用木雕的部位有三种情况。一种用在主要承重构件上，如大梁、随梁枋、额枋、檩木等梁枋大木处，雕刻手法多为浅刻，不能伤及结构受力功能。一种用在结构的次要构件上，如牛腿、撑木、雀替、垂柱头等支撑构件处，雕刻手法可用深浅浮雕，立体感强，在某种条件下，还可用透雕。这些构件雕刻的观赏性强，可表现一定的主题意义，是建筑木雕中的重点。再一种木雕是用在内外檐木装修上，如槅扇门窗的裙板、绦环板、花结，和木栏杆、挂落、内檐的雕刻花罩、吊顶木天花的雕刻等处，其雕刻手法多为浅浮雕，某些小件可以用透雕。其装饰题材多为纹样性的图案，仅在较大面积的槅扇裙板上可以表现出较为丰富的社会生活的雕刻画面。下面分别论述各部位木雕的特点。

（一）梁枋大木雕刻

传统建筑大木构架基本有三种形式，即抬梁式、插梁式、穿斗式。抬梁式为梁端顶在柱上，层层叠置，梁间置短柱（瓜柱），梁上架檩，承托屋盖重量。多用在北方地区，北方抬梁式构架较少雕琢，往往在梁下设有天花，掩盖了整体构架。插梁式为以柱和短柱直接托檩木，底层大梁的梁端插入柱身，梁上立短柱以承托各条檩木，各短柱之间以随枋（穿枋）相互连接。各榀屋架之间以额枋、间枋、随檩枋连接固定。随枋、额枋等并不受力，或承担次要的重量。故这部分可以进行较复杂的雕刻，大梁及短柱亦有简单的雕刻。插梁架建筑多不设天花，直接露出建筑构架。插梁架多用于南方地区，但南方也有应用抬梁式构架的。穿斗式为以柱直接托檩，穿枋与斗枋将各柱联系起来，起到稳定构架的作用，并不受力。穿斗架的柱枋尺寸较小，故不能进行雕刻，多用在南方轻屋盖的民居建筑。据此，故梁枋大木雕刻实例多集中在南方插梁式建筑上。

建筑大木构件分别担负着不同的受力作用。“梁”“柱”是主要承重材料，包括大梁、三架梁、瓜柱等，只能作简略的雕刻处理，以免伤及材质；而“枋”是联系构件，包括随梁枋、随檩枋、随木、额枋、龙门枋、探海梁、穿插枋等，只承担部分重量，可以有较深刻的雕刻处理，便于艺术发挥。

1.梁

南方建筑的梁可分为直梁与月梁两类，月梁即是梁身弯曲，形成一定弧度的梁，有如弯月，故名。宋代建筑即开始有月梁出现。但在明清时期真正是原木砍制的月梁极少出现，仅是在直梁的基础上两端斜砍出颏线，梁顶微弯，近似月梁。或者在直梁梁底两端加设托木，类似月梁之形而已。但在浙江东阳地区的建筑尚保留原木砍制月梁的做法，这是很少见的例子。

东阳建筑为了强调月梁柔美的造型，在梁身两端的下部，浅刻出一道由深入浅、由宽变细的弧线，端头还有微颤的尾线，俗称为“鱼鳃纹”，突出了月梁端部的圆和之势，用刀不多，效果鲜明，是一项简略而优美的雕饰手法（图1–1、图1–2）。大部分的梁身上仅刻出一圈环线，突显出梁身的转折。或在环线内加刻回纹、花草、人物等。有的在梁身中部仿包袱彩画的创意，刻出搭包袱的三角形雕刻图案，也是一种处理方式。还有的建筑的梁身不作雕饰，而在梁底雕出连续图案，与

图1-1 浙江东阳卢宅肃雍堂梁架雕饰

图1-2 浙江东阳卢宅大堂梁架

梁身对比，繁简分明，强调出梁栿的体积感。闽粤地区的大梁除浅浮雕以外，尚加以彩绘处理，显得十分热烈，具有鲜明的地域特色（图1-3～图1-9）。

尚有一种情况会出现弯梁的造型，就是在南方建筑廊步的构架上，为了形成各种弯曲形式的轩顶，往往用弯梁承托上部两根檩木，这种梁肥大弯曲，俗称“荷包梁”。江南民居正厅后檐左右的侧门上方亦设弯梁，梁短而弯，俗称“元宝梁”。在华南地区有些弯梁全身布满雕刻，十分华丽，已经分辨不出具体形状，甚至涂彩贴金，美轮美奂，表现出业主炫耀的心态（图

图1-3 江苏苏州狮子林大厅梁架

图1-4 江苏无锡薛福成故居务本堂梁架木雕

图1-5 江苏无锡薛福成故居大厅梁架

图1-6 休宁古城岩某宅梁架雕饰

图1-7 浙江蓝溪诸葛村丞相祠堂梁架木雕

图1-8 江西景德镇玉华堂梁架雕饰

图1-9 江西婺源汪口村俞氏宗祠梁架雕饰

图1-10 浙江泰顺徐岙底村村口祠堂梁架

图1-11 浙江宁波秦氏宗祠廊轩

图1-12 广西柳州某宅正厅廊步梁架

1-10～图1-13)。

为了配合梁枋装饰，往往在梁端或梁檩接头处增加一些木雕饰件，如苏州厅堂大木梁架上的纱帽翅、山雾云，浙江东阳地区的托栱等，更增加了梁架的华美程度(图1-14～图1-17)。

2. 枋

枋木构件在梁枋大木中应用较多，用在横向联系各柱间的有额枋、龙门枋、探海梁、随檩枋等；用在纵向联系各柱间的有穿插枋、随梁枋、随木(实际为瓜柱

图1-13 浙江宁波秦氏支祠廊步梁架

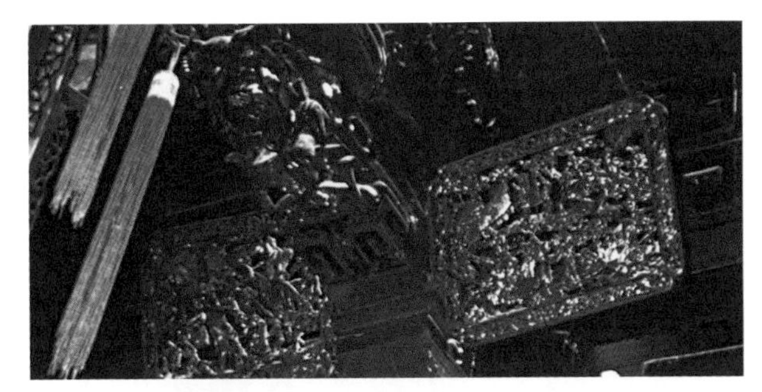

图1-14 江苏苏州东山春在楼梁端纱帽翅

之间的穿枋，南方建筑称之为随木）等。在诸多的枋材中雕刻最繁复的是额枋与随木，是装饰的重点。

额枋位于建筑前檐，是最显眼、最令人注目之处。并且额枋受力较轻，可以雕琢较深刻一些。其图案构图方式有两种。一种为中心重点装饰，在额枋中心设一包袱式的三角图案，或者为一海棠角式的小池子，

图1-15 江苏常熟翁同龢故居采衣堂梁架纱帽翅

图1-16 浙江东阳卢宅梁架檩下托栱

图1-17 江苏常熟翁同龢故居采衣堂梁架山雾云

内容多为花卉及动物。稍复杂的在两端枋身加刻花草。中心图案的雕刻较深，两侧较浅，以突显中心的地位。另一种为满雕式，整个枋身满雕图案，内容有花草、凤鸟、百狮等，最复杂的是人物故事内容。满雕图案的四周起边线，以规范图案的完整性。这类雕饰稍深，以加强观赏效果。江南民间临街二层民居建筑的探海梁，因断面较小，故雕刻较浅，多为福寿金钱等较细碎的图案，更具乡土建筑风格（图1-18~图1-21）。有

图1-18 浙江永康徐震二公祠前檐额枋雕刻

图1-19 江西景德镇玉华堂额枋木雕（资料来源：陆元鼎，杨谷生主编.中国美术全集·民居卷[M]. 北京：中国建筑工业出版社，2004）

图1-20 浙红建德新叶村祠堂梁架木雕

图1-21 浙江嘉兴乌镇民居探海梁木雕

图1-22 安徽绩溪龙川乡坑口村胡氏宗祠额枋木雕

图1-23 河南开封山陕甘会馆关帝庙正殿额枋贴雕

图1-24 河南开封山陕甘会馆关帝庙正殿额枋贴雕细部

图1-25 甘肃夏河拉卜楞寺门枋贴雕

图1-26 浙江蓝溪诸葛村丞相祠堂梁底雕刻

些祠堂或大宅的额枋为两条叠置的重枋，因上枋及平板枋不承重，可以雕出各种复杂图案，甚至是透雕，完全是为了表现业主的财力及气派的纯装饰的雕刻处理（图1-22）。还有的建筑的额枋雕饰是另外雕刻一片透雕的花板，贴在额枋的外皮上，并加以彩色绘制，这种方法能保持构件的力学性能，同时可增加雕饰的灵活性。也有将深雕的植物图案设在额枋底部，利用月梁底部挖空部位进行雕刻的，这种处理从枋材受力角度分析并不合理，仅是不多见的个别案例（图1-23～图1-26）。总之在大木雕饰中额枋是重点之一。

穿枋与随木多应用在插梁架木构上，它们是联系柱间的构件，或在梁下作辅助构件，目的是增加大木架的稳定性，受力不多。穿枋与随木的装饰手法有两种，一种是修整造型，成为弯曲多姿的形态，如月梁形、口袋形、卷曲形等。最突出的是东阳构架的穿梁，用料较大，大幅度卷曲，头大尾小，辅以线脚雕饰，成为片状构件，占满了相邻的柱间的空隙。根据其外形特征，俗称为“猫拱背”。这种穿枋大量应用在各步架之间，构成梁架美化的主要手段。后期在猫拱背的基础上又增加了塑形艺术，表现为蹲狮走兽等形态，与结构构件的原始用意脱离甚远，完全成为纯艺术装饰品，这种异化的现象，只能称为特例。另外一种是深雕木件，多用在条形的随木或随梁枋上，在闽南或潮汕地区应用较普遍。其雕刻内容为卷草、云纹、花卉等便于横向展开的图案。有些地方还使用了透雕手法（图1–27~图1–33）。

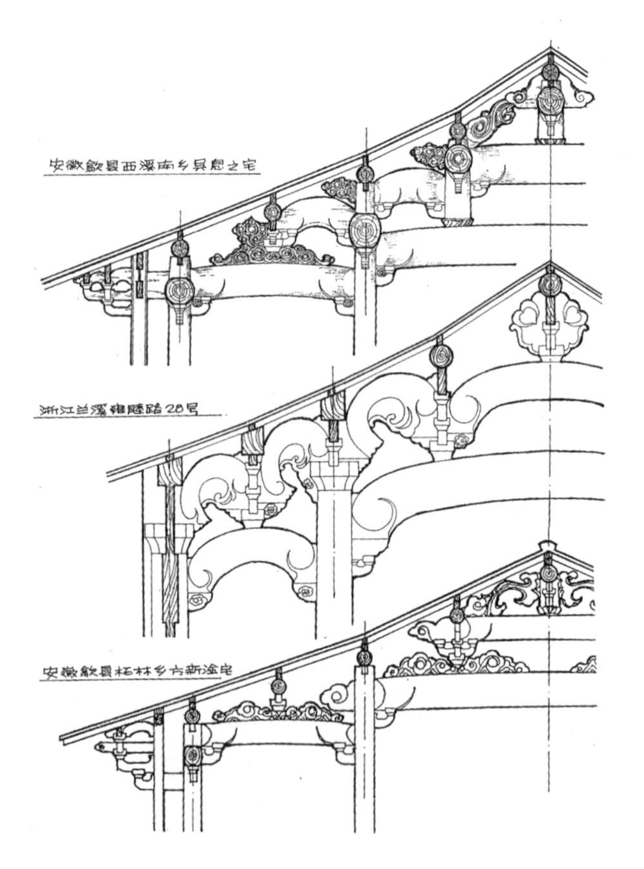

图1–27 东阳木制梁架的随梁

图1–28 浙江东阳卢宅肃雍堂梁架随木雕刻

图1–30 广东潮阳王氏宗祠梁架随木雕刻

图1–29 台湾宜兰黄举人宅廊步梁架随木雕刻

图1–31 广东汕头民居木雕梁架随木雕刻（资料来源：林挺主编.汕头建筑[M]. 汕头：汕头大学出版社，2009）

图1–32 汕头明安里家祠屋架随木雕刻（资料来源：林挺主编.汕头建筑[M]. 汕头：汕头大学出版社，2009）

图1–33 甘肃夏河拉卜楞寺某寺入口斗栱枋木雕刻

3.柱

在中国木构建筑中的立柱柱身极少雕刻，仅有线形处理，如圆柱、方柱、八方柱、海棠角柱、瓜楞柱等，追求构架下身净洁、上架华丽的对比效果，同时也保证了柱身的坚固。但在其他重要建筑，如寺庙殿堂的前檐柱柱身上也会有木雕盘龙出现，这些盘龙皆是独立的雕件，挂贴在柱身上，并非柱身雕刻。木雕盘龙柱与石雕盘龙柱不同，它的龙身姿态可闪转腾挪，四腿悬空，龙首突张，具有极大的空间占位，有效地提升了建筑立面的气势。应用木雕盘龙的实例不少，如宋代太原晋祠圣母殿、四川峨眉飞来殿、云南沧源广允缅寺等。此外，四川成都青羊宫八卦亭的柱身盘龙是外贴包镶木雕刻的，这也是一种简便的方法（图1–34～图1–38）。

图1–34 四川峨眉飞来殿盘龙柱（双龙）

图1–35 山西太原晋祠圣母殿盘龙柱

图1–36 云南沧源广允缅寺缠龙柱

图1–37 辽宁沈阳故宫大政殿盘龙柱

图1–38 四川成都青羊宫八卦亭木柱包镶雕刻

图1-39 故宫宁寿宫畅音阁戏台柱头装饰

图1-40 辽宁沈阳故宫大政殿柱头木雕兽面装饰

图1-41 辽宁沈阳故宫大清门柱头龙首雕饰

木构建筑柱头亦很少装饰，仅在柱头之外加设花板，以强调对柱枋交接处的重视，如辽宁沈阳故宫大政殿柱头木雕兽面装饰、北京故宫宁寿宫畅音阁戏台柱头装饰等（图1-39～图1-41）。在应用平梁搁檩式建筑的少数民族地区建筑，往往柱头有较复杂的雕饰。新疆喀什的礼拜寺柱头有各种花式，以层层叠置并放大的多角柱盘装饰柱头，并加以彩饰，十分华丽。藏式建筑的柱头在大斗托替木的基础上，以在柱顶雕刻柱帔的方式加以装饰，这是藏式建筑独有的装饰手法（图1-42～图1-45）。

图1-42 新疆伊宁花儿礼拜寺入口檐柱木雕

图1-43 新疆喀什阿巴伙加高礼拜寺外殿木柱雕刻

图1-44 青海同仁年都乎寺柱帔雕刻

图1-45 新疆喀什阿巴伙加墓大礼拜寺柱头数种

雕工最为繁复的当属梁上的瓜柱，瓜柱为梁架上承托叠梁的短柱，形体矮小肥胖，易于雕饰。苏南地区的瓜柱为圆柱形，上部有明显的收分，下部咬合在大梁上，外貌近似瓜形。皖南地区的瓜柱在下边增加一块柱托，柱托雕出各样花饰，为简素的梁架增加了活泼的气氛。而闽南地区的瓜柱为圆鼓形，瓜身上刻画出分瓣，并有装饰性花纹雕刻，下部瓜尖如鹰嘴般咬合在梁身上，瓜形更趋明显，当地称为"趖瓜"。有些梁架的叠梁之间的空间较矮，则瓜柱改为一块方木，称为"柁墩"。柁墩的雕刻加工更为自由，可以雕刻荷叶墩、莲花墩、卧狮、走兽等，类似的变体仍有许多。广东汕头有一例建筑的柁墩雕成满布回纹人物的深浮雕的花团，可称为柁墩雕刻中最复杂的例子（图1-46~图1-54）。

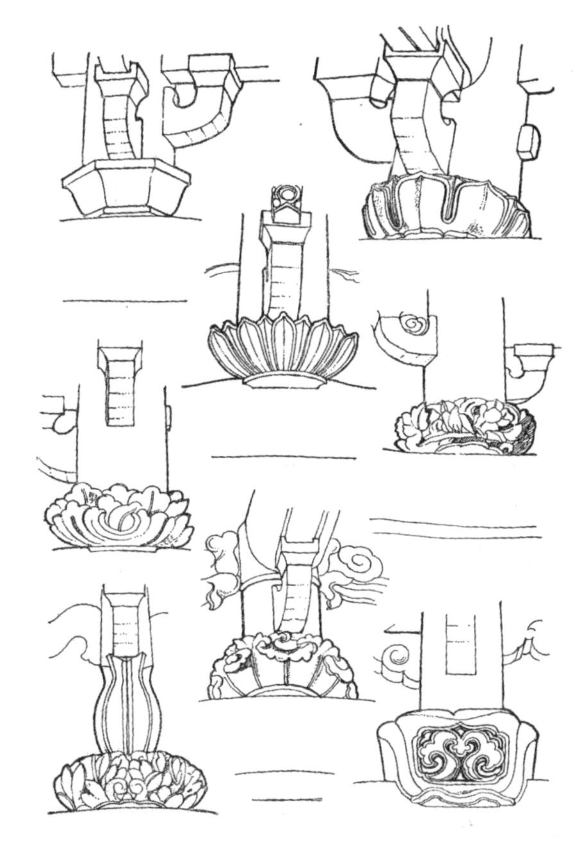

图1-46 皖南明代住宅瓜柱柱托雕饰

图1-47 安徽歙县呈坎乡某宅梁架瓜柱

图1-48 福建南安官桥镇漳里村蔡氏民居梁架趖瓜

图1-49 广东汕头民居大厅三载五木瓜梁架

图1-50 台湾宜兰文昌宫梁架趖瓜雕刻

图1-51 广东汕头民居大厅梁架趖瓜

图1-52 广东汕头民居金漆木雕梁架橔木（资料来源：林梃主编.汕头建筑[M]. 汕头：汕头大学出版社，2009）

图1-53 福建泉州杨阿苗宅厅堂梁架（资料来源：陆元鼎，杨谷生主编.中国美术全集·民居卷[M]. 北京：中国建筑工业出版社，2004）

图1-54 广东汕头潮阳梅氏家祠大厅梁架橔木（资料来源：林梃主编.汕头建筑[M]. 汕头：汕头大学出版社，2009）

（二）支撑构件雕刻

为了承挑出檐，需要在建筑构架上增加某些支撑构件，大型建筑可使用斗栱来增加挑檐的深度，但一般民间或小型建筑往往用挑木来实现出挑的需要。挑木分为硬挑与软挑两种，硬挑是挑木为屋架梁栿或穿枋的延伸，通过柱身延长至柱外，以承挑檐檩，一般多用在穿斗架结构。硬挑木件尺寸较小，故不做雕饰。软挑的挑木为独立构件，以榫卯横向插入柱身，以承挑檐檩枋。为了稳固挑木的受力强度，在挑木下方加设斜撑木或牛腿。软挑不仅用于出檐，也可用于楼层外檐的出挑。为了美化这些支撑构件，多采用雕刻手法，改变了其原始形态。因为它们处在檐口位置，与人们的视线距离较近，匠人们用高超的技巧，创造各种新异的造型，以提高其艺术欣赏价值。雕刻的撑木和牛腿在南方建筑中应用十分普遍，而北方建筑少见。

图1-55 四川成都武侯祠撑木

1.撑木

撑木又称斜撑，下端插于柱身，上端顶在挑木的前部的斜置构件。撑木断面呈矩形或圆形，其雕饰题材多为卷草、云纹、回纹等可延续的图案，呈满雕状态，但以浅刻为主，以免伤及材质。随着装饰风气的转变，撑木逐渐加大了用材，造型也不局限为条形木件。如粗大的斗栱形、S形、回纹形，甚至草龙形等，皆可用为撑木，并且纹饰加多，纹刻加深。最粗的撑木可以雕成圆雕的舞狮形状，头下尾上，四肢伸张，呈生动活泼之态（图1-55~图1-60）。还有一种辅助构件，就是在出挑的挑木端头设置垂柱，其垂柱头亦是施展雕刻的地方。一般皆雕成花头，故称垂花，用于北京民居二门的则称垂花门。在南方建筑的垂柱头除雕成复杂的花头以外，也有雕成花篮、灯笼造型的（图1-61~图1-63）。

图1-56 浙江武义郭洞村民居撑木

图1-57 安徽歙县棠樾乡民居撑木

图1-58 四川灌县二王庙檐下撑木

图1-59 四川自贡西秦会馆王爷庙戏台撑木

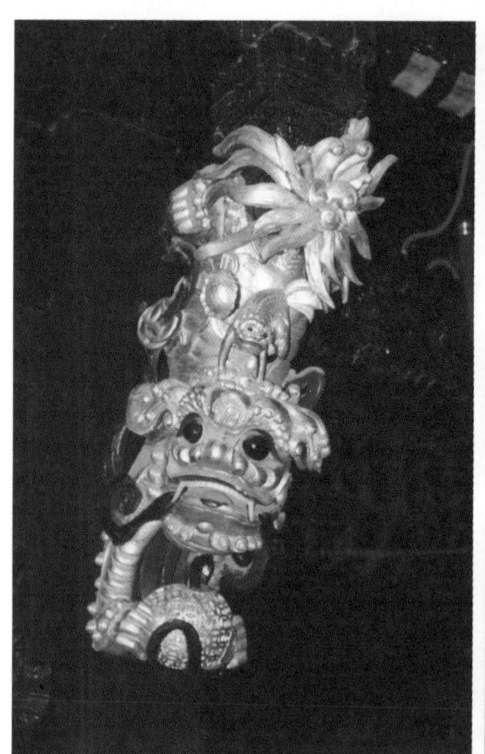
图1-60 浙江杭州胡庆余堂药店撑木

图1-61 北京四合院垂花门垂柱头

图1-62 江苏苏州狮子林垂柱头

图1-63 河南开封山陕甘会馆关帝庙正殿垂柱头

图1-64 浙江东阳卢宅梁架牛腿（一）

2.牛腿

牛腿实际为域外名词，在中国建筑技术书籍中并没有出现过。牛腿实际为撑木的变异，即由条形木杆件变为实体木块，顶在挑木下方，发挥支顶作用。这种实体撑木暂用“牛腿”一词命名。由于牛腿的体积增大，为雕饰开辟了广阔的道路，各种题材皆可施用，如仙人、舞狮、花卉、云龙、仙鹿、回纹套卷草等，皆为原雕深刻之作品。牛腿雕刻中以狮、鹿题材者居多，狮与“事”谐音，取事事如意的吉利；鹿与“禄”谐音，取吉祥有福之意。雄狮兼舞绣球，雌狮则抚幼狮，场面活泼。牛腿之狮刻与民间舞狮的造型类似，头口硕大，须毛飞卷，身披璎珞，神态憨厚。在牛腿的极度装饰化的同时，挑木及其上部的坐斗、替木等也都进行了装饰化的雕刻，甚至重要建筑还设置了满施雕刻的双层挑木，在檐下形成非常丰富热烈的雕刻群体。集中的代表是木雕之乡东阳的建筑，虽然在技艺上是绝妙超群的，但从艺术效果上有臃肿堆砌之弊端（图1-64～图1-68）。

图1-65 浙江嘉兴乌镇民居牛腿

图1-66 浙江东阳卢宅梁架牛腿（二）

图1-67 浙江诸暨千柱屋斯宅梁架牛腿（一）

（三）装修雕刻

从《营造法式》雕木作功限记载中可以了解到，宋代木雕多为圆雕或半圆雕（即混作和半混作），用在照壁板、佛道帐、栱眼壁、平棊板等处。而且是用贴落方法，即是将独立的雕件雕好以后，用胶粘贴在需用的板上，干后用钉加固，并不是在板上雕制，平棊板上的华文即是这样做的。假如在板上直接雕制，则称为剔地雕，用工数需要增加。而真正的内外檐装修，除格子门外，其余如钩窗、照壁板、截间板帐等处，本身并无雕刻。格子门的槅扇心仅有毬纹及方格眼两种，基本为锯铇工序，属于小木作，较为简单，制作一樘标准的槅扇心用工仅为七分工。至明清时期内外檐装修有巨大的发展，槅扇门窗形式繁多，槅扇心及裙板、绦环板皆进行雕刻美化，同时还出现许多固定式雕刻花窗。室内的隔断装修也创建出许多新形制，特别是隔而不断，创造空间相互贯通流动的各种罩类，更是展现雕刻工艺的绝佳场地。由雀替演化出的花牙子，从简单到复杂亦有多种雕刻表现。总之，装饰性木雕在建筑装修上广泛应用，除宫殿、庙宇、祠堂以外，稍具质量的民居园林中亦大量雕作。明清时期建筑雕刻工艺在民间建筑中大发展的原因，主要是全国经济财力的增强，另一方面也是封建社会官方制定的建筑等级制度中，对民间房屋间架、高度、色彩、瓦饰的严格限制，而对雕刻加工没有提出规限，促进了民间雕刻的勃兴。清代的建筑装修木雕可分为下列几个部分来介绍。

图1-68 浙江诸暨千柱屋斯宅梁架牛腿（二）

1.门窗雕刻

中国传统的木制外檐门窗（包括内檐槅扇门及横披窗），自宋代以来开始使用可以开启的格子门及栏槛钩窗，中世纪使用的板门及直棂窗退出历史舞台。格子门及槛窗的优点是增加了室内的采光质量，在槅扇门窗的槅心部分改用空透的、纤细的棂条格图案，内部糊纸或纱，既有利于采光，又增加了美观效果。棂格图案基本是以直木条组成，如小方格、一码三箭、米字格、三交格等，后期出现了六方格、万字纹、回纹等短棂条组成的图案，这种状况一直持续到清代。直到玻璃出现在门窗构造上，棂格图案才有了改变，有关门窗棂格组织上的构造美学表现将在“构饰”一节中详述。

清代中后期的装饰风尚浓烈，雕刻技法在门窗装修上亦广为盛行，以雕刻作品代替了棂花木格，增加了外檐装修的观赏性，特别是在气候湿热、不缺光照的南方地区，以木雕装饰门窗是富裕人家民居中经常采用的手法，这是门窗美学的异化。实际上标志着该地区外檐门窗的防护作用日渐退化，而成为美化门第的因素之一。木雕作品主要装饰在槅扇心和裙板上，有的建筑的绦环板上也有雕刻，但重点是槅扇心部，即人们视线平视的最佳部位。

槅扇心木雕有繁简之分。最简单的是在几何棂格之间加设花结子，或在中间添设一个或两个独立的图案，是传统棂格门窗心部稍加装饰。更为复杂的是将花鸟图案叠置在背衬的几何纹棂条之上，背衬有万字纹、回纹等。其技术难度点是将花鸟雕刻与背衬棂格在一块木板上雕成，并不是分体雕作，最后粘贴在一起。这种槅扇木雕的繁简空实对比明显，有的地区还可将花鸟涂以颜色或贴金，其对比更为鲜明。另外一种木雕手法完全取消背衬，形成独立的花鸟植物图案，与棂格式的槅扇心脱离了关系，成为独立的美术作品。其图案构图皆留有空隙，具有一定的透光作用，同时也突出了图案的立体效果。为了使图案具有统一性，这类门窗木雕往往沿图案四周加设一圈边棂，边棂与边梃之间形成一圈装饰带，成为中心花鸟图案的陪衬，使四扇槅扇门窗装饰风格更为协调一致。这类雕饰精密的实例可以广州陈家祠堂的门窗雕刻为代表。民间门窗木雕也可用于固定扇的大花窗上，寺庙祠堂中常用，题材有卷草、夔龙、云纹、蝙蝠等。宫廷内门窗棂槅心很少用木雕，但在皇家园林内檐装修中也有用木雕的，如北京颐和园仁寿殿配殿内即有“丝绦系璧”的木雕图案，图案虽然简单，但做工极为细致。进一步变化的槅扇木雕为实板木雕，无空隙，起突较大，并涂以颜色，装饰效果热烈。这种手法多应用在闷热地区，外檐门不需要采光，白天可以将槅扇门打开，以利通风，晚上关闭，因此更注意其外观艺术效果。国内木雕之乡的浙江东阳及云南的剑川皆是成樘木雕门窗的产地，并可按业主的要求制作，完全是商品化的产品。近代以来，亦有采用铁艺技术装饰门窗的，如云南和顺的花大门民居采用弯铁细条组成的自由图案，既不是木制棂条，又不是雕刻工艺，图案效果透出一种轻巧、自由、纤细之美（图1–69~图1–76）。

图1–69 台北龙山寺木花窗

图1–70 云南丽江某宅槅扇

图1–71 广州陈家祠槅扇

图1-72 浙江东阳卢宅槅扇

图1-73 福建泉州杨宅厅堂槅扇

图1-74 云南腾冲和顺寸氏祖屋楼上槛窗

图1-75 北京颐和园仁寿殿配殿花窗

槅扇木雕主要用在民间住宅、园林及寺庙等处，宫廷少用。图案题材多为花卉植物、吉祥图案、博古文玩，间有少量人物。总之，皆为轻快、欢畅、欣赏性的题材，不采用龙凤动物的内容。外檐每面槅扇门窗多为四扇或六扇，因此槅扇心的木雕图案亦应是四六成套的设计。梅兰竹菊、四季植物、瓶鼎炉尊、凤鸟孔雀喜鹊锦鸡等，或者用一种题材变幻出四种或六种图案组合，或者每开间槅扇皆用一种图案，总之要取得协调统一，同时又有变化（图1-77~图1-79）。

近年古物收藏成为民间理财的一大热点，传统民居的木雕构件亦广受青睐，其中尤以槅扇心木雕件最

图1-76 浙江泰顺下武洋乡庵前村某宅花窗

图1-77 云南大理周城段树侯宅彩雕槅扇

图1-78 广东梅州白宫镇联芳楼槅扇门

图1-79 上海豫园槅扇门

受欢迎。因其体积较小，花式繁多，可以选出许多木雕技法高超的精品，既可作为家庭壁面装饰，又有升值的潜在利益，所以成为收藏界的一项重要投资。这股热潮也给传统民居的保护带来负面影响，各地村民大量拆卸门窗槅扇，破坏了原有传统民居的完整性，造成无可挽回的损失。

裙板上的木雕亦是明清以来才发展起来的，宋《营造法式》中提到的格子门条未曾有雕刻，但在雕作制度中的剔地起突雕法可用于格子门腰板，说明在门窗槅扇上有了雕刻。金代砖墓中的砖刻的槅扇门裙板上明显有雕刻花饰。至清代建筑的裙板上

图1-80 浙江宁波阿育王寺僧房槅扇裙板木刻

图1-81 故宫太和殿槅扇门裙板金漆木雕

则出现较多的雕饰。宫廷建筑比较简单，一般仅刻出各种变体如意头，后宫建筑可以刻出简单花草或竹叶纹，殿堂建筑则刻高浮雕的龙凤纹，配以四角云，并贴金，与三交六椀的槅扇心相互映衬，以显皇家的气势。民间建筑的裙板木雕题材则丰富得多，禽鸟虫鱼、植物花卉、人物故事、博古文玩无所不包，且多为清水素油，不作彩绘。虽为浅浮雕技法，但做工皆十分精细，有些甚至可以与家具木雕相媲美（图1-80、图1-81）。

2.花罩

清代建筑在内檐隔断体上有巨大发展，出现了各种隔而不断，室内空间相互流动的罩类。大部分罩类是由槅扇、栏杆、挂落以及棂格组成的，属于规整型的建筑构造手法。但是也出现了一种完全由植物题材组成的自然活泼的透雕的木制罩，这种罩称为花罩，又称天然罩。花罩的构图将鲜活的植物题材引入室内，改变了环境氛围，是一种室内设计的创新之举。花罩的制作完全是雕刻工艺，需要有高质量的硬木材质，并由具有高超的技术功底的工匠来制作，还需要大量资金支持。因此，花罩属于高档装修，实例多在宫廷建筑和私家园林建筑中应用，并不普遍。

花罩题材基本为植物形态，取其枝丫迭出，花叶婉转，根藤盘绕，可以自由地组织图案，罩形别具一格。植物题材有松、竹、梅、芭蕉、玉兰、牡丹、葡萄、卷草等。这些题材不仅组图随意，而且具有高雅的含意，如高洁、富贵、坚忍、多子等内容。

花罩造型有两种。一种为规则型，即做成门洞形式，洞形有圆光、八方、四方、椭圆、蕉叶等。洞边有雕刻的木框，框外则为透雕的自然花纹，雕刻功力全在花纹上面。一种为自然型，罩体随形而设，设有边框，外形自然，犹如一樘花架。自然型又有落地罩与飞罩之别。落地罩的图形为顶面及侧面联为一体，两侧落地，故名。有的落地罩两侧面积较宽，其间还可加设花窗。而飞罩的罩体悬在顶部，两侧不落地，可能是由挂落转化而来（图1-82~图1-87）。

花罩的雕法基本为立体透雕，疏密不同，各有所长。宫廷花罩体量厚实，繁密高突，空隙细小，具有富贵气质。民间花罩（特别是江南园林内的花罩）体量纤巧，枝条疏朗，花叶细小，留空较多，表现出文人高雅隽逸的风格，花罩造型充分显示出业主的艺术倾向。花罩的具体雕法可分为几种形态。简单的一种是一板两面雕，图案相同，两面成像，图案起伏较小，但留有

图1-82 北京故宫翊坤宫落地花罩

图1-83 北京北海静心斋内花罩

图1-84 北京故宫漱芳斋鱼鳞地牡丹花卉落地花罩

图1-85 天津杨柳青镇石家大院飞罩

图1-86 北京故宫体元殿花罩

图1-87 北京故宫宁寿宫乐寿堂花罩

图1-88 北京故宫翊坤宫两面透雕花罩细部

空隙，仍属透雕之列。较复杂的一种是一面成像，在植物图案的空隙处，以棂格式网纹衬底，植物图案与衬底一次雕成，工艺上有一定的难度。这种花罩多用在一面观赏处，如正堂后檐花罩、卧室的炕罩。这种花罩的背面皆裱糊蓝纱，以突显罩体的精致华美。最复杂的一种是两面透雕的花罩。两面图案不同，中间完全掏空，制作这种花罩要求工匠不仅有圆雕的技术，而且要有掏雕的本事，类似雕制象牙球的技术。两面透雕花罩需用硬木大料，一般民间建筑难以置办，故仅在紫禁城内的宫廷建筑中才有可能使用。另外一种较简单的花罩是板式实雕，不透空，有的还在植物花叶上涂以颜色，增加变化（图1-88～图1-90）。

图1-89 江苏苏州拙政园留听阁喜上眉梢花罩

图1-90 江苏苏州山塘街雕花楼落地花罩

3、栏杆雕刻

早期传统建筑的木栏杆比较简单，多为卧棂或斜方格式样，以后又出现了钩片式栏杆。隋唐之际木栏杆的栏板基本为短棂组成的几何式图案，但实例已无存。山西大同下华严寺薄伽教藏殿所存的辽代经橱栏杆，尚存唐代栏杆的遗意。宋代以后的木栏杆形成定式，即除了望柱以外，栏杆部分为三段组成：寻杖、云栱瘿项、华板，即清代的扶手、荷叶净瓶、栏板。宋代的木栏杆已经出现雕刻，主要用在华板和地霞部位。但因为木质易朽，现存宋代雕刻的木栏杆没有实例保存下来。明代以来，江南一带楼居的民居增多，上层楼廊皆有木栏杆，而且多采用向外弯斜的美人靠即鹅项式的楼栏，当地又称之为飞来椅。这种栏杆下部有坐凳，上部寻杖外倾，可以凭栏依靠，远眺楼外景色。由于这个特点，富裕人家的楼栏往往成为炫富装饰的重点，皖南明代民居尚保存许多雕制精美的作品。皖南民居楼栏的板皆为透雕，或者为实板高浮雕，通体素油，不施颜色，显得朴素而高贵。皖南民居楼栏的裙板皆以木条分为数层面积相近的框格，框内雕刻图案，图案相同或相似。内容有如意云头、莲荷、牡丹等，有的还穿插走兽飞禽等。由于栏板这种构图分隔手法，使得在狭小空间内的楼栏装饰作用更为丰富突出，增加了观赏性。美人靠的斜撑木亦有大胆的雕刻装饰，随着撑木的弯曲走势，在其下端聚集成一个花球，内部镂空，与雕花栏板形成强烈的对比。

皖南民居尚有种特殊的栏杆，就是窗栏。多用在次间卧室的外窗，在槅扇窗外加设一段矮栏，以防外人窥视。当地俗称为“护净窗栏”，或称“遮羞窗”。这种窗栏与室外木栏杆相似，早期简单，后期增加了雕饰，既有透雕，也有实雕。至清代这种窗栏简化为一段花格，不再雕饰。皖南地区民居的楼栏雕刻构图饱满，线条疏朗，刀法细腻，起伏深邃，很好地表现了明代木雕的时代风格，是难得的木雕实例。至清代，则风格大变，繁丽紧密之风成为主流。总之，皖南民居楼栏虽为明代局部地区的雕刻做法，但却有重要的历史价值（图1-91~图1-95）。

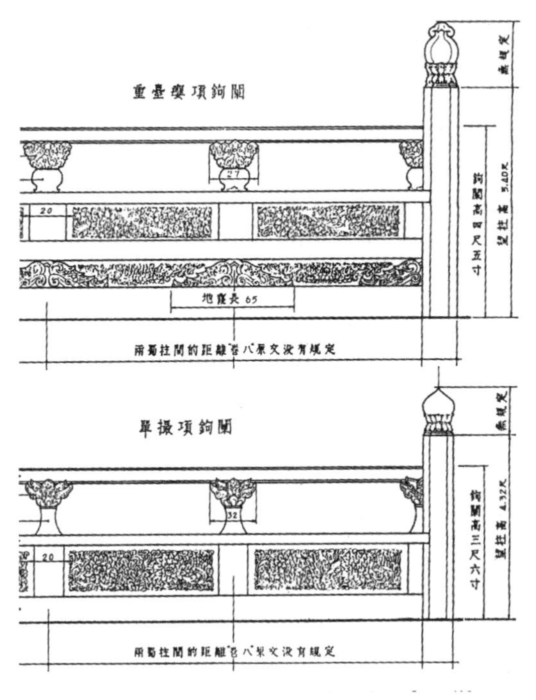

图1-91 宋代单勾栏与重台勾栏立面图

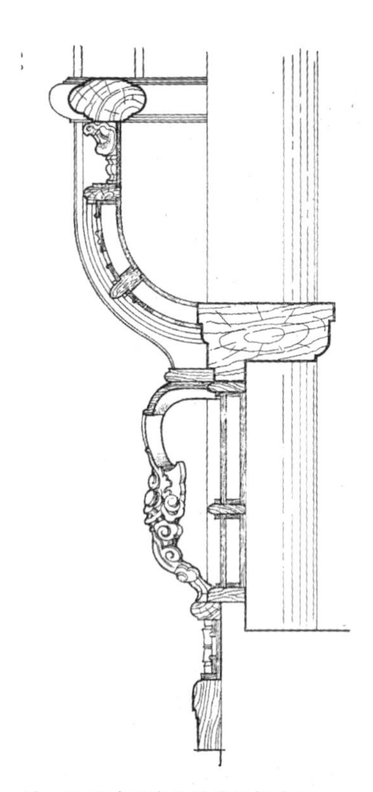

图1-92 皖南明代民居楼栏构造图

图1-93 安徽歙县潜口民宅方文泰宅正厅楼栏木雕

图1-94 江西景德镇金达宅窗栏

图1-95 安徽歙县潜口某宅楼栏木雕

4.其他

建筑内外檐装修中亦有许多地方使用雕刻手法以增加观赏价值，如天花、挂落、屏门、雀替、斗栱、枋木等处。历史上建筑的天花板皆以彩绘作为装饰手段，至宋代开始出现以木雕华文装饰天花的做法。在宋《营造法式》的小木作平綦条中称，平綦四周有“贴”，贴内留转道设“难子”，难子分割成或长或方的格块，格块内贴落“华文”，华文有十三种，还可贴落云盘等。这些雕刻的木花饰用胶粘贴在背板上，待干后，刮削平整，再用钉加固坚牢。宋代虽无实例保存下来，但明清两代宫廷楠木殿堂中尚保留这种做法。如北京故宫宁寿宫的乐寿堂及古华轩、河北易县清西陵慕陵的隆恩殿、河北承德避暑山庄澹泊敬诚殿等皆为雕刻的楠木井口天花。其做法皆是先雕制花饰，然后平贴在井口背板上。其图案为方形或中心四岔角式样，各井口图案雷同，与殿堂彩画的制式相同。图案题材有龙纹、卷草、莲花等，采用繁密的图案组成，以表现皇家的威势。此外，在民间亦有采用木雕天花的，大多是在天花平板上贴制雕刻的圆光图案或组合图案。多用在前廊的轩顶上，很少出现大面积的井口天花式样（图1-96～图1-98）。

挂落是前檐廊柱间的一种装饰配件，悬于额枋之下，其源头可能是从替木或雀替造型，逐渐丰富演化而成，后来也用于室内隔断体上。挂落在清代建筑上广为盛行，其通用形式为回纹、万字纹组成的棂格式图案，中间较窄，两端较宽，形成弯曲的轮廓线，打破了柱枋之间的直角构图，使立面显得活泼。但在某些地区却不用棂格式图案，而采用雕刻手法制造挂落。宫廷建筑的木雕挂落类似飞罩，亦多为两面透雕，做工精细。而最有特色的是山西民间建筑的木雕挂落，题材十分广泛，有植物花卉、动物人物、龙凤流云等。而且，还穿插了较粗

图1-96 北京故宫宁寿宫乐寿堂木雕天花

图1-97 浙江东阳卢宅天花木雕饰件

图1-98 北京故宫宁寿宫古华轩楠木贴雕天花（资料来源：故宫博物院. 紫禁城宫殿建筑装饰内檐装修图典[M]. 北京：紫禁城出版社，2002）

图1-99 山西晋中常家大院祠堂院挂落

图1-100 山西祁县乔家大院前院门罩挂落

图1-101 山西五台山殊象寺大殿挂落

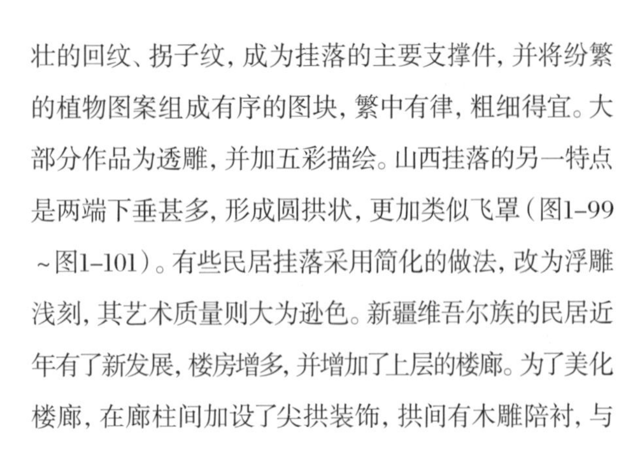

壮的回纹、拐子纹，成为挂落的主要支撑件，并将纷繁的植物图案组成有序的图块，繁中有律，粗细得宜。大部分作品为透雕，并加五彩描绘。山西挂落的另一特点是两端下垂甚多，形成圆拱状，更加类似飞罩（图1-99～图1-101）。有些民居挂落采用简化的做法，改为浮雕浅刻，其艺术质量则大为逊色。新疆维吾尔族的民居近年有了新发展，楼房增多，并增加了上层的楼廊。为了美化楼廊，在廊柱间加设了尖拱装饰，拱间有木雕陪衬，与挂落有类似的美化作用。藏族建筑院门的斗栱之间、门框之间亦有类似的木雕挂落状的装饰物，其目的亦是丰富其外观面貌。

还有一项简单的木雕手法，就是线刻。线刻在画像石上及砖刻上皆有采用，在木材构件上比较少见，因其不耐久，但用于室内装修上尚有发挥的余地。江南一带民居厅堂的素板屏门上利用线刻技术，刻画出风景花草画或建筑场景，作为厅堂的背景，效果十分淡雅清秀。屏门底色多取用黑色或栗色等深沉之色，线刻皆填白色或石青石绿，十分淡雅沉稳，并有对比效果（图1-02~图1-104）。

在建筑装修上利用木雕技法的尚有多种表现，如门窗槛框上的图案雕刻、雀替及花牙子雕刻、棂格窗的团花卡子花、异形斗栱的雕刻加工等，不再一一列举。

图1-102 江苏苏州同里镇某宅金线彩图屏门

图1-103 江苏苏州狮子林绿玉青瑶之馆屏门线刻石青线刻屏门

图1-104 江苏苏州怡园屏门线刻

二、石雕

中国传统建筑是以木材为主要结构材料，石结构的应用不普遍，石材仅在个别的构造上使用，如础石、基座、地面、台阶等处，为了防潮坚固而采用石料。所以石材雕刻多为表面性的装饰，很少立体的圆雕部件，这一点与西方的石刻艺术有很大的不同。西方的石构建筑发达，很多结构上的部件皆进行雕刻，而且是高浮雕或圆雕。在雕刻主题选择上也不同，中国石雕多为几何状或动植物纹样，人物雕刻极少，有些人物雕也以写意为主，不追求形似，是装饰图案性质。而西方建筑上的人物雕要求比例准确，造型逼真，要深刻反映人物的思想感情，有些本身即是优秀的艺术作品，出自名家之手，而传承至后世。

中国古代建筑的石雕存世最早的作品为汉代的画像石刻，主要用于墓室及地面的石祠上。其后南北朝时期的石窟石刻十分兴盛，建造了包括大同云冈石窟、洛阳龙门石窟、巩义市石窟、太原天龙山石窟、天水麦积山石窟、邯郸响堂山石窟等一大批石窟，这些石窟雕刻虽然以佛像为主，但也表现了当时的建筑状况、时尚纹样及龛形、天花等方面的时代信息。唐代佛塔、经幢石刻逐渐增多，同时石碑雕刻已十分精美，唐代陵墓神道的石像生也已经规格化了，一直影响到历代王朝（图1-105~图1-107）。至宋代建筑石刻已经大备，而且大量应用到建筑物上，如柱础、石柱、须弥座、台基等处。宋《营造法式》卷十六“石作功限”条中，对建筑石雕按复杂程度分为四类，即混作、剔地起突、压地隐起华、减地平钑，就是今日我们所说的圆雕、高浮雕、浅雕、线刻。除了混作按实际工时计工以外，其他皆按平面面积及图案选择分别计工，说明当时石雕工艺已十分普及，可以按量计工。建筑中须雕镌的部位计有柱础、角柱、殿阶基、压阑石、殿阶螭首、殿阶心内斗八、踏道、勾栏、门砧、门限、流杯渠、上马台、蟠竿颊石、石碑等处。明清以降，石雕工艺的利用更为广泛。在清工部《工程做法》石作用工中，除按雕凿内容分别计算外，还特别提到须弥座、券脸石、桥梁上戏水兽面、栏

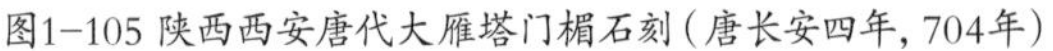

图1-105 陕西西安唐代大雁塔门楣石刻（唐长安四年，704年）

图1-106 陕西西安碑林唐王圣教序碑侧龙纹（唐高宗咸亨三年，672年）

图1-107 河南巩义市石窟第一窟天花石刻

杆柱顶花式、滚墩门枕、幞头鼓子等清代常用石雕部位，进行仔细核算。现存的大量石雕实例皆为明清两代遗存，大致可分为构件雕刻、装饰雕刻、小品石刻三类。另外，汉代画像石刻具有历史的特殊性，一并在下例章节中讨论。

（一）画像石

汉代墓葬制度除了木椁墓以外，又兴起了石室墓的形式，并在地面上建造小型的石制祠堂作为纪念亡者的建筑。在墓壁和祠堂墙壁上往往雕刻出各种图案与场景，表现对亡者的追思，现代考古学家称之为画像石。画像石是由石板雕刻而成，可拆卸搬运，自宋代以来，许多金石学家有目的地收集画像石，作学术研究，成为一时风尚。此外，四川地区墓葬的石棺雕刻及崖洞墓石刻，亦收为画像石系列。画像石的发现地区主要分布在山东、河南、陕西、苏北、鄂北地区，四川有少量的实例。汉画像石图案的内容十分丰富多彩，充分反映出汉代社会物质生活及精神生活的各个方面，根据资料大致可分为三类。一类为生活场景。如庖厨饮宴、乐舞杂技、射御比武、捕鱼田猎、楼台亭阁、车骑出行、门卫侍卒、迎宾拜谒等场景，表现出墓主的财富资产及生活方式，也是社会崇财炫富观念的物质表现。另一类图案为历史故事。汉代罢黜百家，独尊儒术，儒学思想占主导地位，贤君明臣、忠臣孝子、名将刺客等图像内容得到宣扬。道家思想及民间传说也十分活跃，故天地山川、万物神灵皆是民间敬重的对象。第三类为神仙世界，当时有形的宗教尚未形成，尚处于神话崇拜时代。属于这类的图案有伏羲、女娲、西王母、东王公、四神、三足鸟、九尾狐、羽人神仙、升仙骑乘等。这些图案表达了墓主死后得以升天、享受仙境生活的愿望。画像石图案不仅是社会生活的再现，同时也是具有神秘魅力的艺术品。从建筑历史角度，在汉代画像石中亦可发掘出不少有关的建筑形象，如楼台、门阙、屋面、构架、门窗、雕饰等。在没有真实的汉代建筑遗存的情况下，画像石的史证价值亦十分宝贵（图1-108~图1-111）。

图1-108 山东嘉祥东汉画像石楼阁人物车骑

图1-109 汉代画像石（徐州汉画像石馆藏）

图1-110 汉代画像石（徐州汉画像石馆藏）

图1-111 汉代画像石（徐州汉画像石馆藏）

汉代画像石刻技法可分为两大类：一类为线刻，一类为浮雕。线刻就是在平面石材上，以刀代笔，用线条刻画出图案形象，是最具有汉画像石的质朴、粗犷风貌特点的石刻技法。线刻又可分为三种情况。一为阴线刻，即仅用阴线条勾勒图像，画像表面没有凹凸，是汉画像石最基础的雕刻技法，与画像石的发展相始终。一种为凹面线刻，即将物像面削低，略低于石表面，然后将物像的细部用阴线表示出来。这种技法流行于西汉晚期至汉末。另一种为凸面线刻，即是将物像以外的余白面削低，使物像面呈平面凸起，其细部再用阴线加以表现。这类作品雕刻精美，图像华丽，为历代金石收藏家所喜爱。浮雕类亦可分为几种情况。浅雕是常见的形式，即将减地以后的物像图形削刻成弧面，再加以线刻处理。这种技法流行于东汉时期，是汉画像石最基本的雕法。另一种为高雕，即物像浮起较高，经深刻加工呈较强的立体感。一般用在门扉、门楣等处，如门环饕餮、梁上游龙、门板站像等内容。再一种为透雕，即将物像镂空，类似圆雕，一般用在石柱或斗栱、翼龙替木等的艺术形象上（图1-112～图1-114）。

汉画像石图案的构图形式基本有两种。一为散点排列式，即将物像用等距离的视点，不分远近，横向排列在画面上，其表现的是二维空间。另一种为鸟瞰透视式，即用抬高的视点观察物像，形成近大远小的构图，一定程度上表现出三维空间。这两种方式都反映出汉画像石独特的东方式的艺术处理手法，具有时代的特征。

图1–112 山东嘉祥东汉画像石刻（王母、车骑）

图1–113 青州博物馆藏汉代石刻

图1–114 徐州汉画像石馆藏画像石

（二）构件雕刻

1.柱础石

中国木构建筑的木柱为了防潮防腐，在柱根下设置石柱础。石础在汉代建筑中已经出现，但是否有雕饰尚无实例可证。但南北朝时期墓葬中发现的若干帐构础石是雕饰得十分华丽的，既有莲瓣，又有卷草、游龙等图案，推论汉代石础可能已有雕饰（图1–115）。汉末佛教传入中国，代表佛祖出生的莲花，成为建筑上通用的雕饰图案。建于唐朝的山西五台佛光寺大殿柱础、西安大雁塔门楣石刻佛殿柱础皆为覆莲式，历经

图1–115 山西大同出土的北魏帐构石础

宋元时期覆莲式柱础更是历久不衰，直到明清时代宫廷建筑改为鼓镜式柱础后才退出。但民间建筑的莲花柱础一直在应用。

宋《营造法式》石作制度中对础石以上的突出部分，规定分为三种形式，即覆盆、铺地莲花及仰覆莲花。覆盆式为一倒扣的水盆式样，向外微凸，这种式样是继承了南北朝以来的柱础式样；铺地莲花式即是覆莲式，花瓣平铺四周，八瓣十瓣不等，并可铺成重瓣，更增华美程度。铺地莲花轮廓呈曲线状，较为柔和自由，是继承了唐代石础的风格；仰覆莲花式是上为仰莲下为覆莲重叠在一起，中间为细小的束腰或宝珠，造型更为复杂。此式是从早期建筑柱身上的束莲装饰发展而来。具体雕饰图案细部尚有素平、减地平钑、压地隐起华及剔地起突之分。同时在莲瓣式柱础上亦可增加雕饰，称为宝装莲花，清代建筑须弥座上大量应用。此外，在覆盆式柱础上还可雕各种花卉图案，如海石榴花、宝相花、牡丹花、蕙草、云纹、水浪、宝山等。故仅从宋代官式建筑中，即可看出柱础雕饰已经十分丰富了（图1–116、图1–117）。

图1–117 江苏苏州定慧寺罗汉院大殿石柱础（宋代）

图1–118 山东曲阜孔庙大成殿重瓣覆莲式柱础（明代）

明清以来，丰富多变的柱础选型主要表现在民间大宅、寺庙及公共建筑中。大致可分为五类：即覆盆式、鼓式、基座式、动物式、混合式。覆盆式是常见的础式，其变化主要表现在各种植物花卉图案上，一般雕刻起伏不显著。鼓式一般做成圆鼓形式，也有八角鼓式或者高鼓式。有的比较写实，鼓皮、鼓钉皆显出来，后期则变成装饰线脚而已。基座式往往采用须弥座式样，以后发展成为凹凸叠涩式样，没有一定规律。动物式最有趣，狮、象、牛皆有，以狮子题材较多。以河南洛阳潞泽会馆的狮象柱础最为精彩，它以狮象造型穿插于鼓形石础内，尾入首出，混为一体，构思十分巧妙。混合式即是将上述各式混合应用，其效果较为杂乱，没有特色，仅以费工见长，并无艺术价值（图1–118～图1–122）。历史

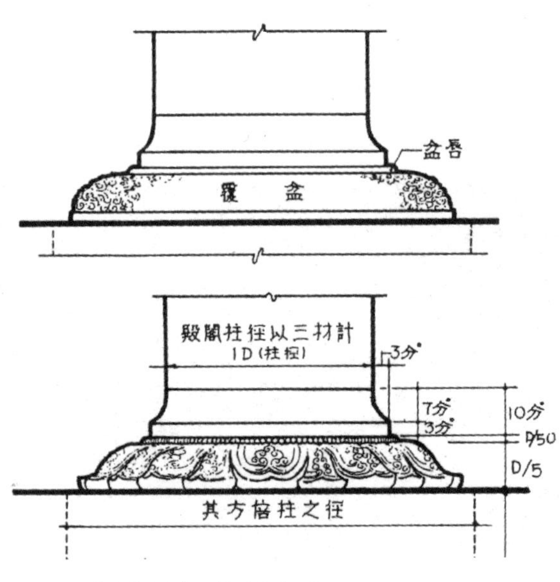

图1–116 宋《营造法式》石柱础权衡图

图1–119 福建南安官桥乡漳里村蔡宅鼓式柱础

图1–120 广东广州陈家祠基座式柱础

图1–121 河南洛阳潞泽会馆狮象柱础

图1–122 山西襄汾丁村民居11号院复合式柱础（乾隆三十一年）

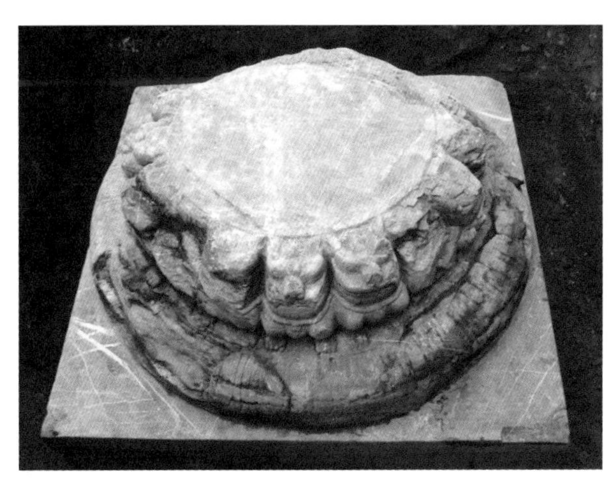

图1–123 广东广州南汉宫殿遗址出土特大狮头石柱础（直径1.12m,16个狮头）

上的柱础有以艺术著称的，有以工时见长的，也有以巨大出名的，如广东广州南汉宫殿遗址出土的柱础直径达112厘米，可称为巨型石础（图1–123）。

2.门枕石

门枕石是由门枕木转化而来。古代大门门扇的转动是依靠门板一侧的上下转轴，转轴下方纳入门枕木的凹槽海窝中，上方插入连楹木中。为了牢固，门枕木压在下槛木下，里外各出一半。可能自宋代开始，门枕木由木制改为石制，并在其门外部分加以雕饰，以显示门第的高贵。明清以来的民居建筑更加注重门枕石的装饰作用，加高枕石，并设计出不同的花式外形，俗称为“门墩”。门枕石的艺术形式大致可分为两类：一类为鼓形，一类为方墩形。

鼓形门枕石为全国南北方通用的形式，故又称之为“抱鼓石”。北京四合院大门的抱鼓石比较典型，下部为一须弥座式的基座，座上为双卷托云，托云上卧一面大鼓，鼓上还有一个小型卧狮，这是其标准形式。但也有将托云改为荷叶或蹲兽的。鼓形门枕石的鼓心图案以六叶转角莲花使用最多，此外尚有太师少师、狮子滚绣球、牡丹花、宝相花、松鹤延年等。圆鼓子的鼓桶上雕有花卉、如意草等。华北地区一带民间建筑的抱鼓石与北京的典型形式类似，仅在比例与花饰上有所变化。但江南地区有所不同，在一些大祠堂的抱鼓石形体巨大，高近两米，鼓形扁平，形体外凸，鼓面光洁，没有雕饰，更显规模宏大、威仪庄严的气势。一般民居中也有将石鼓改为六叶回转式样的，称为“葵花

图1–124 北京圆鼓子门枕石细部名称

图1–125 北京四合院门枕石

图1–126 江苏苏州网师园门枕石

图1–127 安徽绩溪周氏宗祠门枕石

图1–128 北京门头沟区川底下村方形门枕石

图1–129 云南昆明圆通寺牌坊戗石

图1–130 山西晋中常家大院石芸轩书院戗石

砷石”，属于地方形式（图1–124~图1–127）。

方墩形的门枕石呈立体长方形，造型简单，正侧两面有花卉雕饰，顶上有蹲狮，北京地区称之为“幞头鼓子”。苏州亦有类似的门枕石，称为“书包砷石”（图1–128）。除了上述两式应用较多之外，尚有蹲狮、回纹、基座诸多变体的门枕石。总之，在民间门枕石是表现门第高下的标志物，得到业主的重视。

类似抱鼓石形态的石件也可以用在石牌坊上，用以加固支戗柱基，实际为戗石，习惯上亦称为抱鼓石，说明很多装饰图案在不同部位可以互相借用，但要位置恰当（图1–129、图1–130）。

3.石基座

基座是木质建筑所必需的构造，以便于排水防潮。早期是简单条砖垒砌的方座，以后又出现了工字型的叠涩座，即由层砖逐层收进并突出的基座形式。至盛唐时开始在叠涩座中间束腰部分加设隔间板柱，柱间饰以团花雕饰，或做成壶门（上部为数段折弧线的椭圆形的内凹龛形），内雕人物，已初具须弥座的雏形。进一步将佛像座的仰覆莲引入叠涩座中，形成完整的须弥座，这个时间估计在唐末五代之际。最初这类基座多用佛像座及佛塔座，为了表示释迦牟尼佛显现在佛教圣山须弥山上，故称之为须弥座。

宋《营造法式》卷三“石作制度”中曾对须弥座的各层的高度比例作了规定，是按条砖十三层规制分配的。书中亦称若殿阶基用须弥座者可酌情加减。宋代石座雕刻多集中在阶檐石、仰覆莲瓣及束腰部分。尤其是束腰较宽大，并以间柱分隔，柱间可雕团窠花卉及壶门、人物、动物等高浮雕的图案，构图自由，对比强烈，有很大的艺术发展空间。南京栖霞山五代时期的舍利塔及河北赵县宋代陀罗尼经幢的须弥座，皆是很典型的实例。梁思成先生称宋代风格不仅秀挺，而且古拙可爱。清代的须弥座的规式比例在官式则例中亦有规定。将全部高度分为六层，上枋、上枭、束腰、下枭、下枋、圭脚，每层高度相近，雕饰图案雷同。上下枋雕卷草，上下枭雕莲瓣，束腰雕椀花结带，统一定

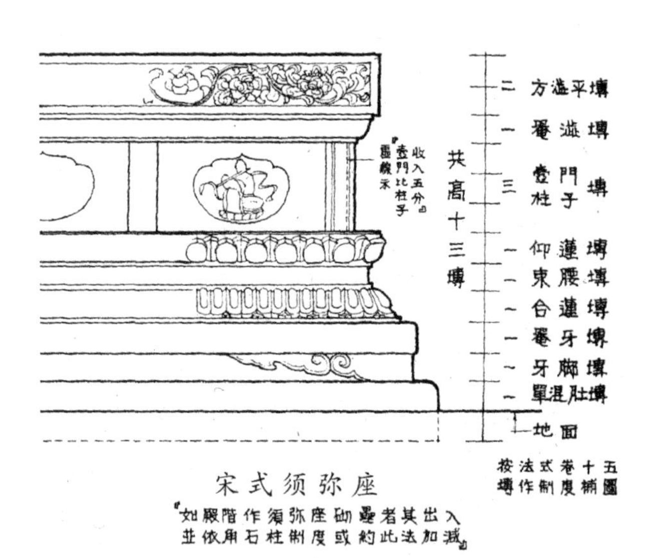

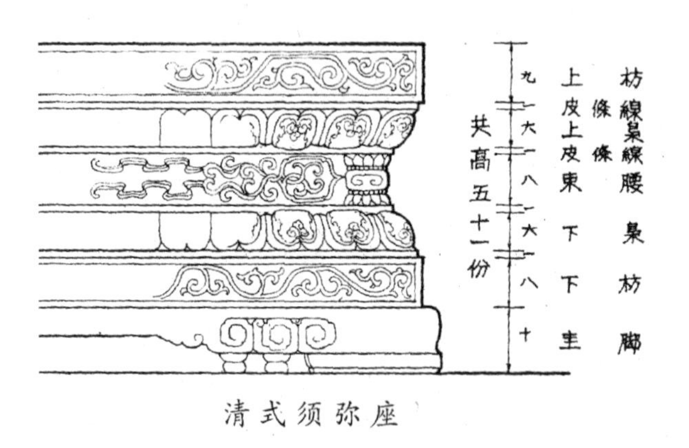

图1-131 宋代、清代须弥座比例图

图1-132 河北赵县宋代陀罗尼经幢须弥座雕刻

图1-133 北京昌平明十三陵方城台基须弥座束腰雕刻

制，缺少变化。但在各地的实例中，并没有严格遵守官式规定，而别出心裁，主要变化是加高束腰部分的雕饰，同时突出角柱的分隔作用，使须弥座的整体造型更为凹凸有致，内容多变（图1-131~图1-135）。

历史上各代须弥座束腰的雕饰是最精彩的部分，不但有各式团花、卷草、缨带、动物、仙人等图案，在宗教建筑中还可表现出多种宗教题材。如北京五塔寺须弥座束腰图案有佛八宝、金刚杵、佛足印、五方佛的坐骑（狮、象、马、孔雀、迦楼罗）等，内容丰富至极。须弥座的束腰间柱亦有许多变化，可雕缠枝花卉、盘龙柱等，还可雕成一个跪地的力士，肩扛上枋，表示出肌肉贲张，强劲有力的形象。此外，跟随须弥座而设的角兽、螭

图1-134 辽宁沈阳东陵（福陵）隆恩殿须弥座

图1-135 山西五台山龙泉寺喇嘛塔须弥座

图1-136 北京五塔寺金刚宝座塔雕刻

图1-137 北京故宫太和殿须弥座吐水螭首

图1-138 河北正定隆兴寺大悲阁佛座力士像

图1-139 北京故宫乾清宫日晷台座

首等亦是精彩的石雕构件（图1-136~图1-138）。

须弥座不仅用于宫殿台基座，其基本形制还可移植到各类台座上，如佛座、花台、华表座、香炉座、鱼缸座、铜兽座等。根据不同的使用要求，其形制比例亦作相应调整，如北京故宫太和殿前的日晷座，就是一件瘦长型的须弥座，这样才能将日晷抬到应有的高度。及如嘉量台座是在须弥座上又上云纹托，可把嘉量的小亭阁托起，这些皆是变通应用须弥座的例证（图1-139）。

4.石栏杆

栏杆的作用就是防止人们从高处跌落，因此楼层上部、高台边缘皆须架设栏杆。早期栏杆皆为木制，从汉代明器了解到当时木栏杆是以横向的卧棂为主，兼有其他形式。至唐代定型为寻杖式栏杆。这种栏杆有木柱分段，柱间设有栏板及寻杖（即扶手木），栏板与寻杖之间有云栱撮项（或瘿项）作为支顶联系的构件。高级木栏杆的寻杖两端及柱头部分尚有镏金的角叶及花饰。栏板部分多为类似万字的勾片栏板，这种式样比较容易用棂条制造，所以盛行一时，甘肃敦煌石窟壁画中有真实的描绘（图1-140）。南京栖霞山舍利塔的石栏为现存的最早实例。一直到辽宋时期勾片栏杆仍在应用，如山西大同辽代下华严寺薄伽教藏的经柜栏杆，就在勾片栏杆图式的基础上变化出十余种类似的样式，说明它的艺术生命力。

用于室外的木栏杆不耐久，自唐末开始以石代木。在宋《营造法式》石作制度中对石制勾栏的尺度作了具体规定。其形制完全依据寻杖栏杆的模式，虽然构件尺寸稍有放大，但仍存木制栏杆的纤细之感。清代官式石栏杆比例亦有规定，按《营造算例》记载，柱高为下部基座高的19/20，栏板长为柱高的11/10，栏板高为柱高的5/9。与宋式比较，清代栏杆更为肥硕敦实，更趋向于石质所需要的权衡比例，同时复杂的雕饰减少，雕刻重点集中在柱头上，表现一种整齐严肃之美。官式栏杆柱头有云龙、云凤最为高贵，多用在主要殿堂台基上，此外尚有蹲狮、石榴头、二十四气、莲花、竹节等各种样式，多用在次要建筑和园林建筑中（图1-141、图1-142）。清代石栏杆也存在许多变体，并不完全遵循官式规定，如辽宁沈阳故宫大政殿的石栏即增加了石柱的宽度，降低了栏板的高度，并进行深雕的

图1-140 甘肃敦煌石窟第158窟天请问经变图中的勾片栏杆（唐）

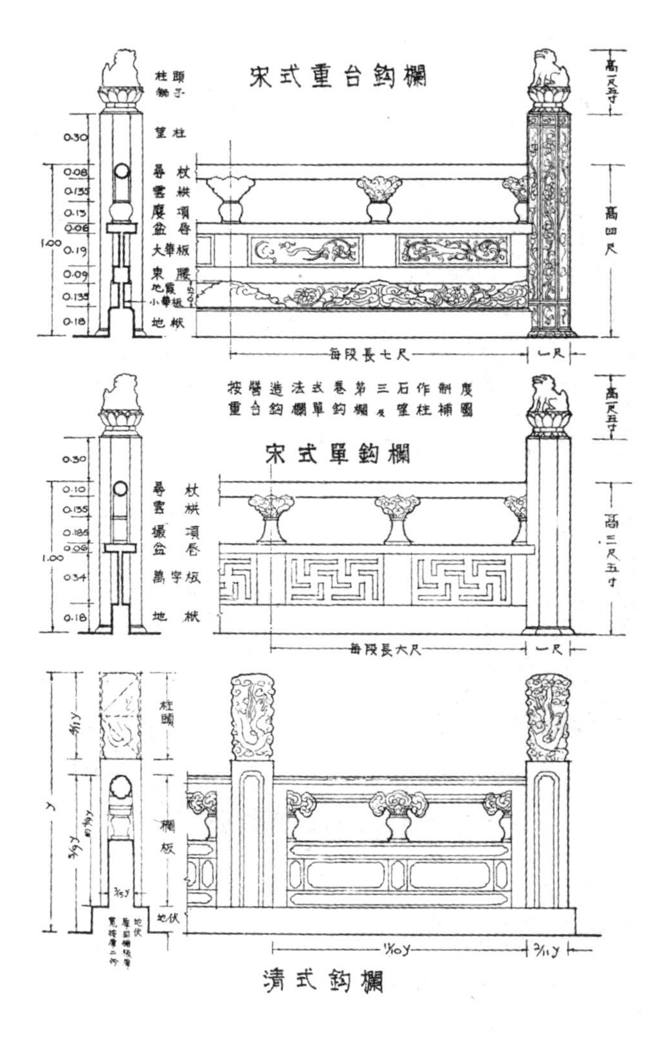

图1-141 宋代、清代勾栏比例图

花卉图案，与官式完全不同。民间石栏有的完全舍弃寻杖，形成充满雕饰的独块栏板。例如安徽歙县呈坎乡罗氏宗祠的石栏板即雕刻有统一构图的各式图案。在栏板雕刻方面最精彩的当属河北赵县隋代安济桥的石栏板，板上刻有龙兽浮雕，尤其是游龙雕刻成首尾分离，穿板而出，构思巧妙，异常生动。在广州陈家祠堂正厅的栏杆采用石雕与铸铁结合的做法，预示着材质在装饰工艺上将有巨大影响，栏杆形式会随着社会的变化而展现出新的面貌（图1-143～图1-148）。

图1-143 北京昌平明十三陵长陵祾恩殿云凤望柱头

图1-142 北京故宫御花园钦安殿石栏（明嘉靖）

图1-144 河北易县清西陵二十四气石望柱头

图1-145 辽宁沈阳故宫大政殿石栏杆

图1-146 安徽歙县呈坎乡罗氏宗祠栏杆石刻

图1-147 河北赵县安济桥石栏板（隋，581～618年）

图1-148 广东广州陈家祠石铁混制的栏杆

5.阶条石

阶条即是台阶，是登高、登台所必需的设置。宋代称为“踏道”，规定“每阶高一尺作二踏，每踏厚五寸，广一尺”，按宋尺长度为31厘米推算，与现在通用踏步宽厚为30厘米×15厘米差不多。为了行走平稳，除条石上皆不作雕刻。但在皇家建筑的宫殿、祭坛、陵墓等处为了显示尊贵，亦有雕刻。大多踏步雕刻实例皆是雕在踏步的侧面，即厚度方向，保证登阶平稳，且不会踩踏雕刻。雕饰题材为卷草纹、缠枝西番莲等两方连续纹样。故宫太和殿、先农坛祭坛、沈阳福陵、沈阳昭陵等皆有雕花踏步的实例。在踏步的踏面，即宽度方向进行雕刻的仅有北京故宫太和殿、保和殿的正面踏步。因为此处踏步除表现帝王权威以外，并无人员经常登踏，实为威仪之设置。其雕刻题材除云纹之外，还有龙、凤、狮、马、彩带、绣球等吉祥图案。民间的阶条石作雕刻处理的极少，唯有在山西灵石静升村王家大院卧房门前，发现一块踏步石是浅刻的连环钱纹，此例十分难得（图1-149~图1-151）。

图1-149 北京先农坛祭坛雕花踏步

图1-150 北京故宫太和殿雕花踏步

图1-151 山西灵石静升村王家大院凝瑞堂地面石刻

6.石柱雕刻

在汉代的石室墓和地面石祠上已经出现石柱，但在城乡建筑上并没有使用石柱，石状柱体往往以墓表、经幢等小品建筑形态出现，并非承重的梁柱。文献记载中最早出现的建筑上使用石柱是建于大同方山北魏冯太后墓前的享堂。《水经注》中称该建筑“檐前四柱采洛阳之八风谷黑石为之，雕镂隐起，以金银间云矩，有若锦焉”。该建筑虽为一幢三间或五间的石室，但雕饰的石柱显然是建筑结构的组成部分，起到很显著的装饰作用。建于北宋宣和七年（1125年）的河南登封少林寺初祖庵，为存世最早的雕刻石柱实例。该建筑面阔为三间，共有16根石柱作为建筑屋面的承重构件。前檐的四根八角石柱布满雕刻，主题是缠枝花卉，其间穿插有坐佛、化生、凤鸟、莲花等图案。全部为剔地起突雕法，构图匀称，疏密合宜，自由生动，线条流畅，代表了宋代石雕的高超水平。同样在江苏苏州定慧寺大殿遗址中遗存的宋代石柱，其雕刻的缠枝牡丹花亦是十分优秀的作品（图1-152、图1-153）。

石柱雕刻进一步是向高突起及透雕方面发展，将突起的龙身盘绕在柱身上，形成蟠龙柱，宋《营造法

图1-152 河南登封少林寺初祖庵雕花石柱（宣和七年，1125年）

图1-153 江苏苏州定慧寺大殿宋代石柱

式》卷二十九石作图案中已有缠龙柱之图像，但无实例遗存。蟠龙柱的应用大量出现在各地孔庙或文庙大成殿的前檐柱上。孔子被历代帝王尊称为“大成至圣文宣王”，具有帝王的仪仗与装饰等级，可以用龙纹作为建筑上的装饰图案，所以各地文庙的龙柱较多，典型的为山东曲阜的孔庙。孔庙大成殿面阔九间，前檐十根石柱全为蟠龙柱，应建于明代。各柱雕饰图案相同，上部为双龙戏珠题材，下部为云水江崖。石柱前后两面图案相同，而且糅合在同一柱身上，协调自然。龙身、云水、火焰珠皆是高浮雕，光影深邃，龙须及火焰纹等纤细之处皆为浮雕，虚实对比更为强烈。曲阜孔庙的蟠龙石柱表现出沉稳庄重，又显出灵活生动的艺术风貌，确为石雕佳品。贵州安顺文庙大成殿的蟠龙柱亦是用工极多的石雕品，龙身浮雕在柱身，且为穿柱围绕状，龙首凸出柱外许多，张口吐舌，毛须贲张，等于一件圆雕作品。围绕柱身的云朵、云气皆为透雕，浮现在柱外。从工艺上讲是十分复杂了，但从造型艺术上评价，并不成功，一则过于纷杂，掩盖了蟠龙主体的形态；二则云朵、云气排列呆板，纹饰纤细，形如蛛网，反而破坏了石柱的整体造型。此外，山西运城解州关帝庙崇圣殿的蟠龙石柱是浅浮雕，形象比较简练。而台北龙山寺的石柱则为深浮雕，表现出闽南石雕的风格。河南济源阳台山的龙雕石柱为方柱，每柱雕饰各异，除蟠龙以外，还有凤鸟、仙人、莲花等题材，统一中追求变化，不落俗套。而曲阜孔庙大成殿后檐柱则改成八角石柱，柱身减地线刻出牡丹、菊花、莲花等各种枝叶花卉，八面各画一种，各不相同，也是一种秀丽文雅的石柱雕刻形式（图1-154～图1-158）。

图1-154 山东曲阜孔庙大成殿减地雕刻石柱

图1–155 贵州安顺文庙大成殿透雕石柱

图1–158 贵州安顺文庙大成殿透雕石柱细部

图1–156 山东曲阜孔庙大成殿盘龙石柱

图1–157 台北龙山寺大殿石柱

石柱雕刻可采用另外一种形式，即独立的柱式小品建筑，南北朝时期的墓表即属此类。墓表作为墓道的标志，在汉代即已出现，如北京郊区发现的东汉秦君墓表。该表柱身为束竹状，础石上及柱头上皆雕一对螭虎，相互对视，十分生动。柱上托碑表一块，再上的雕刻已缺失。南京的南朝梁萧景墓表则保留了完整的形态，它是在螭虎盘曲的底座上树起多棱的柱身，上托铭刻表文的方板，柱顶上雕有覆莲圆盖，上置一尊小辟邪，整体比例和谐，繁简有度，毫无繁缛之感。随着陵墓墓道设计的发展，墓表的作用被神功盛德碑亭所代替，而墓表则变成华表，作为墓道入口的标识物，其雕饰主题成为盘龙及云板。明清两代陵寝皆有华表之设置，天安门前的华表更成为帝王之居的标示。还有一种柱状

图1-159 江苏江宁萧景墓表（梁天监十八年，519年）

图1-160 河北遵化清东陵孝陵华表柱

雕饰物，用以表示家族功名历史的表征。南方的大祠堂门前常树立一座座木幡竿，表示家族中曾考中状元的人氏，文状元的幡竿石座为圆形；武状元则为方形。福建闽南地区则把这种木幡竿改为石柱形，加饰蟠龙、吊斗，形成另一种形式的状元竿，当地人俗称之为“石龙旗”。宗祠前水塘周围林立的石龙旗，气势宏伟，就像一副护卫仪仗，足以显示家族文风鼎盛、名士辈出的辉煌历史（图1-159～图1-161）。

图1-161 福建南靖书洋乡塔下村张氏宗祠石龙旗

（三）装饰雕刻

许多石刻并不是构件，而是用石材制作的墙面地面、穹顶、券洞等处，为了美化而加以雕饰。也有的是将一块雕制成的作品，镶嵌在墙壁上，增加壁面的变化，并可反映出一定的思想情怀。属这类型的石刻有石花窗、陛石及壁面石刻。

1.石花窗

石花窗在南方建筑中应用较多。在园林建筑中的花窗多为空透的，可以透视两面，因此多为平面图案式的，可保证两面图式相同，其技术难度全以图案的复杂与精准方面来决定。这类花窗多为整块石料雕成，然后砌在墙壁上。石刻花窗较瓦片花窗的图案更为丰富，自由度高；较灰塑花窗更耐久细致，属于高档的装修手法。浙江天台地区盛产石板，当地喜欢将其立砌，用为外墙墙板，与空斗砖相互配合，形成地方风格。在厨房、储藏等需要通风的房间，则在石板上方雕出石漏窗，方圆皆有。图案虽然简单，但朴实大方，具有乡土风貌。闽南地区生产优质青石，该石强度坚韧，材质细腻，所以该地区的石花窗多为两面空透的立体式花窗。例如，福建南安蔡氏民居的一座花窗，嵌在雕刻的青石墙面上，窗胎为方形白麻石，石间开圆洞镶入三根青石雕件，每根以竹为干，周围环绕植物藤叶，叶间穿插不少的小动物，而且全为镂空雕。这件作品从选用石材、用色搭配、雕工难度、图式设计等各方面考察，皆是成功的优品。石花窗在某些祠庙建筑中又发展成纯浮雕式的盲窗，以利于表现更复杂的内容。浙江宁波阿育王寺天王殿的石盲窗，则雕出一幅西游记的图像，图中除亭台楼阁以外，还雕出人物十二人，体态生动，须眉毕现。山西五台山龙泉寺的石盲窗则以龙凤为题材，窗心为云气坐龙，券面为牡丹飞凤，相互呼应，尤其是龙首为深刻的凸雕，成为构图的中心，效果鲜明有力。石花窗的实例甚多，不胜枚举，仅以此数例作为代表，以示其形态的多样化及技法的特色（图1-162~图1-166）。

图1-162 浙江宁波林宅石雕窗

图1-163 浙江天台东亭乡南街某宅石花窗

图1–164 福建南安官桥乡漳里村蔡氏民居石雕漏窗

图1–165 浙江宁波阿育王寺天王殿石雕花窗

图1–166 山西五台山龙泉寺石雕花窗

图1-168 四川富顺文庙陛石

图1-169 北京昌平明十三陵长陵祾恩殿御路石

图1-167 北京故宫保和殿后云龙御路石刻

2.陛石

陛石是一种很特殊的石刻，它虽在地面上，但不利行走，只用在特殊场合。陛石就是指在帝王宫殿台基踏步中间上的一块通长的雕刻石板，与殿前御路相对。这块石板是不能践踏的，帝王上殿坐轿登上台基，轿夫走两旁的台阶，而帝王坐在轿中，悬空登阶，以示尊贵，故此石又称“御路石”。

陛石开始出现在什么时候尚无可考的实证，但是在宋代已经出现了。据宋《营造法式》卷十六石作功限的记载“殿阶心内斗八一段共方一丈二尺……斗八心内造剔地起突盘龙一条，云卷水地”，说明殿阶中心布置了一块盘龙雕刻，即是后来所称的陛石位置，当时还无陛石之称，概称之为“斗八”。现存陛石实例仅出现在皇家宫殿陵寝主殿的台基上，或者类比帝王的孔庙、文庙大成殿的台基上，说明陛石是有等级限制的，不是一般建筑可以配置的。北京故宫太和殿及保和殿的陛石是全国最大的，延长至三层台阶基，全为汉白玉石雕制。 保和殿后阶为明代遗存，分为三层，以最下一层最高最长，中间陛石雕刻亦最大。全石为整块汉白玉，长16.57米，宽3.07米，厚1.70米，总重为250t。原石产自北京房山大石窝，距京100余里，是由万名脚夫，历时一个月，趁冬季天寒地冻，沿途泼水结冰，用滚木旱船拖运至京，可见工程的艰苦。石上刻有九龙戏珠，单双排列，周围云雾飞腾，下边为海水江崖，龙身高突，体态雄伟，是故宫内著名的雕刻作品。明清两代陵寝的祾恩殿前亦刻有陛石，但规模及雕工皆不及紫禁城内的陛石。此外，在民间文庙中亦有不少实例，其中以四川富顺文庙陛石最有特色。该陛石为方形，三圈边饰，中间为一蟠龙雕刻，边饰为盘藤植物，枝叶缠绕，中间穿插龙凤动物等雕饰。而且全部雕饰为透雕，起伏扭转，空透玲珑，在陛石雕刻中比较少见（图1-167~图1-170）。

图1-170 北京故宫太和殿石雕陛石

3.壁面石刻

中国传统建筑虽然以木构为主体，但也不乏出现一些石材墙面，如石墓室、石券洞、石券面、石门楼、石槛墙，以及砖墙上的石刻等。这些石雕作品种类繁多，有些雕刻表现出很高的艺术品位，试举数例。如北京昌平居庸关云台券洞壁面的天王雕像即非常著名。云台为关城内过街喇嘛塔的基座，建于元至正五年（1345年），塔已圮毁，仅存基座。云台券洞两壁的四大天王像是最醒目的雕刻，全身甲胄，气势威猛，手中执物为剑、琵琶、伞、蛇，分别代表风、调、雨、顺之寓意。天王坐在高台上，左右侍立鬼卒与武士，脚踏小鬼，显示出威严与力量。面目表情及衣着细部都有深刻的动静描写。因其重要的艺术价值，已经被评为全国重点文物保护单位。河北遵化清东陵乾隆皇帝的裕陵地宫是一座充满雕刻的陵墓，该墓是由数座筒状石券组成的，券壁、券顶、隔墙、墓门皆有雕刻。内容有菩萨、天王、坐佛、佛八宝、梵文、供具、海螺、香薰等。四周边饰刻有复杂的吉祥草。该陵建造进行了七年，其中雕刻工作亦占相当庞大的工程量。该陵地宫雕刻构图严谨，线条流畅，刻画细腻。但满铺满盖，失去重点，加之全为浅浮雕，表现力不够强劲。此外，墙壁的石件上亦有雕刻，如门上方的石梁、墙下的槛墙、山墙的墀头、券洞券面石、石门框等处。各部位的雕刻内容不尽相同。如石梁上的雕刻可以浅雕或高雕、透雕，内容有几何式锦纹，也可是双狮滚绣球的高雕图案。石门框的雕饰多为平滑的减地平钑缠枝花卉，自唐代以来这种雕刻手法长期应用。福建闽南地区的青石板雕刻亦十分盛行，在光洁的石板上，以线刻和减地的方法雕出花草泉石，再配以文字题刻，形成画幅，十分秀雅可爱。尤其与胭脂红砖墙相配，更显出其艺术特色（图1-171~图1-175）。

图1-171 安徽屯溪程氏三宅门楣石刻

图1-172 辽宁沈阳清昭陵方城券洞石刻细部

图1-173 北京昌平居庸关云台券洞石刻多闻天（元代）

图1-174 河北遵化清东陵裕陵地宫石刻

图1-175 福建泉州杨阿苗宅壁面石刻（资料来源：陆元鼎，杨谷生主编.中国美术全集·民居卷[M]. 北京：中国建筑工业出版社，2004）

（四）小品石刻

1.石像生

石像生是中国帝王陵墓前神道两侧的装饰性小品石刻，也是中国建筑中为数不多的圆雕作品。它由石雕的人物和动物组成，按一定次序及方向排列，象征护卫皇陵的卫士。一般高官及勋臣坟墓前也可设石像生，仅限用动物形象，且数目受限。石像生之设始于秦汉时朝。汉武帝时的名将霍去病墓前即有石像生，有石马、石虎、石牛、石象、怪兽吞羊、人熊格斗等。这些石像生皆是用原石稍加整理雕琢，抓住动物特点，象征性地表示出动物形象。近代雕塑家对这批石像生评价甚高，认为是神似胜过形似的象征主义的代表作品。南朝陵墓石刻皆集中在江苏南京、句容、丹阳一带，共有33处，为南朝的皇帝及王侯墓前神道的石刻。已发现的石刻有三种：石柱、石碑、石辟邪，一般成对出现，说明神道的距离并不长。作为石像生的辟邪十分有特色。体形高大，挺胸昂首，两肋双翼，四足交错，威武雄壮，气势逼人。其实体形象完美，多面观赏皆十分匀称和谐，在中国雕塑史上有一定的地位。唐代石像生又增加了文臣武将、外国使臣、侍女等人物造像，数量大增。唐高宗的乾陵神道两侧的石人、石兽达96对之多。宋代陵墓设在河南巩义市，共有七帝八陵。陵前石像生较唐代又有变化，除动物、文臣、武将之外，又增加了瑞禽、驯象人、控马官、客使等内容，最多可达23对。其中，瑞禽是历代所没有的动物。客使又称番使，即外国的使节，也是石像生中特殊的项目。各陵客使的面目各异，手执定瓶、莲盘、犀角等各种宝物，表示万国来朝，臣服大宋之意。清代陵墓石像生一般规定神道前排列十二对石兽，两跪两立，依次为狮、獬豸、骆驼、象、麒麟、马，其后再立石人十二尊，包括武臣、文臣、勋臣各四尊。后期石像生为了强调严肃、顺从、臣服、効忠的艺术效果，故其形式表现为神情呆滞，挺然肃立，毫无表情的作品。从整体构思来看，陵墓石像生追求的不是单体雕刻的艺术表现力，而是群体规模与气势上的震撼力，所有人物、动物皆匍匐在帝王脚下，显示王权独尊、统领天下的威势（图1–176~图1–182）。

图1–176 陕西兴平汉茂陵霍去病墓石虎

图1–177 陕西兴平霍去病墓前石马（西汉）（资料来源：《中国历代艺术》编委会. 中国历代艺术·雕塑篇[M]. 北京：人民美术出版社，1994）

图1–178 江苏句容南朝梁萧绩墓石辟邪

图1-179 陕西醴泉唐昭陵六骏特勤骠（唐贞观年间）

图1-180 河南巩义市宋陵英宗永厚陵瑞禽石刻

图1-181 陕西乾县唐乾陵石文臣

图1-182 河南巩义市宋陵真宗永定陵武将石刻

2.石牌坊

古代有一种院门称乌头门，是由两根立柱架一横枋组成门框，中间安置门扇的形制。立柱出头部分易朽，故套以灰色瓦筒防雨，故称乌头门。此门式在唐代已经出现，用于六品以上官员宅院。宋代更发展成为定式。乌头门的横枋为免受雨淋，在其上加设瓦屋面，并加设横枋，枋间安设字牌，形成原始的牌坊形制。牌坊的形成估计在宋元之际，明代大盛。牌坊上的字牌出现增加了其表彰功能，成为纪念功名、善事、忠孝、义举，以及重要建筑的入口标志的小品建筑。牌坊在市镇中多安置在路口、广场、祠堂前、大宅前、桥头、重要建筑物前等公众经常聚会的地方。根据其形态牌坊分为两类，即立柱出头的冲天牌坊；立柱不出头的楼式牌坊。牌坊原为木制，南方地区多雨，故多建造石制牌坊，其形制虽类似木牌坊，但比例权衡更为粗壮，以适合石材性质。石牌坊的柱身加粗，斗栱简化，屋面整体进行雕制，甚至取消瓦垄，改为平板屋面，更适应石材制作。同时，梁枋、花板、脊饰、柱身遍施雕刻，充分发挥石牌坊的美学效果（图1-183～图1-186）。石牌坊保存下来的实例甚多，择其有特点的数例介绍。

安徽歙县许国坊建于明万历十二年（1584年），是由前后两座三间四柱三楼牌坊，中间以单间三楼牌坊相连接，形成国内唯一的一座八柱牌坊，俗称八脚牌坊。该坊坐落在十字路口中间，是各方道

图1-184 湖北武当山玄岳坊细部雕刻

图1-185 浙江东阳卢宅牌坊

图1-183 福建漳州邱蓝理石坊

图1-186 安徽黟县西递村胡文光牌坊

路的对景物，设计十分巧妙。该坊的梁柱皆有复杂的雕刻，梁身两端为如意头，藻头部分为贯套卷草纹，坊心为鱼龙相戏，底衬万字锦纹，雕镌深刻，立体感强烈，不仅雕工精湛，并且代表了明代梁枋彩画的一种模式，具有重要的艺术价值（图1-187、图1-188）。

安徽歙县棠樾村的石牌坊是以群聚而著名。在村庄的上水口依次排列了七座石坊，为明清两代徽商鲍氏家族所建。皆是因该家族的功名、善行、节孝等原因，由皇帝御表嘉奖而建。七座石坊形制类似，皆为三间冲天青石牌坊，雕饰较少，但一字长蛇排列，气势恢宏，极为壮观（图1-189）。

山西阳城皇城村是康熙年间大学士，《康熙字典》总阅官陈廷敬的故里。该家族科甲鼎盛，人才辈出，在明清两代曾考中九位进士及六位翰林，举人、贡生无

图1-187 安徽歙县许国坊细部

图1-188 安徽歙县许国坊

图1-189 安徽歙县棠樾村牌坊群

图1-190 山西阳城皇城村石坊

数，为此在宅前建有一座特殊的牌坊。该坊为四柱三间三楼牌坊，全部砂岩雕制，但柱间增加了六七道横枋，划分出黑石板的字牌十七块，除“冢宰总宪”、“一门衍泽”、“五世承恩”三块题名匾以外，其余均是家族中历代出任官职的族人职务及姓名，是一幅家族的光荣榜，也造就一座特异形式的牌坊（图1–190）。

山西五台龙泉寺石牌坊是国内雕饰最繁多的实例。这座牌坊坐落在山门前，建于民国年间，四柱三间，歇山屋盖，前后戗柱，全部用白石雕刻。题材有飞龙、走兽、石狮、菩萨、宝镜、书笔、拂尘、玉壶、花卉、仙桃、莲实、山水、流云、卷草等各种图案杂陈一起，并且全部是透雕，几乎分辨不出形体。其中最多的是飞龙，数目达96条之多。建造这栋石牌坊历经六年才完工，虽以雕工复杂而著名，但整体艺术效果并不成功（图1–191）。

图1–191 山西五台龙泉寺佛光普照牌坊（全石构）

若以规模而论，则国内最大的石牌坊是北京昌平明

图1-192 河北遵化清东陵神道大石坊

十三陵的大石坊。该坊为六柱五间十一楼，高达14米，面阔29米，全部为汉白玉石建造，建于明嘉靖十九年（1540年），是整体十三陵陵区的总入口，气势雄伟，总揽全局。大石坊的雕刻不多，大量集中在夹柱石座上，有麒麟、龙、狮、怪兽等图案。大石坊造型比较忠实地模仿木构牌坊，因此在额枋上雕出旋子彩画图案，为学者提供了早期旋子图案的规制，具有重要的学术价值。陵区设置大石坊一直影响到清代陵寝的规制，位于河北易县清西陵的泰陵，更将石坊增至三座，呈品字布置，形成大红门前的广场，进一步增强了神道前导的气势（图1-192、图1-193）。

图1-193 北京明十三陵大石坊

3.石塔幢

石塔在佛教寺院中有两种表现。一为小型模型式的小石塔作为供养的对象，多为楼阁式塔或宝箧印经塔；一为佛寺建筑的大型石塔，多为楼阁式塔，如福建泉州开元寻双石塔等。石塔雕刻以建筑斗栱、瓦面及佛像为主，雕饰题材单一，故不多作讨论，石塔中雕刻繁多的可举北京五塔寺为例。五塔寺又名真觉寺，寺内有塔一座，下为高基座，座上有象征五方佛祖的五座密檐式小塔，为金刚宝座规式，故称五塔寺。该塔建于明成化九年（1473年）。其造型的下部为7.70米高的方形宝座，座壁四周雕刻成五层，每层有瓶式柱承托的屋檐，瓶柱之间分成龛室，内雕坐佛一尊，用不同手印表示五方五佛。座上五塔皆密布雕刻，有五佛坐骑的狮、象、马、孔雀、迦楼罗，还有佛八宝、佛足印、金刚杵等佛教装饰纹样。总之这些石雕都是为了表达宗教概念而制作的，充实了金刚宝座塔的宗教内涵。相同的内容在内蒙古呼和浩特五塔召的细部雕刻上亦可见到（图1-194、图1-195）。

石经幢是宗教石刻中的小品建筑。经幢原为木制，上有织物伞盖，写有经文，作为佛教寺院进行法事时的仪仗。至唐代开始出现石制的永久性的石经幢

图1-194 内蒙古呼和浩特五塔召细部雕刻

立于寺院中。初期石幢比较简单，下为覆莲座，中为八角柱式幢身，上刻陀罗尼经文，上为宝幡及顶盖。辽宋以后石幢形制愈趋复杂，基座加大，幢身可分为数段，上部除宝幡以外，还刻有仰莲、屋檐、平座、宝珠等。现存最大的石幢是河北赵县的陀罗尼经幢。该幢建于宋景祐五年（1038年）。幢高15米，由基座、幢身、宝顶三部分组成。基座又分成三层须弥座，每层须弥座的束腰皆雕出不同的宗教题材。如第一层为金刚、力士；第二层为菩萨、伎乐舞女；第三层为佛的本生故事。幢身下部为宝山托座，刻有龙纹和佛殿，上面叠置三段刻满经文的八角幢身，再上为八角形佛龛、蟠龙短柱、素短柱，共计为六层。每层皆有璎珞流苏幡盖或屋盖。第三层还有刻有释迦游四门故事的八角城阙。宝顶由仰莲、覆钵、宝珠组成。整体经幢的各部分由下至上高度递减，宽度变小，比例合宜，显得瘦长挺拔。雕饰虽多，但繁简相间，相互搭配，繁而不乱。雕刻手法包括了各种技法，特

图1-195 北京五塔寺金刚宝座塔雕刻

图1–196 河北赵县陀罗尼经幢细部

图1–197 云南昆明大理国经幢

别是雕刻题材几乎概括了大部佛教内容，宣教意义甚大。此幢很早就定为全国文物保护单位（图1–196）。

云南昆明大理国经幢是另一种特殊的经幢。幢身八角七层，高约8米。周身雕密宗佛、菩萨、天龙八部各种雕刻，大小约300躯。虽然该幢尚有经幢的轮廓，但已完全变成一座雕刻品，可以说是经幢异化的产物（图1–197）。

三、砖雕

（一）砖雕技法

砖雕是指用金属刀具在青砖上雕凿出花纹或形象图案的建筑装饰部件，属于雕刻制品。在传统工匠中习惯将砖雕分为两种，称为“硬花活”和“软花活”，在山西、甘肃一带工匠又称之为“刻活”和“捏活”。“硬花活”是指用各种型号的錾子、凿子、刻刀在青砖上雕出图案的工艺技法；而“软花活”是指用调制好的柔软的塑泥，在墙壁上塑制成型，干后再涂以青灰浆，形成类似砖刻制品的工艺技法。塑泥一般由七成白灰面加三成青砖粉面及少量的青灰浆调制而成，要求软硬适度，便于塑造。若是塑造立体性较强的图案或人物，尚须在墙上随着人物及图案形态钉上木制龙骨，作为着力骨架，在其上塑出形体。现存北方辽代佛塔首层墙上的佛像及飞天、力士像等就是用软花活塑制的。严格讲，“软花活”应属塑造工艺，而非雕刻工艺，今日我们所讲的砖雕是指“硬花活”一类。但是也有个别砖雕制品是软硬花活同时应用的，主体图案为硬活，而周围细致的配件为软活。

我国南北方雕砖工匠的雕砖工艺差不多，可细致分解为十道工序。①磨砖，即将备用砖料的表面磨光磨平，以供下一步操作。②放样，即将设计的图样画在纸上，砖雕作品的优劣首先取决于构图设计的质量。③过样，即是将设计纸样拓印在砖面上。传统做法是沿纸样的线条以线香烫出小洞，然后用粉袋拍粉到砖面上，再以炭笔沿粉迹描绘成线。这种方法与传统彩画的过样工艺类似。而徽州雕砖工匠的过样做法是先用石灰水涂刷在砖面上，晾干后，将样纸铺在砖面上，以铁笔进行勾描，透过纸样将石灰面划出纹路，完成过样工作。近代以来有了蓝色拓纸，过样工作就更加简便易行了。河州（今甘肃临夏市）一带砖雕高手师傅往往不做纸样，在青砖表面以粗铅笔直接画样，一次成图，无须过样。④ 耕，即用小錾子将线条刻画一遍，保证图案清晰可见。⑤ 打窟窿，亦称打洞，即是将图案以外的部位剔空至底面，仅留需要进一步加工的图案，这项工作多由手艺较低的学徒工完成。⑥ 镳，即是用较大号的錾子和凿子，将图案的深浅层次大略表现出来。在徽州地区，这项工作多由老艺人主刀，凿出作品的轮廓、深浅、层次、位置，称为“打坯”。然后由助手细刻，称为“出细”。⑦ 齐口，即是精细加工，要雕出图案的细节部分。其中极细的部分，如人脸、衣褶、树叶、翎毛等纸样中不易表现的细节，则全凭匠人的技艺来完成。所以说砖雕是三分设计，七分手艺。⑧打磨，用细砂纸及粗布将图像粗糙处磨光磨平，尽显圆润之态。⑨ 上药，即是将石灰水和以砖面，调成糊状，填补图案的砂眼等处，以显雕品的完美。⑩ 打点，用砖面水擦净图案，以使雕品光洁细腻，完成全部砖雕工作。简言之，砖雕工艺手法的重点主要表现在锯、磨、凿、钻、刻的手艺高低上。

砖雕所用青砖并非一般普通砌筑房屋的青砖，需要特制。以苏州雕砖为例，其所用砖材皆为苏州北部的陆墓乡生产的。清朝北京紫禁城宫殿内所用的地面金砖，就是由陆墓窑户专供的。制砖所用的砖泥须经仔细挑选，粗细适当，不含杂质，铁成分要低，铁分过高的青砖在使用数年后会产生铁锈斑迹。陆墓生产的高质量的青砖皆经过澄浆。即将选用的泥土加水搅成泥浆，放入池中沉淀,沉淀后，放出表面清水，除去上层的粉泥，亦不用下层的粗泥，只用中层的细泥。砖泥须经过人工踩踏，或用耕牛踩踏，称为“揉泥”。类似家庭做面食的“和面”，经反复搓揉以后，搓出面筋，增加了黏性。实际就是将面中的空气完全挤出，增加密实度，揉泥亦是这个作用。临夏地区的砖雕用泥多采用北塬乡的大夏河河底淤泥，亦因其经过自然沉淀，土质比较细腻之故。揉好的砖泥才能脱坯、阴干，然后入窑焙烧，烧成后尚须拣选才能使用。

青砖材质坚脆易裂，因此加工时比木雕、石雕更为小心，须将腕力、指功拿捏准确，不可过猛。刀具亦很重要，多采用锋利的钨钢刀头。同时，还须用生石灰加糯米汤浸润砖刻表面，使其增强韧性，避免脆裂。砖雕比石雕的造价要低，加工较易，故在明清时期成为民间建筑外檐装饰的重要手段，广为传播。

砖雕工匠所用工具包括有錾子、凿子、刻刀、铲、削、木槌、砖锯、砖铯、线脚铯等。主要工具如凿、錾、铲、刻刀等尚有不同型号及刀口。凿子头部宽窄有数种，可用之除去大面积的砖面。凿尾有木制凿柄，用木制凿棒敲打尾部，这样用力可以柔和一些。刻刀可供图案出细之用，刀口的宽窄及厚薄不同，可有十几种型号的刻刀。砖雕工艺受木雕工艺的影响比较大，从其所用的工具与技法上亦可看出与细木工匠类似。我们有理由相信砖雕工种是从细木工种分化出来的。如民国初年苏州荣称“雕花赵”的砖雕大师赵子康、赵凤云父子，除了精于竹、木、牙、石雕刻之外，亦是砖雕高手。

(二) 砖雕演进

砖雕出现的历史时期较晚，广泛应用是在宋代。有的学者认为砖雕的出现可推早到东周战国时期，其中有所误解。战国时出现的铺地花纹砖，以及秦汉时期空心或实体的画像砖等，皆是在砖坯未干时模压出的或刀划出的图案花纹，烧制成型，而非雕刻制品。砖雕应用较晚与中国古代早期建筑为土木结构有关，大量使用夯土墙作为建筑中的承重和围护结构，这种状况一直持续到南北朝时期，所以最早使用的建筑装饰手段是画在夯土墙上的壁画。而当时砖材还算是贵重材料，只用在殿堂的地面及台阶踏步，一般庶民建筑很少采用。

为了防止墓室腐坏，汉代的贵族墓葬由木椁墓逐渐向砖室墓过渡，为了装饰砖室墓，当时采用的方法是画像砖及彩绘壁画，尚未出现砖雕。唐代佛塔虽已有砖雕部件，如河南登封会善寺净藏禅师塔上的斗栱、直棂窗、顶部山花蕉叶等雕件，但较粗犷简略。宋辽时期的佛教砖塔的雕饰增多，特别表现在底层须弥座的束腰部分，在壶门之内雕有花叶及伎乐俑人等。如杭州六和塔内壁须弥座就雕饰了各式花卉。北方辽代的砖塔，如庆州白塔、北京天宁寺塔、辽阳白塔、北镇崇兴寺双塔、内蒙古宁城中京大塔等，诸塔首层皆雕有力士、飞天、宝幡、花卉装饰雕刻，采用部分砖雕与部分灰塑相结合的技法来装饰墙面（图1–198～图1–203）。

宋代大量应用砖雕是在民间富户的砖室墓内。墓

图1–198 河南登封少林寺普通塔（宋代）

图1–199 浙江杭州六和塔内檐须弥座砖雕（宋代）

图1–200 辽宁辽阳白塔砖雕（辽代）

图1-201 辽宁朝阳北塔塔身砖刻佛像（辽代）

图1-202 内蒙古呼和浩特万部华严经塔砖刻栏杆（辽代）

图1-203 北京西山八大处灵光寺千佛塔遗址砖雕（辽代）

室四周皆用青砖砌成建筑外檐的形式，墓室空间表现为由四面建筑围合成的住宅院落，每面建筑皆刻出柱枋、斗栱、槅扇门窗等，并且在正面的厅堂刻出半掩的大门形式，门扇外露出主妇半身的雕刻。有的墓室正面厅堂为开敞式，中为方桌，夫妻对座饮宴，仆役提壶托盘，环侍左右，显现出豪门生活场景。在这些宋墓中的人物及门窗棂格的雕刻已经十分细致成熟，同时也说明砖雕的应用已从高级的宗教建筑上走向民间（图1-204、图1-205）。

宋代官修的建筑术书《营造法式》砖作制度中并没有提到与雕刻有关的词条。第十二卷的雕作制度中虽有混作、雕插、起突、剔地等四种做法，但都是指的木质构件的雕刻加工。但在卷二十五砖作功限中提到了"事造剜凿"的砖材加工的用工规定，说明当时皇家建筑也开始使用砖雕装饰。据《营造法式》记载使用砖雕的部位有地面斗八、阶基、城门坐砖侧头、须弥台座等处。雕刻的图样有龙凤、华样(花卉)、人物、壶门、宝瓶等式样。书中记载当时宫廷砖雕用砖"并用一尺三

图1-204 河南洛阳宋墓砖雕

图1-205 河南洛阳宋墓墓室砖雕

寸砖”，约为40厘米的方砖，约为现在的尺二方砖。而雕这样大小的一块方砖仅为一工，假若图案为团窠、毬纹等规则的纹样，则一块半砖才用一工，就是透空气眼上所雕的立体的“神子”(可能是宗教人像一类的图像)、“龙凤华盆”等较复杂的雕品，每块砖仅再加七分工，说明当时建筑上所用砖雕还是比较粗放简略的。

金代的佛塔及墓葬仍继续采用砖雕装饰，并且在雕刻题材及精细度方面有了进一步的发展。例如在山西侯马市发掘的，建于金大安二年(1210年)的董玘坚墓中，除了北壁雕刻出墓主夫妇对坐饮宴，东西壁各雕六扇槅扇门以外，在北壁上方还出现了砖雕的戏台及作戏的彩色陶俑，墓室中用砖雕表现出丰富的生活场景。该墓的雕法皆为高浮雕，构图饱满，内容有人物、狮子、屏风、花插等，尤其是槅扇门的棂格细致多变，反映出金代砖雕技术的进步（图1–206）。类似的砖雕装饰亦反映在稷山、闻喜、襄汾等地的金代墓葬中。延至元代，墓室砖雕开始衰落，墓葬中已十分少见，而转为绘制壁画来装饰墓室。

明代砖雕又掀起一个高潮，砖雕大量应用在地面建筑上，尤其在民居中应用最为广泛。造成这种现象的原因有二：首先，砖材在建筑上的应用逐渐推广，夯土城墙开始包砖，砖塔的数量大增，出现了砖制的影壁，南方已经出现了硬山搁檩的承重砖墙，部分民居院门及山面墙壁已改用砖材。建筑上大量应用青砖也刺激了制砖工业的发展，生产出一部分高质量的青砖，为砖雕工艺的提高与普及奠定了基础。其次，明代封建王朝加强社会等级制度的管理，尤其在建筑上有严格的规定。《明史•舆服志》记载，“庶民庐舍，洪武二十六年定制，不过三间五架，不许用斗栱，饰彩色。”即不许民间房屋修饰得过于华丽，因此富裕人家为了美化住宅，就把装饰重点转向不在限令之内的砖雕上。

明代宫廷建筑中采用砖雕的实例不多，室外装饰多用更为耐久的琉璃制品。但在明代初期仍有一些实例，如南京明孝陵宫城东西侧八字墙上的大卷草折枝花卉砖雕，安徽凤阳明中都城址须弥座束腰雕刻的折枝花、云朵、梅花鹿等，皆是明初的作品。佛塔的砖雕装饰依然很多，图案较前更加繁复，如北京慈寿寺塔等，但使用砖雕最多的是民间建筑的影壁、门楼、脊饰及山墙头等部位。现存明代砖雕实例大都是上述小品建筑，如苏州东山明善堂的石库门楼（图1–207、图1–208）。

清初康乾时期经济发达，社会财富增多，民间建

图1–206 北京昌平银山塔林懿行塔细部（金代）

图1–207 北京海淀慈寿寺塔砖雕

图1–208 江苏苏州木渎明代民居石库门砖雕

筑使用砖雕的范围更为扩大，除主题性的影壁、门楼、小品图案以外，还盛行各种砖雕边饰。如什锦窗套边、槛墙花边、门洞套边、廊心墙边、透窗心等处。砖雕题材还移用了许多木雕题材，如历史故事、戏曲传说、四季花卉、吉祥图案等。设计手法花样翻新，雕凿用工加细出巧，富户住宅往往以砖雕用工多少来显示自己的财富，苏州的豪门大户的一座石库门楼可用一千个工日才能建成（图1-209~图1-213）。

图1-209 北京民居廊心墙砖雕

图1-210 北京动物园大门砖雕

图1-211 北京四合院墀头砖雕

图1-212 北京民居花窗砖雕

图1-213 江苏苏州网师园砖雕门楼

清末民初中国建筑走向近代建筑风格以后，砖雕仍然繁荣了一段时间。各地民居的中西合璧式小门楼、近代砖构的行政建筑、砖构的天主教堂、新兴的商业店铺等，皆采用了不少砖雕设计。砖雕成为传统木构建筑向近代砖石建筑转化过程中，建筑外观可资利用的装饰手段之一（图1–214、图1–215）。

图1–214 北京四合院小门楼砖雕

图1–215 北洋政府陆军部砖雕

（三）砖雕图案设计

对于大量的传统建筑砖雕如何去欣赏存在不同的观点。民间富户往往以砖雕作品费工费时，造价昂贵，作为艺术评价的标准，这种看法并不足取，因为作为艺术创作还应从美学角度来衡量。首先是雕刻选位要恰当，应选在建筑围合的空间中比较突出之处。如苏州内院的石库门头，北方民居的山墙墀头，迎门的照壁，门套砖匾等处。高低及视距皆符合视觉观赏要求，因砖色灰暗，起突较少，故图案不能过远过高，适合近视，不宜远观。其次是图案布局要繁简得宜，疏密有序，不可杂乱堆砌，应有对比及和谐的效果。至于繁简取舍，因人因地而异，过繁过简皆可有意境表现。其三，最重要的是要雕凿精细，人物传神，花卉生动，纹样精准，表现工艺技术功力之美。

砖雕装饰图案的题材大致可分为三类：几何图案、动植物图案及人物场景图案。不同类型的砖雕图案各有审美的重点。几何式图案雕刻多取材于锦纹，套方套环，纵横交织，布置有序，线条平直准确，不差毫厘，显现出图案美。高手匠人还可雕出双层套叠的构图，具有锦铺绣裹之美，在江南许多贴墙门坊的包袱式砖雕即属此类。几何式图案多为浅浮雕，强调平面构图，光影平和，铺陈通畅，协调一致。几何式图案也可作为衬底，上面再浮雕出各种动植物图案，形成更复杂的设计。有些简单的几何图案往往作为图案边框，呈两方连续状展开。还有的室外花窗亦用透雕的几何图案，取其空透灵巧之美（图1–216～图1–222）。

动植物图案有两种表现形式，即团窠式和展开式。团窠类图案多应用在影壁心、廊心墙上，小型图案也可用在墀头的戗檐砖上。这类图案外形规整，呈圆形、菱形、柿蒂形等，多由花草枝叶组成，动物图案甚少，中心对称，主次分明，具有严谨的图案美。为了强调中心主题，往往将中心花朵雕成立体形态，用砖榫挂

图1-216 江西婺源延村民居贴墙门砖雕

图1-217 江西景德镇玉华堂入口门楼砖雕

图1-218 安徽歙县棠樾鲍氏祠堂砖雕

图1-219 江苏扬州汪氏小苑神龛砖雕

图1-220 山西榆次常家大院影壁砖雕

图1-221 山西晋中常家大院祠堂院影壁砖雕

图1-222 安徽黟县宏村民居墙门砖雕

在背景图案上，显出深刻的光影效果。展开式图案多用在横长的砖雕部位，如横枋、栏杆、平坐上下枋及束腰、横脊等处。大量的展开式图案为缠枝花卉，这是最自由的组合，可繁可简，而且图案随意，可增可减。以植物为衬底，增加些动物内容，可组成有吉祥欢庆意义的主题，如凤穿牡丹、松鹤延年等。其中，双狮滚绣球图案是门枋上常用的构图，这类图案的美学效果在于狮子形体的活泼多变，摇头摆尾，闪转腾挪，尽显动态之美（图1-223~图1-227）。

图1-223 山西祁县渠家大院侧院楼厅砖雕

图1-224 北京四合院靠山影壁砖雕

图1-225 江苏苏州黎里镇柳亚子故居后楼石库门砖雕（明代）

图1-226 安徽黟县西递民居墙门砖雕

图1-227 北京东棉花胡同15号拱门砖雕

人物景色图案是最复杂的砖雕图案，它往往肩负着历史故事、人文教化、吉祥欢庆、戏曲场面等思想立意的表现。这些砖雕往往雕刻在横长的贴砖梁枋或屋脊上，或是影壁或墙身上，砖雕面积有固定形状和尺寸，图案设计受建筑部件的限定。所以，图案多数呈现出变形、夸张、拥塞的特点，这是建筑雕刻(包括木雕、石雕)常见的现象。尤其是人物、动物、车轿、建筑等写实的对象会显得比例失常。人物的头大身小，动物的腿短肚肥，树木的叶茂干矮，建筑的墙低窗大、柱短人高，与写实美术作品的差距较大。这是为了在咫尺的面积内去表现众多的画面意境，而采取的变通手法。图案不求形似，重在表意。因此，欣赏故事类的砖雕作品时，不仅是目视，还要联想，即直观与理念相结合地去理解画意。这类砖雕中最著名的是广州陈家祠入口外墙上的六幅大型砖雕，最大的达4.8米宽，气魄雄大，构图复杂。该砖雕除了前面所叙述的变形夸张、重意不重形的特点之外，为了全面地表达出故事情节，还采用了一些特殊的工艺手法。例如人物、树木、建筑等景物前倾，以便观者从低处仰视观赏；上下各层景物彼此斜插，形成透视感觉；横向展开的景物尽量缩短彼此间距，以容纳更多的情节；多幅故事之间以云树相隔，形成既独立、又连续的统一画面。总之，匠师们希望在有限的墙面上展现出更多的内容。对这类砖雕的欣赏应多从丰富的情节上予以关注，“读画”比“看画”的感觉更为强烈（图1-228~图1-230）。

在砖雕作品中往往将文字融入其中，如影壁中的百寿图、百福图、影壁心的字牌、廊心墙上的题字等。将文字参入砖雕在技术上并无难处，大部分为平雕或双勾线刻，但文字的书法美为砖刻带来异样的审美价值（图1-231~图1-233）。

图1-228 山西灵石静升村红门堡内砖刻照壁

图1-229 广东广州陈家祠入口看面墙大型砖雕

图1-230 安徽婺源晓起村民居墙门砖雕

图1-231 山西晋中常家大院贵和堂文字影壁

图1-232 北京四合院影壁字牌砖雕

图1-233 山西榆次常家大院百寿图影壁

（四）砖雕地区风格

随着砖雕行业的普及，技术水平的提高，明清以降，逐渐形成各地区的砖雕艺术中心，各有独特的艺术风格。如苏州砖雕、徽州砖雕、北京砖雕、山西砖雕、河州砖雕、广州砖雕等。

苏州砖雕　其勃兴是基于明清时期地方经济的发达，同时也得益于当地出产的高质量的金砖，及工艺技巧精良的细木工及微雕技艺的传承。其最兴盛期为康乾时期，与地方经济发展是相吻合的。苏州砖雕多用于寺庙会馆的墙壁及须弥台座，园林中的栏杆、漏窗，砖塔的壁面装饰，以及重要的影壁墙面。但大量的砖雕是用于民居内院的石库门头上，目前存量实例也是最多的，是苏州砖雕的代表。石库门是苏州大型民居中必须建造的，每套住宅内甚至有三四座，原始的功能是为了防火，与高耸的防火墙共同保证了厅堂的安全。其材料全部用砖，甚至木门板上也是方砖贴面。门洞上的门罩原来比较简单，仅为一个出挑的披檐。在明中叶开始变为一个较复杂的垂花门罩的形式，从墙上出挑两根垂柱，柱间横搭两根枋木，枋间为“字牌”及“兜肚”（实为原来花板的变体），枋上为斗栱及瓦顶，是一个较仿真的砖制的垂花门罩。乾隆时期进一步变化，下枋及字牌独立出来，垂柱上移至上枋部位，三段分层出挑，空间轮廓更为丰富。以后又在出挑部位下方加设挂落，上部加设栏杆，形体更为华丽，同时大量的雕刻出现在石库门头上的兜肚及上下枋上。中间的字牌上书写主人的道德理想、治家箴言，如“竹苞松茂”、“修礼以耕”、“藻耀高翔”等警句。字牌两边的兜肚上多雕小幅的松石动物。最繁复的是上下两枋雕刻，早期常见的是云鹤纹、缠枝花卉，以及“双狮戏球”及“鲤鱼跳龙门”等。图案布局疏朗，刀法圆润，形象突出。乾隆以后图案更趋复杂，故事戏曲、人物图案成为时尚，如“郭子仪拜寿”、“文王访贤”、“八仙过海”，以及“三国演义”、“西游记”、“白蛇传”等皆是乐见的题材。雕刻形象有人物、动物、树石、楼阁等多样品类，并且要组合在一起。此时雕刻多为半浮雕，局部透雕，甚至栱眼壁都是透雕的锦纹图案，此时期的砖雕层次分明，雕工精细，风格秀丽，玲珑剔透，具有极高的技艺水平。咸丰以后，石库门上的雕刻渐少，在素平的上下枋上仅有少量的装饰纹样，已不见乾隆盛世的辉煌。总之，石库门砖雕可称为苏州砖雕的代表，沿太湖的江浙各地区皆受苏州砖雕影响，风格雷同（图1–234～图1–240）。

徽州砖雕　明清时期徽州地区商业十分发达，徽商经营范围遍于全国各地，富裕的徽商在家营造房屋亦十分豪奢，雕刻工艺是必不可少的装饰，砖雕亦在其列。徽州砖雕与苏州不同，其使用部位多在建筑外部，喜欢在民居贴墙式大门的门罩、祠堂大门两侧八字墙壁、小品神龛及园林漏窗等处装点砖雕，人们可近距欣赏。其中最大量的砖雕是用在门罩上。徽州民居的门罩是贴墙门罩，罩在门口之上，并不挑出。基本形式有两种，一为

图1–234 江苏苏州黎里镇柳亚子故居石库门砖雕（明代）

图1–235 江苏苏州网师园砖雕门楼细部

图1-236 江苏苏州网师园砖刻门楼

图1-237 浙江宁波天一阁墀头砖雕

图1-238 江苏苏州木渎镇乾隆行宫砖刻门楼

图1-239 江苏吴县（今苏州市吴中区和相城区）东山春在楼砖雕门楼（民国）

图1-240 上海豫园砖雕门楼

垂柱不落地的垂花门罩，一为柱柱落地的牌坊式门罩，单间、三间不等。柱间横穿上下枋，枋间为题字处，枋上为大斗数枚，顶托檩椽屋面，没有复杂的斗栱造型。砖雕门罩雕刻重点是在上下横枋及柱身上。雕刻题材以锦纹为主，图案舒朗，雕刻深邃，虽为平面展开，但装饰性极强。锦纹图案可布满枋柱全身，也可以包袱形式铺陈在枋心上，也有在锦纹上浮雕几个小池子，上雕人物花卉等。徽州砖雕中大幅的人物戏曲砖雕较少，形象较清爽。可以说工整精细的锦纹雕刻是徽州砖雕的一大特色，取得十分突出的艺术效果。另外一个特点是将整攒的斗栱简化为大斗，并且斗身亦经变形雕凿，雕成花朵、动物、博古、楼台等，仅保留其外轮廓，当地人称之为“元宝”。大门两侧的墙壁亦是按柱、枋、间柱、大斗的布局安排雕饰。复杂的可加入圆雕的动物、人物等内容，加强图案的立体感，安徽歙县棠樾村鲍氏女祠的门屋砖雕可为代表（图1-241～图1-246）。

北京砖雕　大量应用在传统民居上，官府庙宇应用较少。根据北京四合院的构造特点，砖雕主要分布在山墙墀头戗檐砖、廊心墙、窗下槛墙、影壁墙、花窗边饰，以及小式门楼如意门的檐下雕饰等处。其中尤以墀头戗檐砖的雕饰最为普遍，几乎家家户户的戗檐皆有装点的雕刻。戗檐砖是山墙墀头为配合挑出的封檐板而设计的，斜出的戗檐雕刻主题多为花鸟梅竹等吉祥题材如喜鹊登梅、松鼠葡萄、太师富贵等，呈浅浮雕状。为了进一步丰富墀头，戗檐下的两层盘头砖亦有花草雕刻，再下方的腿子墙上还浮雕有垫花。垫花的题材多为一座带垂穗的花篮，与戗檐方砖图案形成很好的呼应。如意门门口上方的砖雕基本按枭混挑砖、横枋、挑檐砖、栏杆砖的次序安排，重点是栏杆砖。一般为三片栏板，内雕花卉、博古等。其他各处多为联珠、丁字锦、缠

图1-241 安徽黟县宏村贴墙门砖雕

图1-242 安徽歙县棠樾村鲍氏女祠入口墙面砖雕

图1-243 江西婺源延村民居贴墙门砖雕（资料来源：陆元鼎，杨谷生主编.中国美术全集·民居卷[M]. 北京：中国建筑工业出版社，2004）

图1-244 安徽歙县棠樾民居贴墙门砖雕

图1-245 安徽歙县棠樾鲍氏家祠入口砖雕

图1-246 江西婺源晓起村民居贴墙门砖雕

枝花等线形图案。廊心墙的图案多有定式，即边框内为中心团窠四岔角构图，主题为花叶。影壁心亦类同。北京砖雕的使用部位虽然很多，但体量较小，构图粗放，刀功强劲，图案简洁；人物题材少，多为浅浮雕，故在建筑造型整体上处于点缀装饰的角色，不能成为视线的主体。近代以来，欧风东渐，砖构为主体的建筑增多，砖雕的应用出现了新趋势。公私建筑的西式门楼、教堂的外檐装饰、商业建筑的外墙等处出现了较大规模的砖雕作品。如北京动物园大门、谦祥益布店等实例，开拓了砖雕应用的新局面（图1–247~图1–252）。

图1–247 北京四合院随墙门砖雕

图1–248 北京东棉花胡同15号拱门砖雕

图1–249 北京秦老胡同1号如意门砖雕

图1–250 北京前海北沿14号墀头砖雕

图1–251 北京西城翠花街5号大门墀头砖雕

图1–252 北京帽儿胡同4号廊心壁砖雕

图1-253 天津砖雕（刘凤鸣砖刻）

天津是紧邻北京的通商大埠，许多富商官宦定居于此地，豪华宅第甚多。自道光以后砖雕之风盛行，并出现了许多高手艺人，如马顺清、赵连壁、刘凤鸣等。天津砖雕在技艺上有所创新，即用黄蜡与松香制成的胶粘剂将不同的砖雕配件粘合在一起，形成大幅的高浮雕和透雕的作品，称为“贴砖法”。天津砖雕不仅用于建筑影壁、戗檐、脊饰、烟囱，也还制成独立的花台、花篮等物件。天津砖雕属北派风格，但起伏较大，立体性更强一些（图1-253）。

山西砖雕　可以晋中地区为代表。清中期以后这个地区出现了许多著名的商人，多以票号为业，史称晋商。致富以后在家乡广建宅院，不仅规模宏大，而且装饰豪华，砖木石三雕广泛应用。晋中砖雕大部分用在影壁墙、内院分隔墙及大门入口的侧墙上，故可形成画幅较大的作品。在祁县乔家大院、灵石王家大院、平遥古城、襄汾丁村等处皆有不少佳作。如榆次常家大院的每一组堂院门前皆有一砖刻影壁，进门后的靠山影壁及二门两侧隔墙上皆有砖雕。影壁砖雕题材以福寿为主，如百寿图、百福图、五福捧寿、松竹长青等，戏曲人物的题材极少。大院后楼上的栏杆亦为砖雕制品，通长十余米，皆雕花卉果实，形象凸出饱满，加上栏杆下边的基座及挂檐板的雕刻，构成一条华丽的装饰带，是后院主体建筑的重要看点。山西民居建筑的山墙墀头部分的砖雕亦有特色，雕饰不在戗檐上，而在戗檐下的腿子墙上端。一般做成退进较多的束腰状，线脚复杂，三面雕刻，有的还增加短柱，十分繁复。山西砖雕的技法比较粗放，但规模较大，起伏鲜明，注意宏观效果，有些还上色点金，增加色感。另外，在文字装饰应用上比其他地区更为熟练（图1-254～图1-258）。

图1-254 山西晋中常家大院祠堂院影壁砖雕

图1-255 山西灵石静升村王家大院凝瑞居牌楼门两侧砖雕

图1-256 山西祁县乔家大院照壁百寿图

图1-257 山西祁县乔家大院二号院后楼砖雕楼栏

图1-258 山西晋中常家大院体和堂楼栏砖雕

河州砖雕 今甘肃临夏地区古称河州，亦为砖雕技艺比较发达的地区。其应用部位甚为广泛，包括山墙、门头、洞门、院墙、影壁，甚至小建筑，如凉亭、碑楼、唤醒楼等。因当地居民信仰以伊斯兰教为主，故砖雕题材限于几何纹样及植物纹样，仅在青海、宁夏等毗连影响区才会有动物纹样。许多河州砖雕用于墙壁装饰，所以大幅壁雕为其特点，并且以植物为象征，表达对吉祥含义的追求，如榴开百子（石榴）、多子多福（葡萄）等。河州砖雕应用在建筑的各个部位，因此产生许多小建筑形式，如砖斗栱、砖垂花柱、砖须弥座、砖栏杆、砖匾联、花式砖拱券、花式砖柱、砖脊饰等。砖雕是河州建筑上应用最广泛的一种装饰手段。河州砖雕仍属于北系砖雕，以浅雕为主，兼有少量高雕，布局宏阔，追求大效果，技艺不够细腻（图1-259~图1-263）。

图1-260 甘肃临夏某拱北砖雕

图1-261 甘肃临夏马步芳东公馆影壁座砖雕

图1-259 甘肃临夏榆树拱北砖雕门楼

图1-262 陕西西安华觉巷清真寺牌坊垂脊砖雕

图1-263 陕西西安华觉巷清真寺碑亭

广州砖雕　主要传人在番禺和佛山两地，影响遍及东南亚一带。广州砖雕受泥塑的影响，技法十分丰富，高雕、浅雕、圆雕、透雕、插雕穿插应用，层次分明，立体感强烈，并且手法细腻，纹饰复杂，喜欢表现宏大场面，具有浓厚的地方特色。砖雕多用在祠堂、书院、寺庙的照壁、檐壁、墙头、神龛等部位。题材有珍禽异兽、花卉果木、历史故事、戏文词话等，是最写实的题材。其中代表作是广州陈家祠大门两侧前檐壁的两幅大型砖雕。宽达4.8米，高2米，四周有边框，下有垂饰雕刻。内容分别是“刘庆伏狼狗”历史故事及“水浒传”梁山聚义故事。画面上人物众多，服饰不同，姿态各异，高低错落，还有厅堂、树木、家具器物穿插其中，极为复杂。该雕刻充分表现了广州砖雕的高超技艺，也是南派砖雕的代表之作（图1-264~图1-267）。

图1-264 广东广州陈家祠入口看面墙大型砖雕（一）

图1-265 广东广州陈家祠入口看面墙大型砖雕(二)

图1-266 广东佛山祖庙庙门前西侧墙上砖雕

图1-267 福建崇安武夷山城村某宅贴墙门砖雕

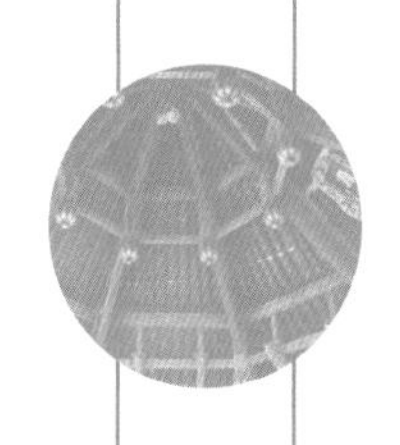

第二章

构饰

在建筑的美化手段中，有一种非雕非画非塑的装饰手法，是依靠建筑构造过程中的巧妙安排，构造零件的创意组合及零件的多样变形，而形成美丽的图案，在统一构图中显出有意味的装饰变化。过去对这种装饰手法没有明确的命名，但现实建筑装饰中大量存在，往往与雕刻混为一谈，或者另辟门窗装饰一节予以论述，但从装饰手段上讲这样归类并不确切，为此作者提出“构饰”一词，以表示这种手法的特殊性。构饰方法是建筑艺术所独有的。但在某些实用工艺品上也有构饰的手法，例如竹器编织、土布编织、网袋拴结等。但装饰效果最显著的是建筑上的构饰处理。西方建筑中同样也有构饰处理，如哥特建筑中由尖拱组成的伞状顶棚、欧洲传统民居各种组合的山墙木框架、西方教堂的石制大花窗等，但是不如中国传统建筑中应用的广泛。中国传统建筑中的构饰手法主要表现在门窗棂格、内檐装修、藻井天花、斗栱、砖墙砌筑、封火墙、地面铺装等方面。

图2-1 徐州画像石博物馆藏汉代画像石

图2-2 西汉绿釉陶屋

一、门窗棂格

（一）历史演变

门窗棂格是指传统建筑木门窗空透部分的木棂条组成图样。木棂格在中国各地建筑中使用了很长的时期，直到近代净片玻璃应用到门窗采光以后，才慢慢地退出历史舞台。秦汉时期的门皆是木板门，采光主要靠窗户。当时窗户的遮挡及采光的材料为纱，为了固定纱布，需要在窗框内加设木棂条。此时期窗户皆为固定式窗，从汉代墓室明器中的建筑形象来推断，此时的窗棂条皆很粗壮、简单，图式有直棂、横卧棂、斜十字格，也有少量稍复杂的十字加环形格（图2-1、图2-2）。南北朝时期纸张开始普及，窗户的遮挡及采光

图2-3 山西五台山南禅寺大殿（唐建中三年，782年）

材料改为纸以后，其防风及保温性能大为提高。窗户棂格形式统一固定为直棂窗，即在固定窗框内垂直竖立若干直棂条的窗式，这种窗式一直沿用至隋唐，甚至宋辽时代。南北朝时期的窗棂断面是方形，还是三角形，尚无考古材料确认。但隋唐时期的直棂窗棂条明确为直角三角形，尖角朝外，平面朝内，便于糊纸。这种棂条是用正方形棂条对角锯开而成两条三角形，术语称“结角对解”，故又称这种窗式为“破子棂窗”。河南登封会善寺唐代净藏禅师墓塔及山西运城唐代泛舟禅师墓塔的塔壁上皆表现出破子棂窗的形式，另外现存唐代的五台佛光寺大殿及南禅寺大殿皆是破子棂窗（图2-3）。唐代是否出现了可以透气采光的格子门，尚无实例可证，但在江苏镇江甘露寺铁塔塔基出土的唐代舍利银椁上，就刻有直棂格眼的格子门，也说明格子门在唐代南方地区可能出现了。

宋代仍沿用破子棂窗，作为一般民间建筑的通用窗式，并有了具体规定。棂条与边框（子桯）的高宽厚皆以窗高为则，每窗高一尺，棂条宽五分六厘，厚二分八厘。窗愈高则棂愈厚，但不管棂条多少宽厚，棂间空隙仍以一寸为定法，不可过大，以保证糊纸的牢固。宋代还出现了板棂窗，即窗棂呈平板状，宽厚比约为3∶1，具体尺寸随窗高而定，但棂间的空隙仍为一寸。板棂的做法还影响到北方金代建筑的小木装修设计，当时寺庙出现的槅扇门的棂格是板棂。宋代除了沿用历史上成熟的直棂及板棂窗以外，在建筑装修上尚有两项具有划时代的成就。其一是窗户改为可以开启的栏槛钩窗，继而引发了后代的各种窗式；其二是板门改为门板上有棂格采光的格子门，与钩窗采用类似的棂格心，增进了门窗之间的协调性，为后代的槅扇门之先声。据《营造法式》卷七小木作制度中叙述，宋代格子门及钩窗中的棂格图案仅有两种，即四斜毬纹格眼和四直方格眼。毬纹格眼是用连续葫芦状的棂条45°斜交，形成类似古钱状的毬纹图案；方格眼是用直棂条十字相交，形成井字格，即后代俗称的豆腐块。在毬纹棂条上还可起线，《营造法式》上称“毬纹上出条桱重格眼”，这种起线断面还可以刻出数道线脚，以强调起线的挺拔之走势，这样的格眼更具有装饰效果。《营造法式》所载为官式建筑的情况，按照官式是吸取民间艺术营养的理论，估计民间建筑已经应用带有棂格的格子门。河北定州料敌塔的砖刻方窗就出现了井字格、井字格嵌万字、龟背纹嵌菱花的棂花图案（图2-4）。河南洛阳出土的宋代砖雕墓中仿制格子门就有许多图样的棂花格心，如套四方等，说明当时民间建筑装修上已经有短棂出现，可以创作出新花样。

棂格门窗在金代传至北方地区，最初多为带花式透刻的板棂形式，以后又发展为棂条组合形式。棂格图案很多，有时在一座建筑的外檐上使用多种棂格图案，并不强调统一协调。图案比较密集，透光量小，更注意外观花式多变的新颖感觉，这种现象可能与气候寒冷有关。现存大量的金代仿建筑形式的砖室墓中，就提供了很多格子门的棂格图案。实例建筑以山西朔县崇福寺弥陀殿及河北涞源阁院寺文殊殿的外檐装修最为著名。崇福寺弥陀殿建于金皇统三年（1143年），是一座面宽七间的大殿。其正面五间外檐装修的格子门尚保留着金代原建的模样，每间四扇，中间两扇较宽，两边扇较窄。每扇门施单腰串，下为裙板，上为棂格心。门扇之上为固定的横披窗，分为五格，皆为棂花格眼。该殿格子门及横披窗的棂花图案达15种之多，设计追求变化，不尚统一。棂条搭接可分为双交、三交、四交等几种结点构造，组成斜方格、米字格、六方、套六方、毬纹等式样。有些簇六式样的棂格中间嵌插六出石榴菱花。此外，有些簇六棂格在棂条上起线，在棂条边缘做出花饰线脚，交结处贴小团花，使得这类棂格图案进一步丰富起来。崇福寺的棂花绝大部分为板棂，为了在板棂中间能挖刻出花饰，采用双拼棂条，便于锯刻。正因为是板棂，经多次交插以后所余空隙甚小，不够透亮，同时门扇过大，棂条用材粗厚，风貌显得笨拙，是其不足之处。阁院寺文殊殿为辽代建筑，但其正面外檐殿门之上的横披窗仍为金代改装原物。每间五樘，大小统一。其棂格图案有斜方格、米字格、扁米字格、毬纹、毬纹套簇六等，与崇福寺棂花的风格类似。但其中较有特色的是毬纹与底部的簇六纹是半体相嵌，产生两种纹样套叠的立体感，这种做法对后代有一定的影响（图2-5～图2-7）。金代墓室砖雕也有许的格子门的棂格图案，如万字纹、套八方、田字格嵌花等式样（图2-8、图2-9）。

图2-4 河北定州料敌塔塔外雕花窗（宋）

明清时期的槅扇门窗及各地的支窗、花窗的棂格图案得到很大的发展，图案变化繁多，不胜枚举，可称之为百花齐放的阶段。北方图案较为朴素，如直棂、豆腐块、步步紧、灯笼框等。宫廷中多用三交六椀、双交四椀、古老钱等；南方图案则十分灵活，有万川、回纹、书条、冰纹、万字、拐子八角、套六方、井字嵌菱花等。此时的棂条有三项变化，一是棂条变细，其原因是明

图2-5 山西朔县崇福寺弥陀殿门窗棂格（金代）

图2-6 山西朔县崇福寺弥陀殿槅扇棂花细部（金代）

图2-7 河北涞源阁院寺文殊殿（辽代）

图2-8 山西侯马出土砖雕墓的槅扇门棂格图案（金代）

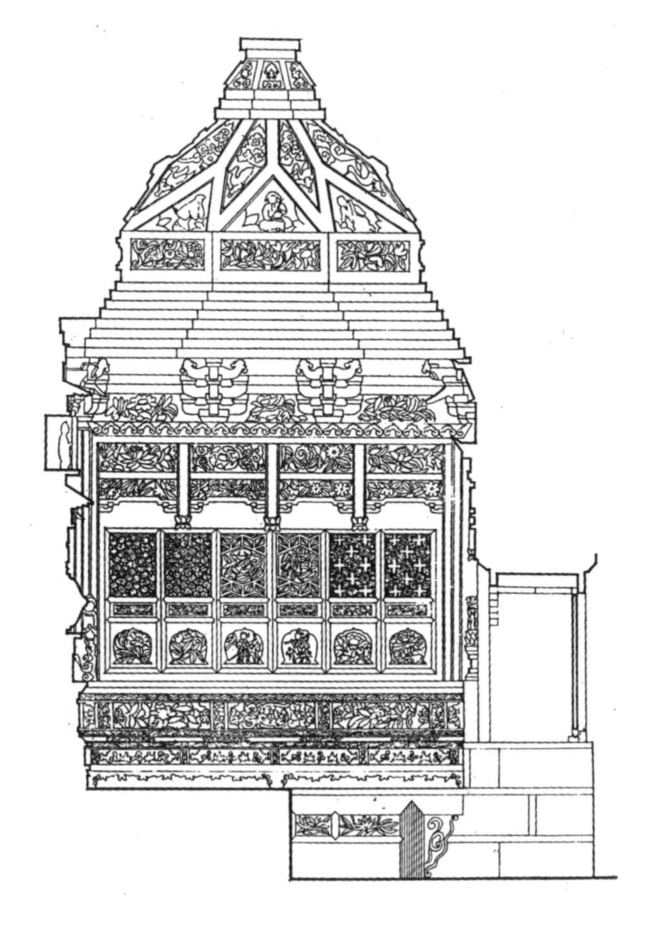
图2-9 山西侯马金代董氏墓棂花槅扇门砖刻

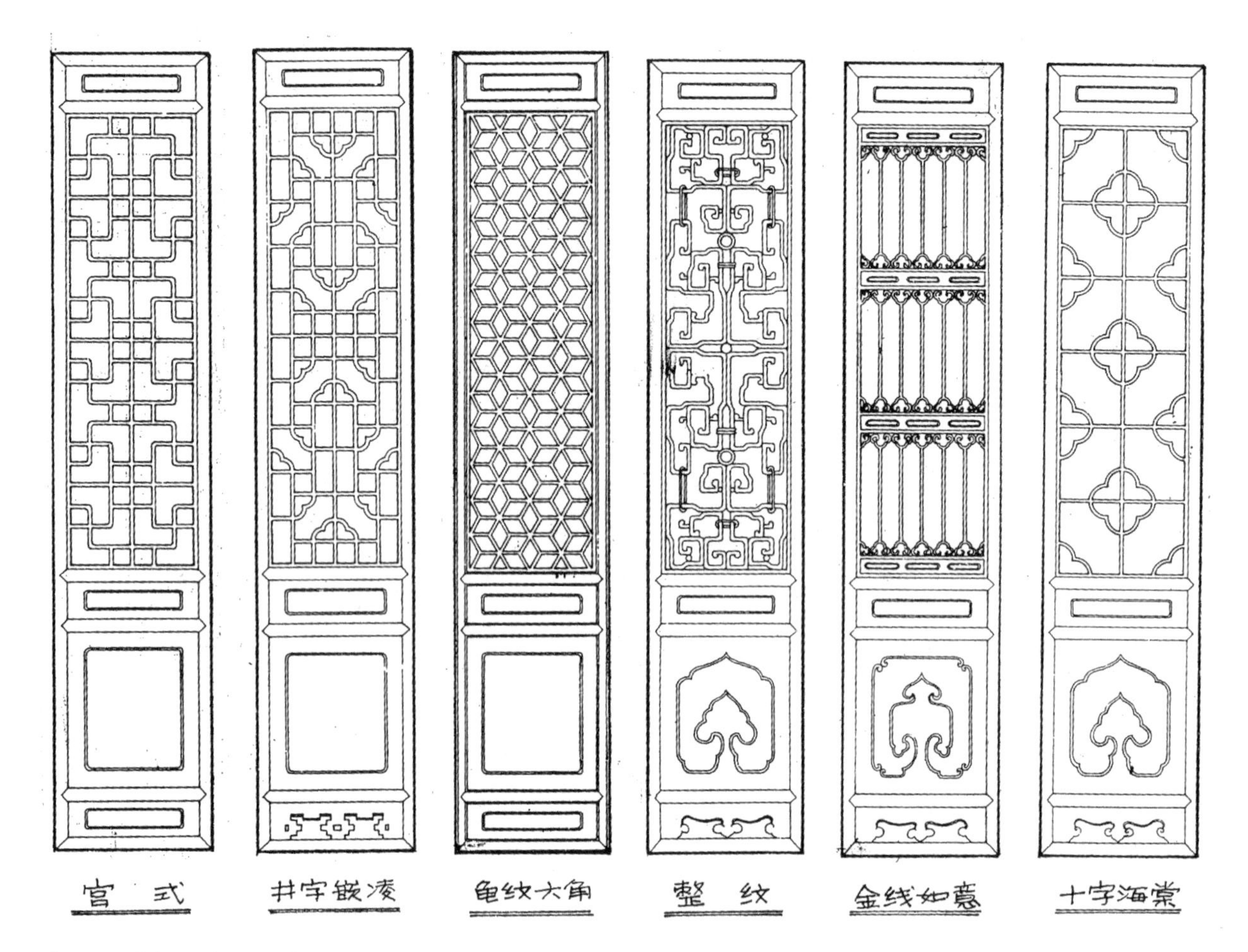

图2-10 江苏苏州长窗棂格图案

清时期建筑的前檐门窗基本确定为六扇，每扇宽度减小，棂花格的整体强度增加，棂条不必过粗，以免影响采光。宋代棂条宽约3厘米，清代棂条约1.9厘米，南方建筑更细，约1.5厘米或更小。二是增加曲线棂条，可由线锯成批次来制作，曲棂并不费料，但增加了图案的华美程度。三是增加了许多嵌镶件，如北式的工字、卧蚕、把子草、方胜，南式的夔龙尾、如意头、莲花、团云等。有的窗格将较大的雕刻件，直接组合到图案中，形成复杂的图形。

从棂条用料形式角度来看，棂花格图案可分成直条、曲条、短条三个系列，直条又可分为矩形直条与花饰直条两种。直条系列占有很大比例，但晚期南方建筑中的短条棂花图案增多，花样翻新，完全打破了原有直条拼接的格局与图式（图2-10）。

（二）棂格图案

1. 矩形直条棂格

棂条呈矩形，宽约1.8~2厘米，厚约3厘米，棂空约7~8厘米。由通长的直棂条组成图案。较考究的建筑棂条的看面（外面）呈弧形，俗称“泥鳅背”，以显现做工的圆润精细。直棂格是一种很古老而简单的棂格图案，长期应用在一般民间建筑上。最基本的图形为井字格和斜井字格。减少横棂条则成为长井字格

图2-11 江苏苏州虎丘送青簃井字格窗格

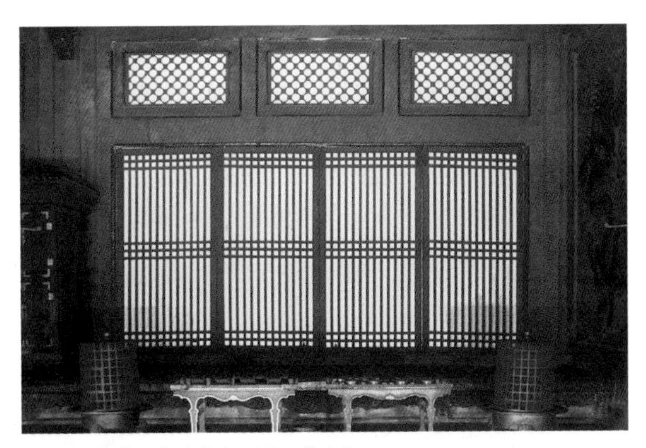

图2-12 北京故宫坤宁宫一码三箭窗格

图2-13 山西襄汾丁村民居斜井字格窗格（清乾隆十年）

图2-14 北京鲁迅故居步步紧支摘窗

图2-15 北京颐和园步步紧窗格

或一码三箭式棂格。长棂条与矩棂条层层套插则成为步步紧图案。在明代园林著作《园冶》一书中，将长条井字格称为柳条式，并与井字格、十字格、人字格等演变出五六十种棂格式样。作者计成著述称，“古之户槅，多于方眼而菱花者，后人减为柳条槅……兹式从雅，予将斯增减数式，内有花纹各异，亦遵雅致，故不脱柳条式。”说明当时矩形直条棂格是文人雅士在建筑艺术上的一种时尚追求，并不一定是为节省工料（图2-11~图2-13）。

步步紧是北方民居常用的图案，这种图案不仅适用于横宽的支摘窗，也可运用于竖长的槅扇门格心，将其分割为上下两段，组合在一起，较为灵活自由。净片玻璃用于窗棂以后，往往在步步紧图案的中心，留出一块空隙，用以安装玻璃，十分简便（图2-14、图2-15）。直棂格配以斜十字可以组成米字格，若配以套方、套八方、套长方等可以组成更复杂的图式。一般直棂格为了

图2-16 北京西观音寺某宅灯笼框装修

图2-17 承德避暑山庄烟波致爽殿变体灯笼框窗格

调整图案过于刻板简略，多在棂条之间加饰小配件，北方建筑多用工字、卧蚕等。

此外，槅扇门上还有一种简化的直棂格，即在长方框的上下穿插横棂条，四周配以工字小件，远观类似灯笼，又称“灯笼框”，多用在内檐隔断上。灯笼框内外两屉，中间糊蓝纱，故称之为“碧纱橱”。灯笼芯内多装裱字画，十分高雅（图2-16、图2-17）。

新疆和田、于田地区的门窗棂格喜欢用一种较细的矩形直棂条，组成细密的棂格，棂空约为2厘米，基本上是一棂一空。这种棂格不糊纸，仅作通风遮阳之用。其中以长棂条为主，兼有短棂条及斜条，可以在井字格的基础上增加套四方、套八方、米字、斜十字、万字、斜套方的因素，组成多种几何图案，传达出伊斯兰教建筑艺术的特色（图2-18～图2-20）。

图2-18 新疆和田某宅花格门装修

图2-19 新疆和田某宅花格门

图2-20 西藏林芝民居直棂格窗

近代以来，直棂格常与短棂格的图案相互穿插，组成更为复杂的图式，很难归纳出规律，实为艺术创作多元化的表现（图2-21、图2-22）。

图2-21 四川阆中巴巴寺大殿门扇棂格

2．花饰直条棂格

花饰直条棂格的特征就是每个棂条两侧皆刻出凹凸花饰，不是矩形直棂。经交插咬合以后，形成有特殊意味的图案，十分巧妙，这也是中国木制棂格的重要的成就。具有代表性的是北京宫廷所用的菱花槅扇心。按清工部《工程做法》中所载，宫廷建筑门窗菱花分为六种，即①三交六椀嵌灯球菱花；②三交六椀嵌橄榄菱花；③三交六椀嵌艾叶菱花；④三交六椀满天星菱花；⑤古老钱菱花；⑥双交四椀菱花。三交六椀的意思就是三根棂条呈60°交角交插，在交叉点上形成一朵六瓣菱花，并用一根金属钉钉在菱花芯上，钉帽上镏金，以固定三根菱条。三交的方法有两种，一种交接成三角形；一种交接成正六边形与三角形配合的图形。每根棂条两侧刻出的花饰不同，有凸肚形、橄榄

图2-22 新疆喀什疏附县穆罕默德墓花格窗

图2-23 北京故宫太和殿后檐三交六椀棂花门

图2-24 陕西西安周至楼观台棂花槅扇

图2-25 北京故宫天安门棂花槅扇

图2-26 山西平遥双林寺大雄宝殿双交门窗棂格

形、艾叶形等不同，效果也不同。同时，棂侧花饰为单瓣和对称双瓣的效果也不同，对称双瓣棂花可形成类似圆形的棂空，远观十分华美（图2-23~图2-25）。双交四椀就是两根棂条呈90°角斜交，在交叉点上形成四瓣菱花。当然，若是棂条的花瓣是对称双瓣，也可形成类似圆形的棂空（图2-26）。此外，古老钱菱花亦属双交体系，即棂条两侧的花瓣为单一弧形，四棂拼接以后呈古钱状，故名。但也有将直棂条改为双拼的弧形棂案的，增加空透效果，一般将这种图案称为毬纹，历史上早就出现过。宫廷建筑中还有步步紧、一码三箭、豆腐块等，根据建筑地位的重要性分别采用三交六椀、双交四椀、毬纹、步步紧、正方格等棂格，表现出森严的等级制度在建筑上的影响。地方的重要建筑亦多采用菱花窗格，而且有所发展。例如，毬文与六瓣菱花结合在一起，组成更复杂的棂花。也有用正六方直棂与六瓣菱花浮套在一起的，立体感更强烈。有的棂格是将棂条分出不同粗细，搭接以后，显现精粗不同的菱花，在统一构图中又产生出变化（图2-27、图2-28）。还有的在双交板棂的基础上，将棂条两侧刻出四分之一圆弧，交搭以后形成全部为圆形的透空图案，有人误认为是全板

图2-27 四川阆中净圣庵街某宅套叠棂花窗

图2-28 山东曲阜孔庙大成殿套叠棂花窗

透雕而成，实为棂条组成的（图2-29）。在此基础上将棂条两侧雕成直角进出的或弧形的外缘，则可组成方圆相间的图案。在组织门窗双交棂格方面，新疆维吾尔族传统建筑有丰富的经验。它们基本是正交或斜交的井字格，棂条多为板棂，棂条两侧锯刻出各式直角进出的外缘，交搭以后，显现出多齿方孔或八角孔的棂空，这种棂格是维吾尔族地区所特有的（图2-30、图2-31）。

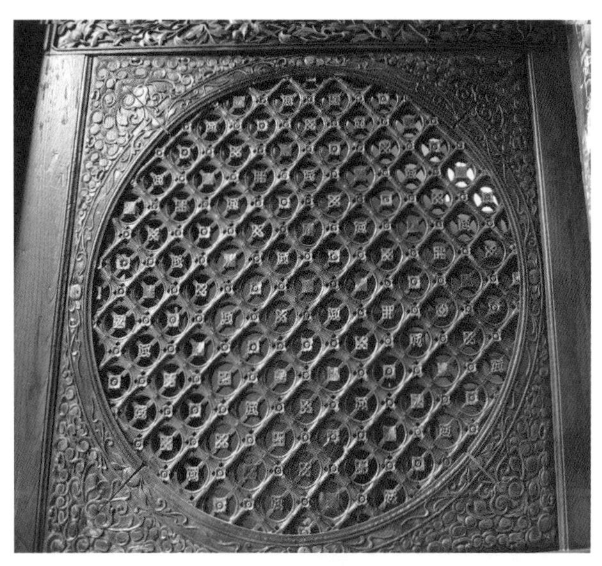

图2-29 云南腾冲和顺寸氏祖屋双交棂花窗

图2-30 新疆吐鲁番亚尔乡维吾尔族民居大门棂花格

图2-31 新疆吐鲁番亚尔乡某宅大门棂花格

3. 曲条棂格

曲条棂格是指棂条呈弯曲状，最典型的就是“睒电窗”。此窗在宋《营造法式》中有记载，棂条呈波纹状，横向排列。棂条是以“广二寸七分直棂，左右剜刻，取曲势造成，实广二寸也”。宋代睒电窗的棂条可以是两曲，也可是三曲、四曲，类似水波纹状态。睒电窗多用为横披窗或山墙上的气窗，也可作为前檐的槛窗，作为板棂窗的替代样式。总之，采用曲棂的目的是造成光影的变化，从不同角度观察棂条皆有不同的光影。当然，制作睒电窗是比较费工费料的，实例少见，但在浙江东阳白坦乡七台门还保存有这种睒电窗，而且是分四段相互反向搭接，其光影变化更为鲜明（图2–32）。此外，像满铺的古钱纹、海棠花纹、多曲的弧形纹等，亦是用弯曲的棂条对接组成的棂格。当然，制作这种曲条棂格是费工的，而且坚固性也较弱，一般多用在玻璃门窗上，使其较少受到外力的冲击（图2–33～图2–35）。

图2–32 浙江东阳白坦七台门睒电窗

图2–33 江苏苏州网师园十字海棠长窗

图2–34 福建漳浦人和城陈氏祠堂古钱花窗

图2–35 山西晋中常家大院广和堂曲棂团花窗

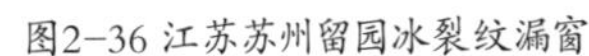
图2-36 江苏苏州留园冰裂纹漏窗

图2-37 浙江绍兴禹陵大殿丁字纹窗格

图2-38 安徽歙县呈坎乡某宅回纹窗格

4. 短条棂格

短条棂格是指所用的棂条皆为短条互接。这种棂格缺少通长的棂条作为骨架，因此坚固性较弱，在使用过程中常常产生部分掉落缺损的情况。短棂之间的衔接不能用简单的扣接，必须用榫接，增加了制作的难度。但是短条棂格的拼装灵活，彻底摆脱了直棂图案的制约，可以随意设计各种自由的、复杂的、非规律性的图案，开辟了门窗棂格的新途径。近代以来，短条棂格在喜欢过度装饰的南方建筑中常常应用。最简单的短条棂格为冰裂纹，在园林建筑中使用最普遍。冰裂纹并无定法，而是以布局平稳、疏密得当为佳（图2-36）。类似的较疏朗的短棂图案尚有折尺纹、万字纹、丁字纹、风车纹、席纹、四方套八方等，这些图案皆有一定的构图规律，而且短棂条之间皆为正交，应该是比较牢固的。比较复杂的短条棂格有回纹、夔龙纹、盘长纹、如意纹、海棠纹等（图2-37、图2-38）。在这些短棂中不仅是直条，还有曲条，相互衔接的榫头十分复杂。而且有的图案十分细密，棂间空隙小，完全是为了

图2-39 浙江宁波秦氏宗祠乱纹窗格

图2-40 浙江诸暨千柱厅斯宅乱纹窗格

图2-41 江西景德镇大夫第嵌花饰窗格

表现工艺难度而设计，美学上并不成功。由于图案复杂，图式各异，无法命名，故在建筑学界统称之为“乱纹”。更为复杂的乱纹棂格在图案之间还嵌插花式，有树叶状、寿桃状、团花状、折角长方状等，内容有博古、植物、仙人、走兽之类，即在窗格之内又加上木雕饰件，益增臃杂繁复（图2-39~图2-41）。

5. 窑洞窗棂格

北方窑洞窗大多为固定窗，通风换气是依靠开启门扇。为了多纳阳光，窑洞的门窗棂格一直开设到窑脸的顶部，于是出现顶部弧形的窗棂格。这部分棂格的划分皆是中央一槅方窗，两侧各为半弧形窗，下部的门扇开在中央或一侧。上下窗的棂格并不追求一致，而是花式与繁简不同，在整体上显出变化，甚至相邻窑洞的棂花也不相同。但是每樘窑洞棂花是中央对称的。窑洞棂花图案基本为直条体系，如井字格、斜井字格、套方、步步紧等。在布局中往往将疏密不同的棂格布置在相邻的窗框中。且对中央上部的窗户特别重视，常选用过疏或过密的窗格，或带有雕饰的花式，以示重点（图2-42~图2-44）。

6．玻璃窗棂格

清代初年在建筑装修上已经开始使用玻璃，据记载，雍正三年在圆明园后殿仙楼下作双圆玻璃窗一扇，直径约60厘米，这是宫廷建筑最早使用玻璃。乾隆时期建筑使用玻璃更普遍，有亮玻璃，即净片玻璃，支窗上用；有锡玻璃，即镜子，用在内檐装修上，或用在单独的衣镜上；画玻璃，即在玻璃上画油画。宫廷库存的亮玻璃最大尺寸达2m，可作大窗之用。清代末年，净片玻璃已经普及到建筑装修上，代替了糊纸成为门窗上更好的防风采光的材料，但由于人们在视觉上的习惯性，在门窗上仍保留着棂格的构造，实际上它已经失去了功能上的价值。玻璃窗棂格不同于传统的门窗棂

图2-42 山西临县碛口西湾村窑洞窗格

图2-43 山西灵石静升村王家大院桂馨书院正房窗格

图2-44 山西灵石静升村王家大院凝瑞堂普善居窗格

格，显现出布局疏朗、棂条纤细、图式自由的特点。从布局上看，玻璃窗棂格有两类，即满堂式与边框式。

满堂式即棂花满布在玻璃扇芯上，构图统一，花式简略，形成一种秩序美，尤其是布置在三间大厅堂的十八扇槅扇门上，形成长幅的如锦绣般的图案，真是美学上的享受。玻璃窗上的满堂式棂格与传统糊纸棂格的艺术感觉不同，传统糊纸棂格透光不足，棂条过密，反差微弱；而玻璃棂格光亮明朗，图案鲜明，而且在合适的光照下，棂格图案可以反射在地面上，与窗棂交融，这就是它的魅力之处。满堂式棂格可自由地布置图案，如扇面式的雕刻图案、各种疏简的曲线棂条图案、文字式的棂条图案等，这些棂花式样在传统糊纸窗棂上不可能出现。在某些建筑上还将糊纸棂格与净片玻璃分格处理，亦是一种新的手法（图2-45、图2-46）。

图2-45 江苏扬州汪氏小苑树德堂玻璃槅扇

边框式即棂花只分布在四周，中间留大片空白玻璃便于采光及外视。支摘窗及和合窗为一圈边饰，槅扇门及长窗则在槅扇芯处分成两格，各有边饰。边饰棂花各有不同，有规整式的，宽框四周形成矩形框，棂花由丁字纹、回纹、卷草纹等组成；有花边式的，边框曲折婉转，形成不规则的边框，棂花多为植物题材；还有的就是以雕刻形成边框，没有明显分界，如雕刻成竹叶松针等。在园林建筑中的边框式玻璃窗还起到“借景”的作用，即透过边框观察庭院景物，形成一幅幅画面，石山、丛竹、石笋、古梅皆可入画，窗

图2-46 江苏苏州拙政园见山楼玻璃槅扇

图2-47 江苏苏州网师园殿春簃玻璃槅扇

图2-48 江苏苏州网师园看松读画轩玻璃槅扇

图2-49 广东东莞可园彩色玻璃槅扇

图2-50 广东广州陈家祠彩色刻花玻璃窗

与景结合为一体，就像是挂在厅堂内的一幅画作。这是玻璃应用于建筑以后，对传统园林创作发展的影响（图2-47、图2-48）。

彩色玻璃在门窗棂格上的艺术处理也起了很大的作用。彩色玻璃与净片玻璃搭配使用，如苏州拙政园的三十六鸳鸯馆就用菱形蓝色玻璃与净片配合组成落地长窗。杭州胡雪岩故居则用蓝色玻璃与花纹磨砂玻璃组成灯笼框式的槅扇门。除了磨砂玻璃以外尚有压花玻璃，亦可搭配使用。彩色玻璃的组合有多种形式，如一组分格式的窗棂中，每格可镶不同颜它的玻璃；一个花式的花瓣可镶各式玻璃。这些做法在广东一带十分盛行，因为闽粤地区很早就是对外的通商口岸，进口玻璃较容易获得，所以彩色玻璃的应用较北方地区更为普遍。此外，广东地区还发展了一种刻花玻璃，即是在彩色玻璃上刻出花卉图案，显出净白的玻璃本色，形成透明的画幅，从室内看，非常明亮，同时室内又保持较雅致、柔和的色调。广东广州陈家祠两侧厢房的满周窗即镶嵌了很多彩色刻花玻璃窗，有蓝色、红色、橙色，画面为花草鸟虫等自然生物，具有国画白描的手法。这种彩色玻璃窗的边饰都很规整简单，或者无边饰，装饰意匠全在彩色玻璃画上，已经突破了建筑构造意义的棂格图案（图2-49、图2-50）。

二、内檐隔断

明代造园专家计成所著的《园冶》一书中称，“凡造作难于装修”，又称装修应“曲折有条，端方非额，如端方中须寻曲折，到曲折处还定端方，相间得宜，错综为妙”。即是说内檐装修既要整齐划一，又要有曲折变化，这是很难的一项设计要求，但传统建筑却提供了很好的经验。传统建筑的内檐隔断的形式是十分丰富的。除了完全隔绝的砖墙、板壁以外；有可以开合的槅扇门、屏门；半隔断性质的太师壁、博古架、书架；还有隔而不断，仅起划分空间作用的各种罩类；以及组合搭配形成的联合体等多种形式。从构造装饰角度分析，它们都是由一些基本单元组成的，内檐隔断体的基本单元有槅扇门、屏门（板门）、横披窗、挂落、栏杆、月洞、博古架、书架、雕刻件等。经过单元重复或组配形成多样的内檐隔断体，十分灵活，完全符合“端方中须寻曲折”之意。这也是以木构技术为主体的中国传统建筑的特色之一，与西方砖石建筑体系建筑室内隔墙的处理方式不同，砖石隔墙仅能依靠线脚与雕刻处理，变化较少。

（一）槅扇门

槅扇门是内檐使用最多的部件，取其可以开合，及棂格和雕刻等装饰性丰富的特点。它可以用在分间隔断、后檐屏壁、花罩两侧等处，是内檐装饰的主力。宋代的格子门虽然使用在外檐上，但在内檐的“堂阁截间格子”条中，亦有“截间开门格子”条，按记述，其上部横披及两侧格子门皆为固定扇，中间对开两扇为开启扇，说明宋代格子门已经用于室内。

至明清时期的厅堂隔断体使用最多的是槅扇门。槅扇门变为瘦长，在内檐中应用更加灵活。一般民居内檐槅扇门可用到六至八扇，而宫殿内的槅扇门因空间宽阔，而用到十至十二扇。中间两扇或边上两扇可以开启，以通内间。其余各扇亦可拆卸，内外变成通间，以应喜庆会客之需。内檐槅扇门的格心图案多用灯笼框式，分为两档，框内裱糊文字或图画，背面糊青纱，故称碧纱橱。碧纱橱也可做双层格心，中间糊纱，称为夹纱，这种夹纱屉可里外房间两面观赏，是比较考究的做法。碧纱橱的装饰变化除字画以外，格心中的结子雕刻、糊纱的花纹、棂格的改变皆增加了其观赏性。有的碧纱橱槅扇门在保持灯笼框的构图基础上，改用井字格或回纹，或者将格心分为三档，使书画内容及数量皆有改变，形成新的形式。宫殿建筑的内檐装修往往增加金玉饰件，更加富丽华美。如北京故宫

图2-51 北京西观音寺某宅装修

图2-52 北京颐和园排云殿灯笼框内檐装修

图2-53 北京故宫碧纱橱内檐槅扇门

图2-55 北京故宫宁寿宫乐寿堂镶景泰蓝内檐装修

图2-54 北京颐和园排云殿拐子花格心内檐槅扇门

图2-56 广东广州陈家祠雕刻格心内檐槅扇门

宁寿宫乐寿堂内檐装修则大量应用景泰蓝、玉石、硬木、铜件作为配件，嵌装在内檐装修上，显示了皇家气派（图2-51~图2-54）。

除灯笼框式以外，内檐槅扇格心也可采用通长整体的图案，如拐子纹、回纹、乱纹等，充分表现细木工技艺之美。也有将整体格心作成木质透雕作品的，以显雕饰之美。但缺少了书画的内容，减弱了文雅的气质。近代以来玻璃也进入了内檐装修中，彩色玻璃、压花玻璃、

图2-57 江苏苏州拙政园玻璃格心内檐槅扇门

图2-58 江苏苏州网师园万卷堂正厅屏门

印花玻璃、刻花玻璃等相互穿插组合，形成各式图案，完全排除了纸和纱的材质因素，形成光与色的艺术表现特质，是内檐装修的时代新发展（图2-55~图2-57）。南方的内檐槅扇门多用在后金柱部位，以阻挡直视后檐门。一樘六扇，其格心镶板，或裱贴字画，或采用花边棂格，近代以来多用空透棂格镶玻璃，较为轻快灵活。

横披窗是指槅扇门窗上边的固定窗扇，因为立面檐柱过高，所以在门窗扇之上尚需补充一段窗棂。宋代的截间格子上方已经出现了横窗，称为额上窗，清代称横披窗。横披窗在内檐装修上是起到填空补实的作用，在许多场合皆可应用。横披窗的高度按需设定，但横向划分皆为单数，外为三格五格，最多七格。横披窗的棂格多与下边的槅扇门的棂格相似，以求统一协调。横披窗作为一种固定门窗形式，也会在花罩的组合中应用。

图2-59 江苏苏州留园林泉耆硕之馆屏门刻字

（二）屏门

屏门是用于厅堂后金柱部位的可开启的门，以遮挡厅堂后檐门，遇有婚丧寿喜的大事，可以开启屏门，前后贯通。屏门是从屏风转化而来，将屏风固定在建筑内檐上即成屏门。宋代已经出现了屏门，当时称作“四扇屏风骨”，可以开闭，《营造法式》中仅叙述了其骨架做法，没有指出面材是什么，估计为糊纸或绢纱之类的轻质材料。明清时期屏门皆为净面木板门，边框龙骨皆隐于板后。由于是木板门，故可以髹漆、刻画、镶嵌，还可以悬挂字画、联对等。屏门油饰大部分为白色或黑色，少量有黑色或墨绿色洒片金，也有用清油刷饰，显出木质本色的。屏门上挂字画是常用的装饰形式，寿堂或喜堂张挂大幅立轴，更增喜庆的氛围。联对也可以做成木刻对联，挂在门上。挂字画有其方便之处，可以随时更改增添，改变画幅布局。园林中的重要厅堂喜欢将有关的诗赋、园记等，刻写在屏门上，成为厅堂视觉艺术的重点，使厅堂显露出宏大的气势。此

图2-60 山东曲阜孔府寿堂屏门

外，也有实例是在屏门上进行嵌镶，将大理石贴嵌在门板上。总之，希望将素平的门板呈现出某种视觉特色，增进厅堂空间的艺术效果（图2-58~图2-61）。

（三）博古架、书架

博古架与书架可以是独立的可移动的家具，但也可以作成固定式的家具，并作为装修隔断使用。博古架的形式可能出现较晚，清代以前的文献及图版中未曾见到。清代乾隆时期收藏文物之风大盛，钟鼎、瓷器、玉石、佛像、首饰、画作等皆是收藏的对象。为了展示各种收藏品，创制了分格各异的展示架，称为博古架，至今仍是古典家具的一个品类。博古架陈列的收藏品大小高矮各不相同，因此分格也不相同，大小穿插，构成一幅和谐的构图。有的博古架为增加美观，还在分格周围加饰木雕花边，构图更加复杂（图2-62~图2-64）。

书架是陈列线装书的，一般为平放横列。将书架作为内檐装修可以表现屋主人的文化修养。此外，书架亦有装饰性，二十四史是一部卷帙巨大的套书，一般每朝史书皆作一书架存放，二十四个大小不同的书架可以组成一面墙，亦可起到隔断墙的作用。

图2-61 北京颐和园排云殿博古架

图2-62 江苏扬州汪氏小苑客厅镶石屏门

图2-63 北京故宫宁寿宫乐寿堂博古架

图2-64 山西灵石静升镇王家大院凝瑞堂后厅博古架

①芭蕉罩

②落地罩

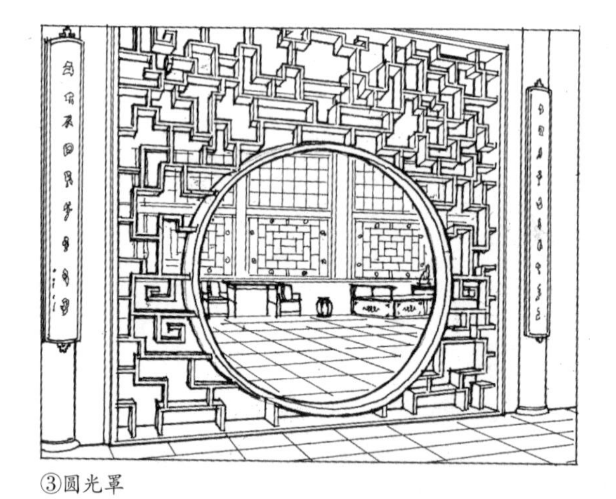

③圆光罩

④碧纱橱

图2-65 各种罩类墨线图

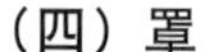

（四）罩

“罩”是一种似隔非隔的隔断体，应属意隔的概念。罩的种类非常多，但经分析，它们也是由许多单元体组合而成。各种罩类皆有固定的骨架，上部设有上槛与中槛两根横木，中间设横披窗，若大梁过高，也可设两道中槛，形成两层横披窗。两侧沿柱身设抱框，以便固定其他构件。这种两槛两框构架就是各种罩类的骨架（图2-65）。

“几腿罩”是最简单的罩式。它的上部为横披窗，一般分为五档，左右为落地的抱框，横披与抱框交角安设花牙子。此罩整体造型类似茶几立面，两侧抱框类似几腿，故称之为几腿罩。

“落地罩”是上部为横披窗，左右为落地的两扇槅扇门，中间留出较大的空间供出入。也可在横披窗与槅扇门交角处加设花牙子，或在横披窗下加设挂落。横披与槅扇的格心大都采用灯笼框式样，中间装裱字画，装饰性质更浓些。近代以来落地罩的格心也可采用彩色玻璃，简化了形式构图。在北方采暖地区的卧室内多用火炕取暖，为了保暖，多在炕前加设一樘罩体，称为“炕罩”。炕罩多采用落地罩形式，罩内挂幔帐，白日掀起，晚间放下。而南方地区为了兼顾夏季防蚊，冬季保暖，多采用架子床的形式，很少用土炕（图2-66、图2-67）。

图2-66 山西榆次常家大院落地罩

“栏杆罩”的构成是在几腿罩的内侧加设两根立框，将罩内空间分割成三段，中间宽两侧窄，两侧下部加设寻杖式栏杆，上部加设万字挂落或木雕挂落，做成隔断体，故名栏杆罩。同时，栏杆与挂落皆有溜梢与插稍固定，可以随时取下，改变罩体的外观（图2-68）。

“落地花罩”是在几腿罩的框架下，沿中槛及两侧抱框安装复杂的木雕花饰，两侧落地，故名。因落地花罩安设在分间之处，故这些雕饰皆为两面成图的透雕。花式木雕一般分成三块雕制，横向一块以暗梢固定在中槛下皮；两侧的竖向木雕固定在抱框上，下部有底座承托。顶部及侧部花雕应衔接自然，浑然一体，不露痕迹。落地花罩的用材皆为硬木，以免收

图2-67 北京故宫宁寿宫乐寿堂炕罩

缩开裂。宫廷建筑多用紫檀花梨等珍贵木材，雕镌精细，益增富贵豪华之风貌。落地花罩的雕饰题材多为吉祥内容的植物，如岁寒三友松竹梅、玉棠富贵、松鼠葡萄、葫芦万代等。民间建筑中也有简单图案，如芭蕉、丛竹、喜上梅梢等。落地花罩是罩类最高级的形式，每件作品皆立意高雅，用工繁多，做工考究，可称为艺术珍品（图2-69、图2-70）。

“飞罩”为飞悬的花罩，即悬在中槛的下皮，不落地。其雕饰的工艺及题材类同落地花罩，同样属于高级的装修。其构思来源于挂落，只不过变成雕刻品，提高了身价（图2-71、图2-72）。

“八方罩、圆光罩”是将月洞的造型用于罩类。这

图2-68 北京故宫漱芳斋落地花罩鱼鳞地牡丹花卉（资料来源：故宫博物院．紫禁城宫殿建筑装饰内檐装修图典[M]．北京：紫禁城出版社，2002）

图2-69 北京故宫漱芳斋楠木栏杆罩（资料来源：故宫博物院．紫禁城宫殿建筑装饰内檐装修图典[M]．北京：紫禁城出版社，2002）

图2-70 北京故宫体元殿落地花罩雕刻

图2-71 江苏苏州拙政园留听阁飞罩

图2-72 天津石家大院飞罩

图2-73 北京四合院某宅八方罩

图2-74 江苏苏州狮子林立雪堂圆光罩

种罩除了横披窗以外，多在两侧加设立框，形成正方形，然后加设边框形成八方或圆光形洞口。洞口之外皆用满铺的棂条花格充满，图案有万字不到头、冰裂纹、席纹、三角纹等（图2-73、图2-74）。

传统建筑中的各式罩类充分体现了各种构造形体的组合作用。除了槅扇门、横披窗作为主要骨架以外，又组合了挂落、栏杆、月洞、博古架等构造形体，最后将复杂的透雕工艺也组合进来，形成异彩纷呈的各式罩类，展现了构造装饰的妙用。

挂落是外檐廊额枋下的棂条装饰，起到美化作用，是明清时代兴起的一种装饰手法，宋元以前未曾出现过。北方的挂落设计多为回纹、万字等简单图案，而南方则有夔纹、拐子纹，甚至雕刻的花叶纹饰，比较复杂。挂落用于室内可作落地罩、栏杆罩的配件，复杂的可形成跨空的飞罩。

用于外部的木制栏杆虽然有许多种，如寻杖栏杆、坐凳栏杆、笔管式栏杆、套方栏杆、直棂或花棂栏杆、鹅项靠等，但内檐装修上使用的皆是寻杖栏杆。一般用在花罩或仙楼上，并作出一定的变形处理，雕刻的成分加多。

月洞一般指在园林布局中的分隔墙上开的洞口。为了增加观赏趣味，月洞形式多样，有圆形、八方、长方、海棠角长方、梅花式等。月洞的作用不仅可以增加墙垣的变化，而且可框景，把墙外一侧的景色纳入园中。在内檐装修中融入月洞的理念，用在花罩的设置上。玻璃使用以后，也用在大型的隔断墙上。

木雕刻件是封建末期极为盛行的装饰手法，同样也融入内檐装修之中，代替了棂格的位置。木雕可运用到槅扇门的格心和裙板上，最主要的是用在罩体上，形成花罩，又称天然罩，这也是中国古典装修中的一项特殊的项目。

（五）通间隔断

屏门亦是厅堂常用的隔断体，用在后金柱部位，每樘六扇，若是面阔三间的厅堂，则有十八扇一字展开。屏门皆可开合拆卸，遇有大事可卸掉屏门，前后屋宇直接贯通。高级的屏门两面装板，不露框肋，称为鼓子门。屏门皆为素面，油饰成白色、黑色或桐油原色，比较雅洁严肃，在南方大户人家的厅堂中喜欢采用。屏门的装饰全依靠悬挂字画、联对及画屏等物，在园林厅堂中也有用线刻画来装饰屏门的。

三开间的大型厅堂多采用当心间与次间不同的隔断体组合在一起，作为后金柱部位的隔断。当心间为屏门或槅扇门；两侧为落地罩、圆光罩或飞罩，是最普遍的组合。但也有通三间皆为落地罩的实例，如苏州网师园的看松读画轩即是三樘落地罩，当心间为玻璃格心，两侧为字画裱贴格心，后檐是花窗，空间敞亮空透，非常适合园林建筑的空间要求。在面阔五间的特大厅堂隔断同样采用组合的原则。如苏州留园的林泉耆硕之馆，当心间线刻髹黑漆板门，两次间为雕花圆光罩，两梢间为石绿线刻木板格心的槅扇门。这样的搭配组合既有规律性，又体现出多样的变化。又如留园的五峰仙馆采用了不同的组合，当心间及两次间皆为槅扇门，总计十八扇，两梢间为乱纹格心的落地罩。当心间及次间槅扇门的格心为博古拓片装裱的实板，但中心四扇为石绿填写的“岳阳楼记”，在这十八扇中表现出纸裱与木板的对比，拓片与书法的对比，各扇博古拓片的差异，使整面隔断体十分协调，又表现出丰富的变化，是东方建筑美学的优秀实例（图2-75~图2-78）。

图2-75 江苏苏州网师园撷秀楼通间落地罩隔断

图2-76 江苏苏州怡园藕香榭屏门加落地罩隔断

图2-77 五开间通间隔断立面图示例

图2-78 江苏苏州留园林泉耆硕之馆通间隔断

三、天花、藻井

中国传统建筑多为坡屋顶，在室内可以看见屋架及檩木椽条等屋顶结构，建筑术语称这种露明结构为"彻上明造"。但为遮盖上部复杂的结构，净化美化室内室间，在梁下加设一层水平的吊顶，又称"天花"。天花不仅美化了室内空间，而且可以防止梁架灰尘下落，在北方地区兼有保温的作用。殿堂建筑为了强调突出室内的中心位置，在御座、佛像、圣龛上方的天花向上凸起，形成倒扣的盆体，类似井口，称为"藻井"。因为在古代木构建筑藻井顶部绘有莲荷等水生藻类植物，取水火相克、防止建筑失火延烧之意，故称藻井。天花与藻井皆表现出一定的构造之美，当然其中也有绘饰与雕饰的共同作用，当在有关章节中叙述。

图2-79 山西大同云冈石窟第7窟天花

（一）天花

天花是建筑构造中很实用的构件，其技术目的就是如何把平板固定在梁枋下皮，遮挡住屋架等复杂构件，使屋内空间更为整洁，并有一定的保温效果。什么时候建筑室内开始用天花，目前尚无定论。但在南北朝时期的云冈石窟及巩义市石窟的窟顶上，就有类似后代井口天花的雕饰。实例有云冈第七窟、八窟、二十四窟、二十五窟、三十八窟诸窟，巩义市石窟第一窟、四窟等。井口板内雕有莲花、飞天、莲花坐佛等题材，排列随意，并无规律。有些支条亦有雕饰。有些天花雕刻皆出现在中心塔柱式窟的周围廊或者后室，空间狭窄，跨度亦小，井口仅二三列而已（图2-79）。至于南北朝时期大型殿堂的上部空间是否有天花吊顶，尚无实例可证，仅知当时已经出现了天花。降至唐代，出现了以方椽相交构成小方格状的网架，网架约为一椽两空的方格，上盖木板，称为"平闇（an）"，即《营造法式》中所称"以方椽施版谓之平闇"。平闇以其组合的强度可以作成大面积的天花，用于殿堂的大空间。建于唐大中十一年（857年）的山西五台佛光寺大殿就是应用了平闇式天花。而且一直影响到后期的辽代建筑，如山西应县木塔、天津蓟县独乐寺观音阁等，皆是平闇式天花。元代以后已不见这种做法，平闇已改为木顶格上糊纸的软天花。

宋代出现了一种板式天花，称为"平棊"。按《营造法式》记载平棊板长随间广，约一丈四尺；宽随步架，约五尺五寸。板四周有桯木加固，桯内有贴沿桯而设。板内用难子（小木条）围成多个方框或长方框，框间留出空道（转道），这种布置类似古代的围棋盘，故名平棊。难子围成的框内贴饰花纹，据记载所贴花饰有盘毬、斗八、叠胜、琐子、簇六毬纹、罗纹、柿蒂、龟背、斗二十四、簇三簇四毬文、六入圜华、簇六雪花、车钏毬纹等十三品，或者雕成云盘及花盘，盘内隐起

图2-80 河北定州料敌塔塔内廊天花雕砖（宋）

龙凤之纹样等。这些花饰是否加彩，已不可知。综上所述，可知宋代天花采用了板式天花，并用分格及贴花的手段进行装饰，即《营造法式》中称的“平版贴华谓之平棊”。而且花饰不求统一，间杂互用，与宋代建筑彩画图案纷繁、追求华丽的风格是一致的。河北定州料敌塔塔内廊尚保留有宋代砖刻天花图案多种，可以验证《营造法式》的记述（图2-80）。

宋代平棊板式天花有一项缺点，就是每块平棊板过大过重，不利于制作及安装，所以明清时期大型殿堂建筑室内出现了“井口天花”。井口天花是吸取了平闇天花的方格网架构造，加大了网格间距（一般按斗栱攒距为准规划方格大小），形成以支条为骨的网架，支条围成的方格称为井口，故称井口天花。井口背板是分块制造，可以减少厚度，搭在支条上。井口天花在构造上的改进是其提吊的方法。首先将支条网架用扁铁吊在帽儿梁上，每两井用吊铁一根；然后帽儿梁用挺钩吊在檩条上，每一步架用帽儿梁一条，每条用挺钩八根。这样将天花的匀布荷载全部转移到屋顶构架上，解决了板式天花过重变形的缺点。井口天花可产生均布在整座殿堂顶部大面积的构图形式，具有整齐划一之美，这也是明清时期的建筑美学特色之一。井口天花的美学加工主要是彩绘，所有的井口采用统一图案，有如织绣般的华美，不再间杂互用。但不同的建筑可以采用不同的图案，以增显建筑的个性特征。有许多帝王殿堂的构架是楠木制作的，为了彰显佳木的珍贵，为素油涂饰。天花亦用楠木制作，并用素油涂饰，不施彩画，其井口板雕出统一的花饰，题材有盘龙、花卉等，显现沉稳素雅之风格（图2-81、图2-82）。

民间建筑多为纸糊天花，即用小木条搭接成网架，吊在檩条上，称为白堂箅子。箅子下面糊纸，称软

图2-81 北京故宫宁寿宫颐和轩井口天花

图2-82 北京故宫奉先殿井口天花（资料来源：《中国建筑艺术全集》编委会. 中国建筑艺术全集·宫殿建筑（一）[M]. 北京：中国建筑工业出版社，2003）

图2-83 安徽黟县宏村某宅平顶天花

图2-85 甘肃夏河拉卜楞寺门廊软天花

图2-84 新疆喀什阿巴伙加墓高礼拜寺密肋天花

天花或海墁天花。表层纸有宣纸、大白纸，以及银花纸等多种。边角及中心可以用梅红纸剪出图案，贴敷其上，作为装饰，亦十分典雅可爱。宫廷建筑也有用软天花的，可将预制的井口天花图案糊在底层衬纸上，同样有华贵的效果。南方楼居建筑的楼的木制天花板上还可雕制团花等图案。新疆维吾尔族民居为平顶密肋结构，其天花亦将结构完全暴露，以油饰彩绘增加其美观效果。在西藏的寺庙中亦有将绸缎布料作为天花遮盖物的，一则承尘，二则隐蔽木构，应为软天花的一种形式。（图2-83~图2-85）

（二）藻井

在天花吊顶中的藻井纯属装饰构造，其所以能够出现，源于传统建筑是坡屋顶，其分间梁架之间有相当高的三角空间，可以制作向上凸起的藻井。藻井

图2-86 甘肃敦煌莫高窟第268窟窟顶天花（资料来源：敦煌研究院. 敦煌石窟全集·石窟建筑卷[M]. 北京：商务印书馆，2003）

之饰起于何时，一般皆引用东汉张衡的《西京赋》中文称“蒂倒茄于藻井，披红葩之狎猎”，及东汉王延寿的《鲁灵光殿赋》中文称“圆渊方井，反植荷蕖”之句。说明东汉时期，即公元1世纪时已有藻井，并在井中心装饰有倒垂的莲荷藻类植物形象，象征性地以水克火，避免火灾烧毁建筑。但当时的藻井是什么形象，是否如后世的斗八藻井图式，并不明了。依作者推测，按当时吊顶天花尚未出现以前，这种藻井很可能是梁架之间搭建的方井，利用抹角的方式，回旋叠架而成，最后以方板结顶，饰以反植荷蕖。这种方井的深度不可能很大，估计也不能有成熟的斗栱参与，因为当时的斗栱也未曾定型。这种方形转角的顶棚在汉墓石室中多有出现，只不过是用石板叠砌而成的，用木枋构成的尚无实例。在甘肃敦煌莫高窟第268窟的窟顶天花上，就出现了仿木构的方形转角井，抹角构件相互承托之状十分明显，这时是公元5世纪初（图2-86）。在以后的北朝石窟的窟顶上多次出现方形转角井，敦煌石窟的窟顶天花彩画上也有这种形状，只不过将其平面化了。

到了宋代明确提出了斗八藻井的概念，并且有标准的做法。同时期的辽代建筑，如应县木塔、独乐寺观音阁等，也应用了斗八藻井，但形式比较简单。按建筑上辽代多遵从唐制的规律，说明唐代应该出现了斗八的形制。斗八之意为八根枋木（宋代称阳马）向上斜置，交汇于一点，呈交斗之势。斗八构造抬高了藻井的深度，有利于其造型的变化，宋以后的藻井的发展皆缘于斗八，虽然不一定仍保持有八根枋木，但八方重叠之势，层层上升之形，仍是宋代斗八藻井之遗韵。明清时期藻井艺术得到很大的发展，出现了各种形态的藻井，成为中国室内装饰的重头角色。从形式上分类藻井可分为：斗八井、方井（龙井）、圆井、多角井、旋井、吊井、平井等。

1. 斗八藻井

如上述，斗八藻井的基本形态为八根木枋倾斜交斗的构造，并无斗栱参与其中。枋间为木板，或参照平闇天花的制式制作的菱形密格。斗八中心为一垂柱，抑或安装一圆盘，称为明镜。这种早期的简单的形制，在辽代建筑的独乐寺观音阁（984年）、应县木塔（1056年）内已经出现，并且在已毁的河北易县开元寺毗卢殿（辽乾统五年，1105年）内亦为此种形式的藻井。这些实例皆早于《营造法式》的刊行年代（1103年），据作者推测此式的出现时期应该更早，但是否唐代已有斗八藻井， 尚须实证。

但降至宋代，喜欢华丽之风盛行，斗八藻井出现复杂的造型。据《营造法式》记载有两种，即斗八藻井与小斗八藻井。斗八藻井用于“殿内照壁屏风前，或殿身内前门之前，平棊之内”；小斗八藻井用于“殿宇副阶之内”，即殿宇周围廊的天花上。斗八藻井的形制分为三层，“其下曰方井，方八尺，高一尺六寸；其中曰八角井，径六尺四寸，高二尺二寸；其上曰斗八，径四尺二寸，高一尺五寸，于顶心之下施垂莲，或雕华云卷，皆内安明镜”。方井、八角井的枋木之上皆有斗栱，而且斗八的枋木（阳马）为微曲的，使结顶呈弧形。枋木间的背板上粘贴有难子及华子等装饰物，斗八藻井总高达160厘米。所以，宋式斗八藻井是很华丽的（图2-87、图2-88）。

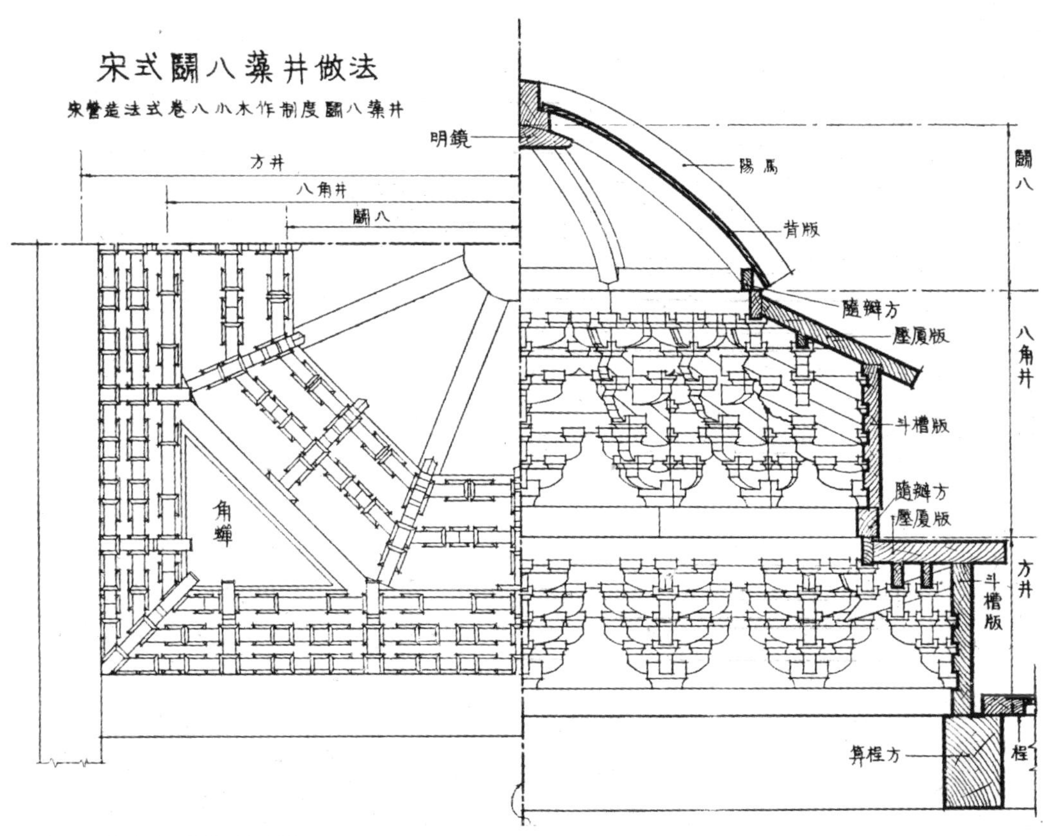

图2-87 宋式斗八藻井平剖面图

图2-88 天津蓟县独乐寺观音阁藻井（辽）

图2-89 浙江宁波保国寺斗八藻井

小斗八藻井仅有两层，“其下为八角井，径四尺八寸；其上为斗八，高八寸”。总高仅60厘米左右。八角井斗栱之上并贴落门窗勾栏等装饰，是与斗八藻井不同之处。

《营造法式》所列的藻井形制多为皇家宫廷建筑所用，是比较高级的形制，民间所用更为多样。如建于宋大中祥符六年（1013年）的浙江宁波保国寺之藻井，即在八角井之上，出偷心五铺作斗栱，托圆形枋木，上为弧形斗八阳马，没有背板，代之以数圈弧形椽条，形成简单、空透、结构感极强的新式斗八藻井（图2-89）。类似的简单斗八藻井在民间祠堂中也有实例，如浙江泰顺三魁乡薛氏家祠的藻井。同时用交斗的方法组成藻井的也有斗六式藻井，如建于明代的北京牛街清真寺圣龛顶部的藻井。

在清代园林的八角亭子建筑中，利用斗八的方法去组织梁架，同样可以获得很好的效果。如山西太原晋祠的难老泉亭的梁架，就是用斗八方法构筑的，而且突出表现各层斗接的垂柱及其镏金的柱头，像繁星点点垂于屋面之下，别有趣味（图2-90）。

图2-90 山西太原晋祠难老泉亭双层斗八藻井

2. 方井

明清时期宫廷建筑大量采用方形藻井。所谓方井就是在井口天花的中间留出正方形井区，井内用抹角的方式形成八方，八方之上聚成圆形，顶部以圆盘结束，盘上多为雕刻的盘龙。虽然井口之上仍有斗栱作为过渡的构件，但体量缩小很多，实际为贴在背板上的装饰件。方形藻井整体是由方井、八方井、圆井叠合组成，已经没有八根枋木聚斗的痕迹。最早出现方形藻井的时代应该是金代，山西大同善化寺三圣殿（金皇统三年，1143年）就是采用了这种藻井。另外一座金代建筑山西应县净土寺大殿（金大定二十四年，1184年）亦为此式，只不过它是由方井、八方井，直接过渡到八方背板上，没有圆井。元代的方井又有了新的变化，以山西芮城永乐宫三清殿为例。它是由方井、八角井，过渡到转方星状八角井，上托圆井组成。每层井口上都有多层出挑的斗栱，尤以星状斗栱组合更是前所未见，整体形象较前更为复杂。星状八角井的出现为明清殿堂藻井增添了新的要素。

图2-91 山西芮城永乐宫三清殿方形藻井（元代）

图2-92 北京故宫斋宫藻井

明清时期北京紫禁城内宫殿建筑的藻井的华美程度，可称为历史上的最高峰。与以前的方形藻井相比较有如下的特点。斗栱更小更密，完全装饰化；雕刻增多，角蝉背板及枋木上皆有雕刻，甚至以极宽的雕刻板代替斗栱的部位；顶部明镜上雕刻蟠龙，龙首下探甚多，立体起伏鲜明，并且口衔下垂的宝珠，全珠周围有彩色垂穗，重要殿堂的宝珠四周还配以六颗稍小的宝珠，十分华丽大方，与“反植荷蕖”的形象不可同日而语；最突出的是全部方井的各个构件皆镏黄金，并有赤金与库金的颜色区别，可称银珠照耀、金碧辉煌、雍容华贵、威仪万方。又因为其雕饰中龙的形象非常多并十分突出，故又称之为“龙井”（图2-91~图2-93）。

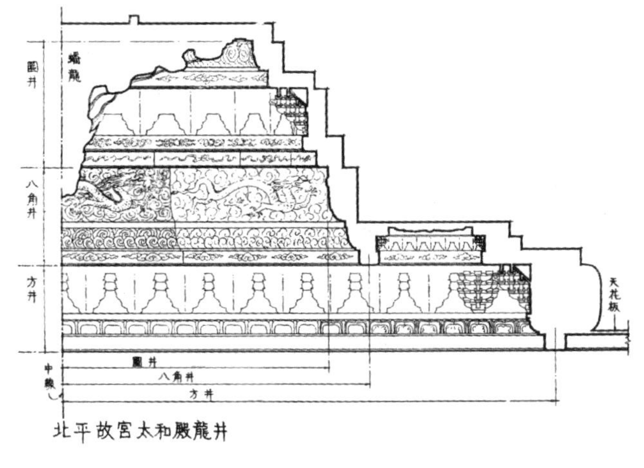

图2-93 清代方形龙井剖面图

3. 圆井

圆井是指圆形的藻井，一般皆用在圆形建筑的室

图2-94 北京天坛皇穹宇藻井

内，或者方形建筑经过抹角梁的搭接形成八角或十六角的平面，而组成圆形藻井。圆形藻井皆是由层层圆井逐层收缩而成。每层圆井的内收部分可以用溜金斗栱或出挑斗栱完成，也可用井口天花来补充，或者用雕花的圆梁来代替。例如，最华丽的北京天坛皇穹宇的圆形藻井，首层是在八根圆梁之上，用较长出挑的溜金斗栱托二层圆梁，二层圆梁之上，是用五踩斗栱及井口天花承托三层圆梁，再上是两圈井口天花及绘有坐龙的明镜。全部构件均为青绿金龙和玺彩画。整体色调为青绿点金，偶有红色（栱眼壁），绚丽无比。北京天坛祈年殿的圆形藻井是在十二根圆梁上，用最高级的九踩斗栱承挑圆梁，圆梁之上为井口天花，天花中心置一座圆形深井，以镏金盘龙结顶。整座藻井形成繁琐的斗栱、平展的井口天花及深邃的圆井之间的对比，具有很强的冲击力度。藻井的青绿点金色调与十二根朱红内檐柱亦有鲜明的反差。河北承德普乐寺的旭光阁又采用了另外一种艺术方式。在青绿井口天花中心留出满雕云龙的圆形环梁，梁上以九踩斗栱及环形井口天花托二层环梁，梁上又出九踩斗栱承托三层环梁，梁上又出十一踩斗栱托四层环梁，梁上为巨大的流云底的盘龙，口衔宝珠，龙首倒垂。旭光阁的圆形藻井整体布满斗栱与繁密的雕刻，并且全部贴金，金光闪烁，璀璨绚丽，颇具匠心。北京紫禁城御花园中的万春亭的藻井为一小型的藻井，其装饰重点完全放在中心圆井的雕刻上，并配以红、绿、蓝、金的彩色，亦十分华丽（图2-94、图2-95）。

4. 多角井

多角井是指方井以外的各类角井，当然这些藻井也是由方井变化而来的。山西应县净土寺的金代八角井是在方井的基础上，四角搭小抹角梁所形成的八角井，上边挑出五跳斗栱，上以八角平板结束。元代山西芮城永乐宫纯阳殿的八角藻井是连出两层的五跳斗栱，以八

图2-95 河北承德普乐寺旭光阁藻井

角平板结束，井口显得深一些。有些建筑本身即是八角形，自然采用八角藻井也是顺理成章的事情。如辽宁沈阳故宫的大政殿就是八角藻井，而且还突出了转角的垂莲柱，使藻井增加了新因素。北京北海极乐世界的藻井是由四方变八方井，然后铺设大面积的天花，中间留出贴金的八角井，下方正好是弥陀佛的供养位置。北京北海五龙亭的藻井是由六角井，转为十二角井，又过渡到圆井的（图2–96~图2–98）。此外也有一些亭阁是在屋架结构上将藻井构造结合进去，形成八角层叠的空间，如甘肃兰州白塔山上的八角亭即是。

图2–96 北京北海极乐世界八方藻井

图2–97 山西应县净土寺八方藻井（金代）

图2–98 北京北海五龙亭八方藻井

图2-99 台湾南投文武庙山门藻井

图2-100 浙江宁波秦氏支祠戏台藻井

5. 旋井

旋井井口为圆形，井口内以斗栱组成旋涡状，回旋到顶部明镜结束。旋井的造型产生一种动感，是其他类型的藻井所不具备的特色。旋井大量应用在戏台建筑的顶部，与戏剧动态表演环境相互配合，相得益彰。旋井斗栱是特制的，仅用斜出的翘栱（即出挑的栱，又可称为丁头栱），设有瓜栱、万栱等横出的栱，层层出挑直到顶部，每层翘栱斜出的角度微有变化，形成一条微曲的曲线，互相交斗于明镜处。每层栱间有枋木连接，形成圈枋。旋井的制作是有一套成规的，根据圆井井口的大小，其翘栱的用材大小、出挑长度、每层翘的斜度、每层圈枋的长度等皆有经过计算的数据，最后才能拼接成完整的旋井。旋井的进一步装饰化则是将翘栱变成花栱，仅保留出挑的意向，栱身变成花朵，联系的圆枋也改成透空的花板，其华丽程度大为提升。同时旋井还可以彩绘，最简单的是单色素绘，也可将旋转的翘栱绘成鲜艳的颜色，突显旋回之势。还有一些实例是将网状栱结合进来，周围是网状栱，中心部分为旋状栱，其制作更为复杂（图2-99、图2-100）。

6. 吊井

吊井是指中心井口下吊之藻井，目前仅发现了一个实例，即北京隆福寺正觉殿明间的藻井，该寺已经拆毁，此藻井修复后现存于北京古代建筑博物馆内。该寺建于明代景泰四年（1453年），这座藻井有可能是明代建筑的遗存。其形制是内凹式兼悬垂式的圆井。下垂之圆井共有四层，每层皆以流云雕刻的圆梁承托着模拟天宫楼阁的小建筑模型，内有镏金的仙人站立。最上层为覆斗式天花，顶部绘制了天文星宿图。隆福寺明间整间屋顶天花为井口天花，中间留出一个较大的圆井口，向上内收，呈覆斗状，交汇在中间圆井的第三层圆梁上。形成中间的四层圆井一半悬吊在覆斗天花之下,而另一半深入覆斗天花之上，造成深邃之感，烘托出天国世界的装饰主题（图2-101）。隆福寺的吊井藻井完全是用铁构件拉吊承重，这也说明了封建社

图2-101 北京隆福寺正觉殿明间藻井

会后期对铁构件的应用逐渐增多，并不一定遵守全木构榫卯，不用一钉的传统做法，如拼钻大型梁柱用的铁箍、大型立佛的牵拉钢索等皆为金属构件。

7. 平井

平井是指天花微凹形成的藻井，一般呈平板状，多应用在藏族和维吾尔族采用平顶的建筑中。藏族平井藻井多为长方形或方形，从天花上凹进10余厘米，四周边框刻有莲瓣，或绘有卷草。平井板上皆彩绘，没有雕刻。题材为多层覆莲或几何图案。在西藏扎囊桑鸢寺三界铜殿内的藻井尚保留着较早期的转角方井的格式，中心画圆光坛城图，四周用红绿白黄四色为衬，说明这一例是较早的藻井。维吾尔族的建筑多为平顶天花，天花顶上将其特殊的密肋结构显示出来，仅有个别富裕人家或礼拜寺才将天花遮盖起来，建造平井。维吾尔族平井亦从天花上凹进10余厘米，平板上多用小木条贴落出各种图案，如万字、八方、星状等，图案内加以彩绘团花或植物题材。凹进的侧旁及天花皆划分为小池子，内画植物、风景等自然之物。说明维吾尔族的平井皆为近代以来新发展出来的产物（图2-102、图2-103）。

图2-103 新疆喀什阿巴伙加墓大礼拜寺天花平井

图2-102 西藏拉萨大昭寺大殿平井

四、斗栱装饰

“斗栱”是论述中国传统建筑中最常用的一个词语，往往将它作为中国古代建筑结构中最有代表性的特征来评价。斗栱实际上是木结构中梁檩与柱在交接处的一种构造方法。它的基本构件为“斗”与“栱”两种，后来又发展出“昂”与“枋”。“斗”是类似量米之斗的形状的方形小木块，“栱”是肘状横木，彼此层层垫托，向两侧及向外伸延，可以稳定梁柱间的交接，并可增加出檐的深度。“昂”是一种变形的栱，昂身后尾拖长，直达下金檩处，斜置于斗之上。而“枋”是联络各攒斗栱之间的联系方木。进一步完善了斗栱的构造。

（一）斗栱演变

斗栱在中国木构建筑中是经历了发展过程的。汉代以前，斗栱仅用在柱头部位，用一斗二升（小斗）的组合，或者挑出一跳（即栱身垂直向外伸延），形制比较简单，栱身形式也比较随意，有弓形栱及曲栱等各种式样。南北朝时期出现了一斗三升，并在两柱的额枋上加设了人字形的补间斗栱。唐代的斗栱日趋复杂，不仅出挑增加，而且在柱头斗栱与补间斗栱之间增设了多层联系枋木，形成铺作层，极大地增强了梁柱之间的整体性，此时间人字补间斗栱已经消失。盛唐时期的斗栱出挑曾达五跳，即双杪三下昂，山西五台唐代建筑佛光寺的出檐深度达3米之巨，可作为出檐深远的代表。宋代建筑在唐代的基础上进一步制度化，并将栱身用料断面称为“材”，定为建筑构架各种构件用材的尺度标准，其广厚之比例为3∶2。又将材广之十五分之一称为一“分”，作为更小尺度的单位。一切设计的数据皆以材分的多少来规定，称为“材分制”。元代建筑的铺作制度逐渐消失，柱头与补间成为独立的斗栱。明清以后斗栱体量进一步缩小，柱间的补间斗栱数量增加，完全成为外檐装饰性的构件。官式建筑中并将斗栱模数化，定出等级标准，制约了发展的可能性。在有些地方性建筑或小式建筑中已经不用斗栱，斗栱完全退出历史舞台。民间小型的公共建筑，如戏台、会馆、牌楼、门檐等处，更将斗栱完全装饰化，取其华美多姿，彰显欢乐氛围。

图2-104 河南焦作出土的汉代陶楼角部斗栱

图2-105 四川夹江棉花坡崖墓汉代斗栱

作为木结构构造手段的斗栱，从其诞生时起，工匠们就赋予它某种装饰含义。如东周古文献《论语》中有“山节藻梲”的描述，即是在大斗上画山形纹样，在短柱上画水藻纹样，通过绘制图案来美化构件。汉代已经没有建筑实物可作例证，但在墓阙、崖墓雕刻及画像石上仍可看出当时斗栱的形象。这时的斗栱并无定型，既有直栱、肘形栱，也有弧形栱及S形栱，说明当时人们正在探索斗栱的美学取向，追求时新的样式。直栱是栱身的原始形态，栱上直接托斗，再托檐枋，至今西藏的建筑中仍有这种原始形态的反映。对于S形栱过去认为是一种艺术的夸张，不见得是实物形态，但在汉墓及汉代画像石中多次出现，说明它是有实物根据的。其实，这种形式加工并不困难，用较宽的栱身上下挖出弧槽即成S形。在四川夹江棉花坡崖墓墓口雕刻上，不仅表现出S形栱，而且栱身下还垂挂着灯笼状的垂穗。栱上斗下之间还有皿板及成束的短竹。斗栱下的柱身上也有束竹包裹，说明当时在建筑构件上的美学处理是十分考究的（图2-104、图2-105）。

南北朝至唐宋期间斗栱的发展致力于其构造的标准化，缺少形式上的变化，基本上每攒斗栱逐层出挑，每跳上横置重栱（长短不同的两只斗栱叠置），栱上有枋木，斗与栱皆有固定比例，中规中矩，这种状况一直延续到清代。早期的人字栱虽然有些变体形式，但存在的时间较短，影响不大。降至宋辽时期，斗栱构造出现几项形式变异，即“偷心”、“昂嘴、耍头”及“45°斜栱”，对后世的斗栱装饰起到十分重要的影响。“偷心”即是在每跳斗栱上不再安置横向重栱，多层斗栱直接向外挑出，以承挑檐枋，斗栱外形简洁化了。后世也可在横栱位置安排装饰性的云栱等。偷心做法在五代时期建筑福州华林寺中即已出现，外檐是每隔一跳才安置横栱，内檐全部取消横栱（图2-106）。辽代蓟县独乐寺观音阁亦是隔跳偷心造。这种简化斗栱的方式在清代建筑藻井中大量应用。“昂嘴、耍头”是指外檐下昂伸出的端部和斗栱最上部伸出的枋子头，早期昂头仅是在上部抹斜，称为批竹昂，后来又出现琴面昂、猪嘴昂、曲面昂等（图2-107）。耍头最早为平头，以后为批竹头、六分头、云头等。昂嘴及耍头的形制并不影响斗栱的基本构造，但却装饰丰富了斗栱的外观。在清代地方建筑的装饰斗栱在这些部位产生了许多变体，丰富多变，十分华美。“45°斜栱”是指除垂直出挑的栱身外，在大斗两侧45°各挑出斜栱，形成一斗出三栱的布置，整攒斗栱像一朵花团。辽代建筑山西应县木塔、大同华严寺的补间斗栱皆出现了斜栱；河北正定隆兴寺宋代建筑摩尼殿的补间斗栱亦出现斜栱。斜栱虽然可以分担正栱一部分出挑的荷载，但其目的主要是为了丰富外檐檐下斗栱的观赏性。斜栱的出现为后世装饰性的网状斗栱提供了原始形态（图2-108）。

图2-106 福建福州华林寺偷心斗栱

图2-107 福建福州华林寺斗栱昂嘴

图2-108 甘肃秦安兴国寺般若殿45°斜栱（元至顺三年，1332年）

（二）装饰化的斗栱

在历代斗栱形态的基础上发展出来的清代装饰化斗栱，基本用于地方建筑或小品建筑上，如祠堂、庙宇、戏台、牌坊、门楼等处。归纳下来，大概有下列几种格式。

（1）密集型： 仍用传统的斗栱造型，但斗栱形体变小，逐层出挑，逐层出横栱，排列紧密，加多出挑，一般为五跳十一踩。最多的如陕西西安华觉巷清真寺牌坊的斗栱，曾前后各出八跳，达十七踩之巨，承托着巨大的屋顶。这种类型的斗栱表现出秩序感、庄重感，是北方地区常用的装饰手法（图2–109、图2–110）。

（2）昂头耍头型： 这类斗栱的栱身并不重要，关注度在斗栱探出的昂头耍头的艺术处理上。有时也很难

图2–109 山西五台山白塔寺清凉胜境牌坊斗栱

图2–110 陕西西安华觉巷清真寺牌坊斗栱

图2-111 云南大理周城白族民居门罩斗栱

图2-112 浙江宁波秦氏支祠正堂斗栱

图2-113 河南济源阳台山大殿斗栱

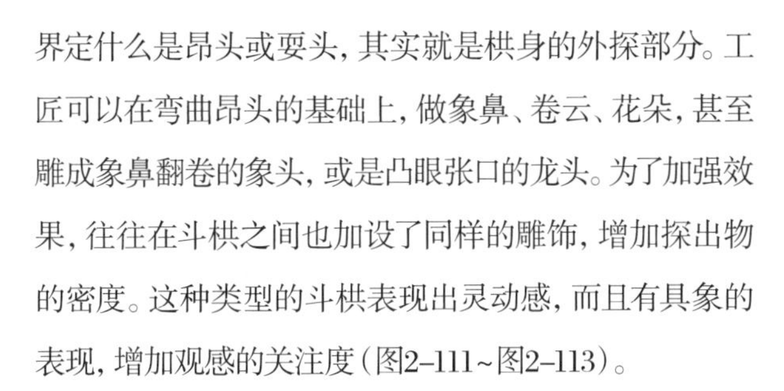

界定什么是昂头或耍头，其实就是栱身的外探部分。工匠可以在弯曲昂头的基础上，做象鼻、卷云、花朵，甚至雕成象鼻翻卷的象头，或是凸眼张口的龙头。为了加强效果，往往在斗栱之间也加设了同样的雕饰，增加探出物的密度。这种类型的斗栱表现出灵动感，而且有具象的表现，增加观感的关注度（图2–111~图2–113）。

（3）网状型： 是指利用45°斜栱相互串联，形成类似米字的统一格网的装饰性斗栱，湖南地区称之为“蝼蜂窠”。网状斗栱不分柱头科与平身科，用统一的斗栱形式遍布檐下。正身栱并不出挑，其栱头上往往做成龙头、凤头之状，成为装饰构件。其大斗和小斗的形状或圆或方，但皆为平盘斗，没有斗耳，便于斜栱安装。因其为装饰性斗栱，故只向外拽出踩，除非用于牌坊，不然的话可以两面出踩。有的网状斗栱取消了正身栱，只用45°斜栱互相联络，形成斜井字格的格网。网状型的斗栱一般皆没有挑出的栱头，以突出斜交的栱身网络。为了避免颜色单调，这类斗栱多有金饰。网状斗栱多用在南方地区。在四川都江堰市青城山入口牌坊上的斗栱，全部做成一个网片，斜置在檐下，与檩枋没有承托关系，是一种纯装饰性的处理，应是装饰性斗栱的特例。还有一种网状斗栱，将小斗改为一根垂柱，柱顶上站立仙人等，完全脱离了斗栱的形态，加上彩绘贴金，更显檐下装饰的华美程度。此类斗栱多用于闽南体系的建筑中。有的地区在网状斗栱的小斗外皮上加贴一个小圆饼，上边写字或绘图案，打破了单调的网状构图，如四川峨眉山报国寺山门的斗栱。另有一种网状斗栱，完全取消了小斗，栱身呈板状，栱底有各种曲线雕刻，呈现出简化的趋向（图2–114~图2–118）。

（4）枋木型： 这种类型完全弱化了斗栱形态，斗栱间距增大，而将装饰重点放在联络斗栱之间的枋木上。各层枋木加以彩绘雕刻，形成一条条花板。有的实例进一步简化，取消斗栱，在檐下形成出挑的一层层花板，同样产生挑檐的效果（图2–119~图2–121）。

梁思成先生总结历代斗栱演变过程为“在外观上由大而小，由雄壮而纤巧；在结构上是由简而繁，由机能的而装饰的，一天天地演化。” 这种演化说明了两个问题，其一是中国传统木结构的技术在变化，即不用斗栱作为连接柱梁间的过渡构件，同样可以组建大型建筑，从结构技术角度，斗栱已退出历史舞台。其二，人们出于对传统形式的留恋，以及受建筑装饰风尚的流行的影响，斗栱转化成装饰构件以后，同样进行各种美化的探索，寻求新的表现形式，甚至脱离了本原的形态。艺术贵在创新，装饰艺术亦应如此。

图2–115 四川峨眉山报国寺山门网状斗栱

图2–116 浙江宁波秦氏支祠网状斗栱

图2–114 台湾南投文武庙山门如意斗栱

图2–117 台湾南投文武庙山门网状斗栱

图2–118 四川都江堰市青城山入口网状斗栱变体

图2-119 新疆伊宁陕西回民大寺唤醒楼斗栱

图2-120 浙江宁波秦氏支祠斗栱

图2-121 四川都江堰市二王庙庙门檐下出挑枋木

五、墙面砌筑

中国传统建筑的墙体早期皆为夯土或土坯砖，因此在砌筑手法上没有突出表现，石材也仅是用在附属小件上，如柱础、台基、栏杆等处，也无法产生砌筑的规律性。自明代以后青砖生产扩大，砖墙使用增多，山区中用石材砌墙的建筑也增加了，所以砌筑技术以及随之产生的砌筑美学也得以提高。宫廷建筑为追求气派，其砖砌墙体多为抹灰刷浆，增加颜色感觉，并不重视砌筑的美学表现，而地方民间建筑，注重因材致用，在工艺中兼顾美观，创造出许多简朴而美丽的墙面。概括地讲，北方实例较少，南方多雨且使用砖墙较早，故砌筑方面的实例多于北方。从工艺角度看墙面砌筑可分为砖石素砌、砖石混砌、砌花三类。

（一）砖石素砌

砖石素砌即是用一种建筑材料砌筑的墙体，依靠技法产生的规律美感。北京地区的青砖砌筑按灰缝的大小与磨制的程度分为四种，即糙砌、淌白、丝缝、干摆。糙砌是普通砌法，用普通青砖，不经砍磨，灰缝较大，约1.0厘米。淌白是用经砍削的砖，灰缝约0.5厘米。丝缝是用五面皆经砍制的砖，露明面要磨细磨平，灰缝约0.2~0.3厘米。使用白灰浆，用灌浆的方法使灰浆充满墙体。干摆是最考究的做法，用五面砍磨的砖，用白灰浆灌浆，砌时横竖砖缝对接，不露灰缝，砌后经水磨以后，墙面如镜，故又称“磨砖对缝”。从美学角度，北京的四种做法是以墙面的平整与光洁度为评价的审定标准，尚未涉及其他。苏州地区香山帮工匠施工的墙体多用厚度较薄的砖，根据墙体承重的情况，分为扁砌、花滚、空斗三种砌法。扁砌为实体墙；花滚为部分实体墙，部分填充物；空斗为墙内中空，内填碎砖。三种砌法的墙表面显出不同的墙缝图案，但为了防止雨水打湿墙面，潮气内侵，所以墙外皆以白灰浆抹平，掩盖了砌砖图案。

以石材砌墙亦有许多砌法，尤以自然形态未经加工的石材砌筑更具有自然之美。最常用的为乱石墙，即利用开凿下来的不同形状的原石，砌筑成墙。一般皆有砂浆作为胶结材料。乱石墙的砌筑关键技术是选用合宜的石块，与其他石块平稳交接，接续成墙后平稳不倒。北方的乱石墙皆用灰砂浆勾缝，再用青灰浆画缝，远看其纹理十分明显，俗称为“虎皮墙”。藏族建筑石墙是用大块毛石平砌一层，然后以小块毛石垫砌一层找平，上边再砌大块毛石，如此反复，形成有规律的一层层水平线条，既粗犷自然，又整齐有序。四川的羌族建筑亦是采用这种垫砌的办法筑墙，同样也是干摆方法，不用灰浆，说明这种干摆方法是藏羌人民长期形成的成熟技术。还有一种砌法为侧砌，即将稍扁的石块沿一个方向倾侧地砌筑，形成一层，然后上一层又反方向侧砌，如此反复，形成左右扭动的规律图案。侧砌的石料可以是毛石，也可用卵石、片石、加工的毛石等。可以用灰浆填缝，也可干摆，比较自由。贵州山区的石墙砌法亦有特色。当地山头多为水成岩的片岩构造，百姓开山取材造房，采用边开边建的方法，即用同一层的厚度相同的片岩砌墙，虽然片岩的厚度有不同，但在墙身上却仍为水平缝构造，平实而有韵律。在浙江泰顺的民间建筑中我们可发现巧用原石颜色的实例。人们采用各种颜色的卵石，以人字形交插砌筑，下边石材大一些，上边的小一些，逐层递减，整个墙面有如一幅无标题的彩色抽象画，可称巧夺天工（图2-122~图2-127）。

（二）砖石混砌

混砌是指用两种或三种材料砌筑的墙体，大多是砖石混砌。福建一带民居多用条石作为墙体下碱，上部改用胭脂红砖，白红对比，粗细相衬，成为地区建筑

图2-122 贵州贵阳花溪镇山村民居石墙

图2-123 浙江泰顺胡氏大院空斗墙

图2-124 安徽青阳九华山民居石墙

图2-125 西藏拉萨冲赛康民居石墙

图2-126 甘肃迭部垒石院墙

图2-127 浙江泰顺胡氏大院卵石墙

的特色。泉州晋江地区早年曾受风灾，房屋损毁，砖瓦残料遍地，当地居民用残砖与毛石相间混砌，砌法自由，随材而定，称之为“出砖入石”砌法。墙面图案变化甚多，红白相间，装饰感觉非常鲜明，并有现代艺术的风格。在藏区也有砖石混砌的做法，但多呈水平排列砌筑，青砖作为毛石之间的填充材料，与藏区建筑的石墙做法类似。浙江天台地区盛产石板，当地民居用石板与青砖混砌，产生轻灵光洁的效果，是当地独有的墙体做法（图2-128～图2-131）。有的地区墙体是以砖材作下碱和砖柱作骨架，内填土坯砖作承重墙。为了避免土坯淋雨损坏，在墙体外皮镶砌一层防雨的地方材料。福建多用食用后的废料——蛎壳，蛎壳砌入墙体以后闪闪发光，与红砖之间争辉斗艳，美妙异常。而河南地区的黄土层中混杂着一种带有石灰成分的硬块，称为礓石。当地居民就用礓石作为土坯的保护层，砌入墙体，同样也产生了构图效果。藏族寺庙建筑墙体中的边玛墙是一种特殊的做法。在厚厚的毛石墙上部铺设边玛枝作为结束，上边再以短椽、石板及阿嘎土覆盖墙顶，完成了藏式的石墙。边玛枝即为柽柳树的枝条，藏语称为边玛，将边玛枝捆成为7～8厘米的小捆，数捆再联为一排，端头向外，铺在石墙顶部，累计

图2-128 福建南安官桥乡漳里村蔡氏民居

图2-129 甘肃合作九层楼砖石混砌墙

图2-130 福建泉州民居出砖入石墙

图2-131 青海湟中塔尔寺小金瓦殿边玛墙

图2-132 福建晋江东海村民居蛎壳墙

达一定高度，再收墙顶。边玛枝外端经拍打与墙面对齐，并刷成红土色，远观有深红色的毛绒感。边玛墙这种石材与边玛的对比，呈现出坚实与毛绒之间的反差，红与白的变化，另外在边玛枝上加饰一些镏金饰件，更增加墙面的美学质量，充分显示藏族建筑装饰的特点（图2-132~图2-135）。

（三）砌花

砖石墙砌花在传统建筑中的实例不多，主要表现在伊斯兰教建筑中。最突出的实例为新疆吐鲁番的苏公塔礼拜寺的邦克楼（唤醒楼），统称苏公塔或额敏

图2-133 河南洛宁东宋乡官庄黄殿臣宅礓石墙

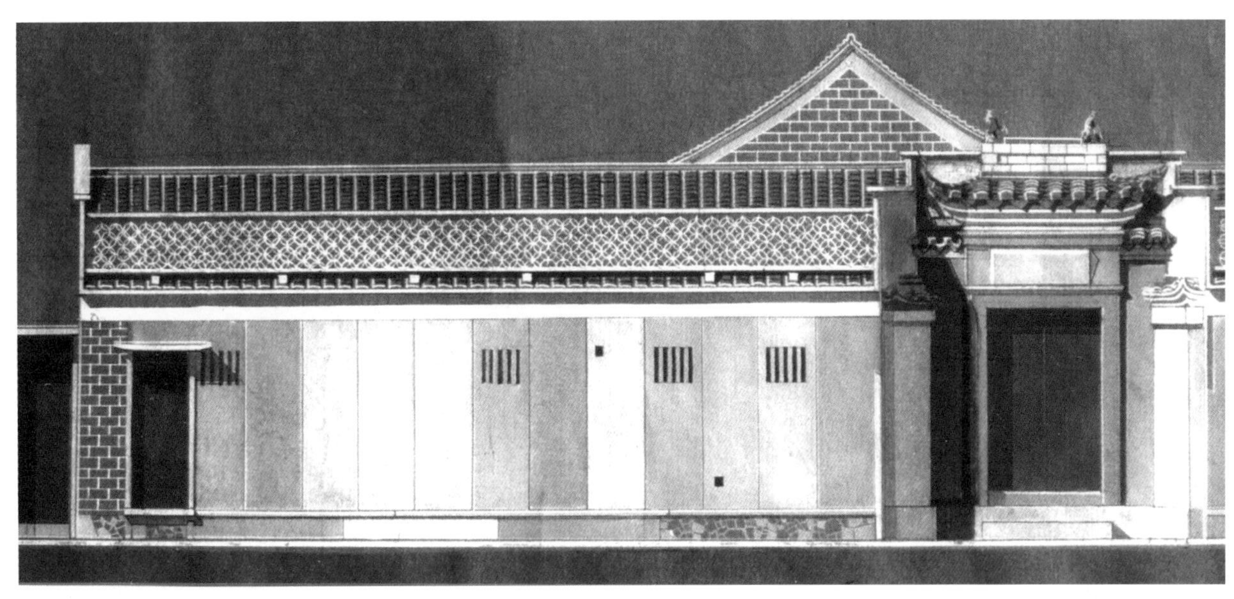

图2-134 浙江天台义学路6号住宅外墙

图2-135 福建晋江东海石头街民居砖石混砌墙

塔。该塔塔身为圆形，收分明显，下部直径14米，上部直径8米。通体用砖叠砌，整体塔身布满砖砌花纹图案，组成七层宽窄不同的环形装饰带，共有十五种图案构图和花纹。更难得的是其图案随着塔体的收分而逐渐收缩，不改其形，浑然一体。仰视该塔，高耸凌云，如锦如绣，展示了古代匠人的高超砌筑技艺。此外，维吾尔族民居中亦有砖砌花纹图案，用在大门、内墙及砖栏等处，考究人家还将砖体磨制成各种几何形状，组成花饰，增加观赏趣味。闽南系的建筑也喜欢用红砖砌出各式花纹来装饰墙面，为顺应长条形的胭脂砖形体，其图案多为几何形的，如万字、回纹、人字纹等（图2-136~图2-139）。

图2-136 新疆喀什乌斯唐布依路239号砖砌踏步

图2-137 新疆吐鲁番苏公塔型砖砌筑（一）

图2-138 新疆吐鲁番苏公塔型砖砌筑（二）

图2-139 福建南安官桥乡漳里村蔡氏民居墙面组字

六、封火山墙

传统建筑的屋面可分为五种基本形制，庑殿、歇山、悬山、硬山、攒尖，也有在基本形制基础上经混合穿插而形成更丰富的屋面。这五种基本形制反映了屋面结构技术发展的过程。汉代以前的建筑只有庑殿与悬山两类屋面，当时建筑外墙皆为土墙，为保护墙体免受雨淋，所以屋面须四面出檐，形成庑殿顶形式。而较小的建筑为简化屋架结构，采用前后坡屋面出檐，而在山墙处向外延伸，以遮蔽山墙免受雨淋，出现了悬山形制。但悬山有一定的缺陷，当山墙过大过高时，仅能遮护山尖的上部，下部墙身仍然暴露在外。后来的人们就在悬山山墙的山尖与墙身交界处加设一道披檐，以遮护墙身。悬山与披檐的结合就形成了歇山式屋面。有证据显示歇山式屋面形成于南北朝时期。这三种屋面使用了很长时期，至明代制砖业发展以后，建筑外墙改为砖墙，砖墙本身可以防雨，不再需要悬山出檐，故改为硬山山墙，从硬山山墙上的博风砖的设置，可知它是由悬山发展而来。攒尖式屋顶与结构上采用了抹角梁技术有关，凡是平面为方形的建筑，用攒尖的屋顶最合理。上述四种屋顶结构演示出的屋面形式，在封建社会也被帝王赋以政治含义，按庑殿、歇山、悬山、硬山次序安排不同阶级层次的建筑使用。而且在脊饰上有所区别与限制，这一点将在塑饰一节中叙述。

在中国南方地区建筑密集，房屋相连，与北方建筑分散布置不同，遇有火灾，则延烧成片，所以将硬山山墙抬高，高过屋面，以隔绝火势，故称之为“封火墙”。封火墙大约出现在明代末期，虽然其历史并不长久，但在南方各地广为应用，并形成各有特色的地方风格，封火山墙几乎成为南方民居的重要符号。封火墙的变化主要表现在墙顶处理上，形成不同的形状，大致可分为三种：阶梯式、曲线式、寓意式。广东地区的封火墙还保留对山面博风的装饰加工，一般地区则已淡化了悬山墙的遗迹，不再有博风板形式。

（一）阶梯式封火墙

阶梯式山墙是将墙顶水平地分割为数段，层层递高，呈阶梯状，一般前后坡各出三跌，形成五段水平墙顶瓦檐，故又称“五山屏风墙”，俗称“马头墙”。各地建筑的进深不同，也有做成三山或七山的封火墙的，因物而异，但皆为单数，以维持建筑前后坡平衡对称。每段墙顶皆在叠涩线砖上铺瓦设脊，形成小屋面，保护墙顶。一般阶梯式的封火山墙每段墙顶为水平的，端头有少许出挑，增加了动势，故俗称马头墙即源于此。但江苏无锡地区的封火墙端头出挑很多，马头之姿态更为明显。有些地区的封火墙头不是水平的，而是向上挑起呈昂首之势。有的是墙身挑起；有的是墙顶水平，利用灰脊挑起；有的是墙身及灰脊皆挑起，更增加了上挑之势。还有的地区将封火墙进一步改进，取消瓦檐脊饰，完全用线砖做出五花山墙的墙顶，再以灰塑彩绘增加装饰，形成另外一种美观效果（图2-140～图2-143）。

封火墙除了阶梯形体上的变化以外，其细部上亦有许多个性的设计。如墙面可以是清水砖墙，也可以是

图2-140 浙江宁波陈氏宗祠封火山墙

图2-141 湖南平江民居封火山墙

图2-142 广东三水芦苞镇胥江祖庙封火山墙

图2-143 江苏无锡钱钟书故居封火山墙

抹灰白粉墙，还可在清水墙上沿五山之边抹灰，或者在白粉墙上绘制墨色纹样。五山上的小脊脊头可以是雌毛脊、甘蔗脊、玉玺头、大刀头等。随着山墙头的出挑，其墀头亦产生许多变化，有的用多层枭混及叠涩线脚组成复杂的挑头，有的完全用砖雕配件来装饰挑头，使封火墙进一步向华丽方向发展（图2-144、图2-145）。

在南方城镇建筑中，由于广泛建造封火墙，对环境景观产生极大影响，沿街巷的马头墙头成排挑出，鳞次栉比，参差起伏，成为街巷景观的主旋律。至今许多建筑师仍喜欢将马头墙作为建筑符号应用到现代建筑中（图2-146）。

图2-144 江苏无锡民居封火山墙

图2-145 浙江宁波天一阁封火山墙细部

图2-146 安徽屯溪老街封火山墙群

（二）曲线式封火墙

曲线式封火墙完全摒弃了平直的形式，而随两坡屋面处理成柔和曲线山墙。如苏州的观音兜、福州的弓形山墙、潮州的大幅水、建瓯的鞍形墙、广东的镬耳墙等，皆属此类。苏州观音兜式封火墙的下半部随屋架起线，自金桁起逐步抬高，至顶约高过屋脊底部90厘米，山墙顶部取平，约宽90厘米，因其形似观音菩萨的风兜帽，故名。此式实为半封火墙，尚有一种全观音兜，就是将屋架全部遮盖的高形封火墙。福州的弓形山墙是强调封火墙两端的端头部分，端头伸出腿子墙外极多，并且高高挑起，整体形态类似一把弓，故名。潮州大幅水是在墙顶处做成三折弧线型，代表流动着的水的姿态，故名。广东的镬耳墙是因为封火墙两端较平，顶部呈长方形，远观像铁锅（镬）的手提两耳，故名。总之，对这些不同形式的封火山墙，群众给它们起了一些形象的名字，以寄托自己的愿望（图2–147~图2–151）。

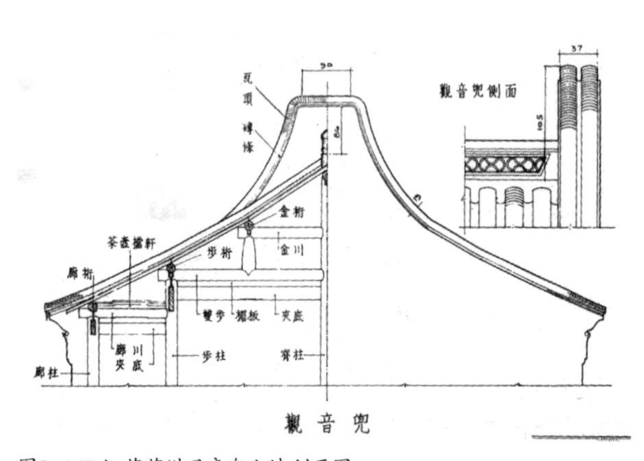

图2–147 江苏苏州观音兜山墙剖面图

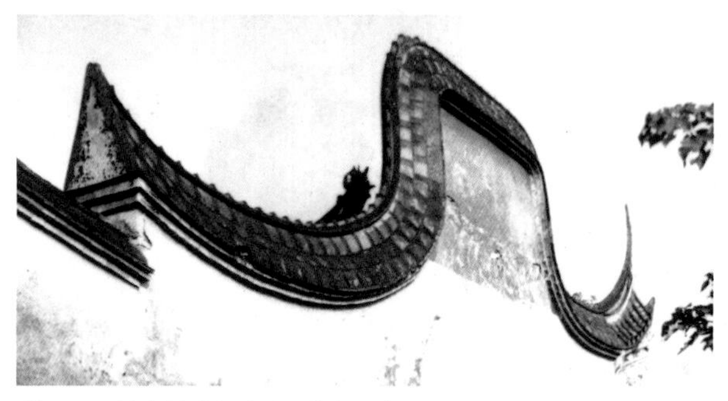

图2–148 福建福州民居弓形封火山墙

图2–149 广东惠阳矮陂黄沙洞村刘氏宗祠镬耳山墙

图2–150 贵州天柱民居不同形制山墙

图2–151 广东汕头民居硬镬耳山墙

图2-152 广东潮安彩塘镇民居山墙上的板肚及楚花装饰

闽粤一带的民居很喜欢在山墙的山尖下塑绘图案，沿墙顶曲线塑出一条较宽的垂带（古代博风板的遗意），垂带分为若干板块，每块塑画出花鸟、人物图案，形成沿山墙顶部华美绚丽的装饰带。在山尖部位还塑绘出复杂的垂花，称为楚花，亦是古代悬鱼的变体。这些都是保存有地方风格的建筑细部装饰（图2-152）。

（三）寓意式封火墙

广东一带风水学说盛行，所以将封火山墙的形式也赋予五行的含义，做成金、木、水、火、土五种山墙。按五行相生相克原则，与业主命相及房屋的坐向互配。五行的表示全在山尖部分的形象，与堪舆学说中对山峰形状的命名是一致的。如金形圆而下部较宽，类似覆釜之形；木形上圆而身直，类似木柱之形；水形为上部三卷弧线，类似水浪之形；火形为多卷的反弧线，尖角向上，类似火焰之状；土形为方直平头，类似平坦土地。在群体建筑中多利用五行“相生”的规则选用不同的山墙形式。如主屋为金形山墙，则配房选土形山墙，取“土能生金”之意。主屋为木形，则配房为水，取“水能养木”之意。五行取意的寓意式封火墙实际为半封火墙，仅是硬山墙的山尖部分抬高，取得某些象征性的意义，起到心理安慰的作用。从美学角度分析，仅有求新变异的效果（图2-153）。

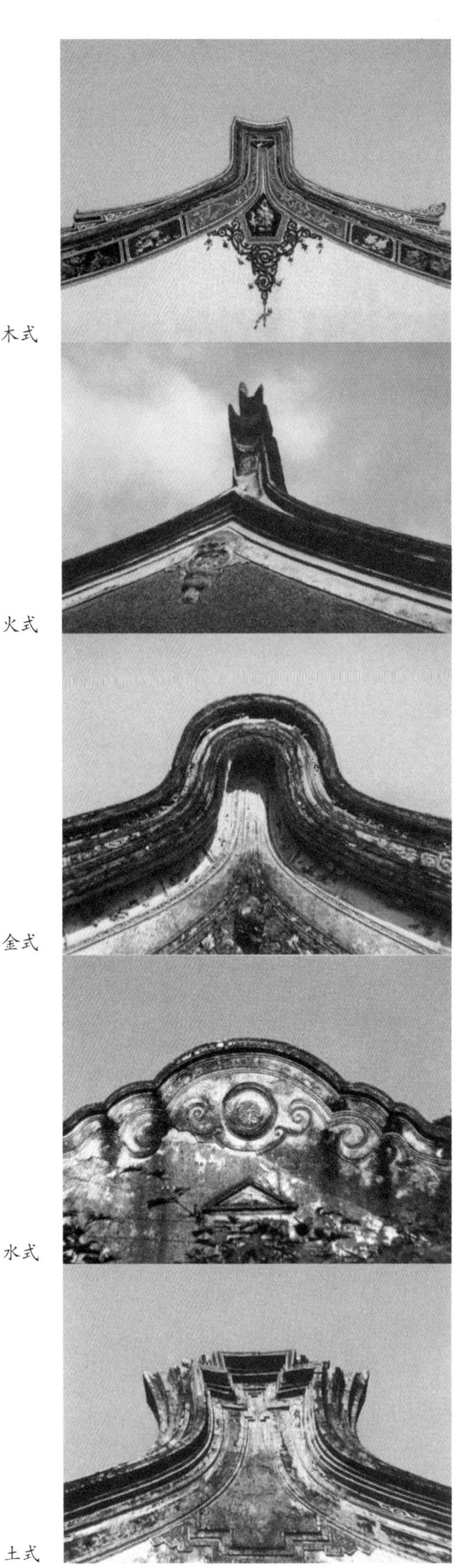

图2-153 广东汕头民居五行封火山墙

七、铺地

（一）铺地演变

地面铺装是建筑工程最基本的要求，以便于行走，便于清扫。传统住宅的厅堂内多用方砖或条砖铺装，豪宅还将方砖水磨浸油，增加光亮度。小户人家也可用三合土墁地。室外可用方砖、石板，农村院巷用乱石、卵石等材料。总之以平整、耐磨、材料简约易得为原则。即《园冶》中所谈“惟厅堂广厦，中铺一概磨砖，如路径盘蹊，长砌多般乱石”。但是在江南富庶地区的民居院落及园林地面大多进行了美学加工，追求图案花式，创造出如毡毯一样的美学效果。在室外的地面上进行艺术处理，追求“吟花席地，醉月铺毡”的美学意境。这种创意除了中亚地区的马赛克镶拼地面以外，在世界范围内江南地区建筑的铺地可说是独创。铺地艺术可以说是一种装饰手法，但不同的是彩画、雕刻、灰塑等装饰手法是以“装”为主，即后装上去的；铺地艺术是以“构”为主，是通过工匠用构造的施工方法，形成美观的图式，这种手法也可称之为“构饰”的一种。

地面铺装的历史过程是渐进的。秦汉时期帝王宫室的殿内地面是在夯实的地基上，抹粗细两层草拌泥（或草糠泥），轧实，上刷红色胶液，候干，史称“朱地”或“丹地”。秦代已开始出现模压几何纹的地砖用以铺地，汉代则更为普遍。至唐代室内仍用压花地面砖，花纹用莲花纹者居多。为保护花砖，在砖上多铺设草席、竹席甚至毡毯。宋代宫殿内开始使用素面磨制的地面方砖。据《营造法式》卷十五记载，“铺砌殿堂等地面砖之制，用方砖先以两砖面相合，磨令平，次斫四边，以曲尺较令方正，其四侧斫令下棱收入一分”。这种斫砖的做法与明清的施工规定已经十分相似。明清时期宫廷方砖地面有了巨大的提高，首先使用了高质量的金砖，细实度及强度增加，水磨以后的砖面要泼洒黑矾水，使地面呈黑色，干透后再刷生桐油，称“钻生”，干后再烫蜡，用软布将地面擦亮，完成全部工序，做成的地面油黑乌亮，接缝无显，一尘不染，业内称之为“钻生泼墨”法的“金砖墁地”，是最高级的铺地做法。在乾隆时期也出现了用大理石铺设殿内地面的实例，但不普遍。室外铺地除了用石板以外，主要用条砖铺砌，虽然也有几种铺法，但变化不大。从铺地的装饰艺术角度评价，当属明清时期江南园林及豪宅庭院中的铺地，花样翻新，具有很高的美学价值。

（二）铺地材料及图案设计

铺地装饰艺术有几项自己的特色，表现在就地取材、图案组织和材料选配等方面。江南地区铺地使用的材料皆是当地习用的普通建筑材料，有的甚至是残破砖瓦、缸片、瓷片等，有些是废料，如在炼银过程中所剩的各色炉矸石。《园冶》中称“废瓦片也有行时，当湖石削铺，波纹汹涌；破方砖可留大用，绕梅花磨斗，冰裂纷纭”即是此意。就地取材所用的铺地材料有砖（包括条砖、片砖、方砖）、瓦（包括各号筒瓦、板瓦）、卵石（包括灰、黑、白、黄各色卵石）、碎石、石板、碎缸片、瓷片、各色银炉渣等。这些都是零碎的、耐磨的、易得的材料，价格便宜，而且调配十分简单。

地面是水平的，因此铺地图案皆是平面的两方连续和四方连续的，水平可无限展开，适应各种不同形状的庭院及园路。为了追求铺地效果，其图案单元都比较小，按砖瓦尺寸形成的单元约为30厘米左右，有的更小，适于近距离观赏。为了坚固耐磨，材料以立砌为主，所以图案的肌理为线型或点型组成。肌理产生方向性，不同方向的图案肌理，可形成不同的光影效果。这些都是铺地在图案设计上的一些特点。

为了使图案更为鲜明夺目，必须增强所用材料的对比性，根据建筑材料的特殊性，以达最佳组合。这就牵涉到材料颜色的深浅，质感的精细，纹路的正斜，吸水性的强弱等各项性质。例如，砖瓦片颜色深，而碎石、瓷片颜色浅，所以用砖瓦勾埋轮廓，以卵石、碎石填心，效果更鲜明。碎石质地粗糙，卵石精细，两者搭配可示对比。又如规整的锦纹图案的各个单元的形状都是相同的，但将填心砖的排列方向逐单元互转，纹路各异，则从不同观看角度，产生变化效果。砖瓦的吸水性强，吸水后颜色加深；石材、瓷片基本不吸水，雨水冲刷更显洁净，以此二者搭配，颜色差异明显。特别是江南地区雨量充沛，雨后的铺地可尽显罗纹锦绣的华美之姿。

《园冶》一书中所反映的明代铺地图式有乱石地、鹅卵石地、冰裂纹地、砖瓦镶边地等数种。但至近代江南地区铺地图案的构图极大地丰富了。基本分为四种模式，即海墁式、界道填充式、自由图案式、整形镶嵌式。每种模式都可产生许多变化，寄托了匠人的巧思。

海墁式即是用一种材料，按一种变化规律铺砌，如人字纹、方格纹、斗方纹、席纹、芦菲片等。所用材料以砖、石为主，或缸片亦可。多用在厅堂前庭、廊道、甬路等处（图2-154～图2-157）。

界道填充式的变化最多，其构图先以砖瓦勾画出图案线型，线型以内再以卵石、碎石、瓷片、条砖等填充、

图2-154 江苏无锡锡惠公园海墁铺地

图2-155 浙江天台国清寺丰干桥海墁铺地

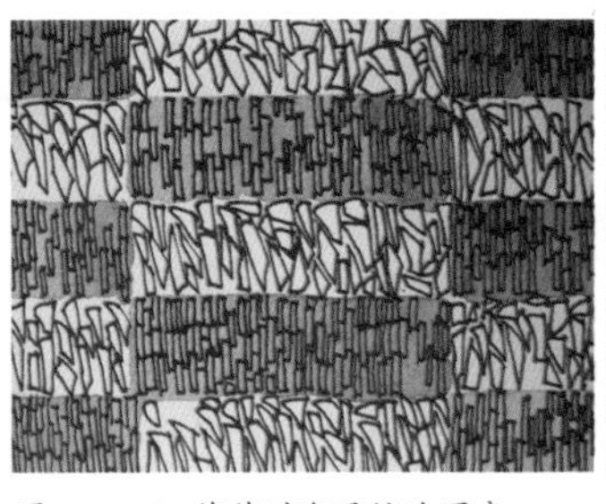

图2-156 江苏苏州海墁铺地图案1

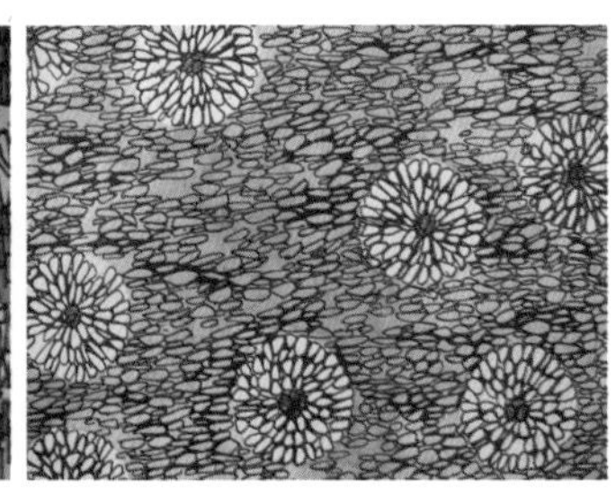

图2-157 江苏苏州海墁铺地图案2

图2-158 江苏无锡薛福成故居铺地

铺墁整齐。以条砖为界的图案有人字锦、龟背锦、套八方、长八方、四方间十字、冰裂纹、攒六方、八角灯景、万字式等式。以瓦为界的图案有鱼鳞式、海棠式、万字海棠、软脚万字、栀子花、海棠栀子花、套钱、金钱海棠、毬纹等式。以砖瓦组合为界的图案有万字栀子花、十字海棠、冰穿梅花、套方金钱、葵花、四方灯锦等式。界道填充式是铺地的主体图式（图2-158~图2-162）。

自由图案即是在海墁式卵石、碎石铺地中，以相同材料穿插布置一些简单的图案，如方胜、团花、波纹等。这种图式比较柔和，似有似无，反差较小，多用在次要的空间，施工要求亦不严格（图2-163、图2-164）。

整形镶嵌式即是以多种材料组成像生植物图案如蝙蝠、蝴蝶、仙鹤、山羊、荷花、扇子、盘长等具有吉祥意义的题材，布置在地面中心位置，如院落中心、厅堂门

图2-159 江苏无锡锡惠公园花式铺地

图2-160 江苏无锡寄畅园铺地（一）

图2-161 江苏苏州吴江同里静思园铺地

图2-162 江苏无锡寄畅园铺地（二）

图2-163 江苏苏州吉祥纹样铺地

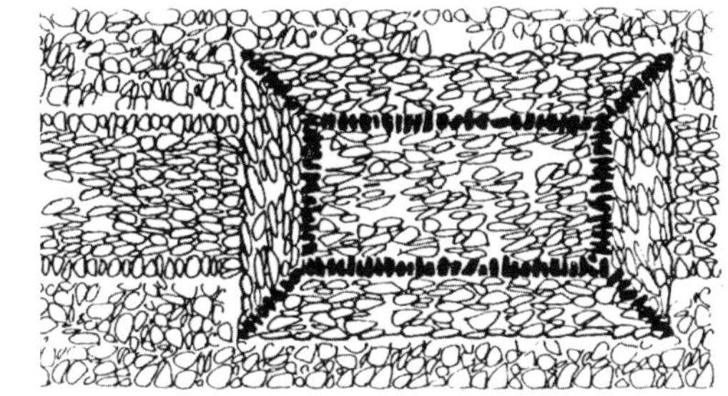

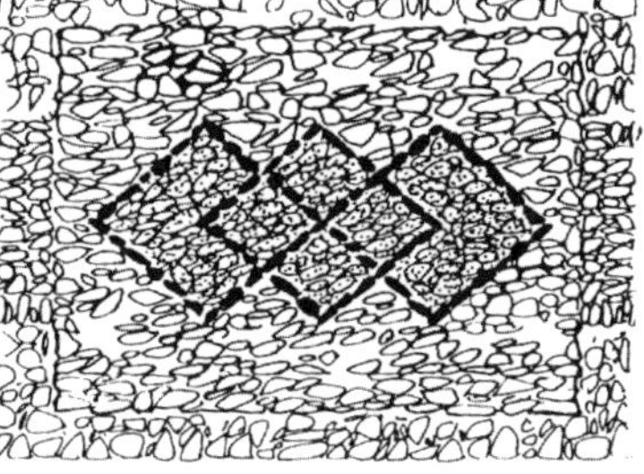

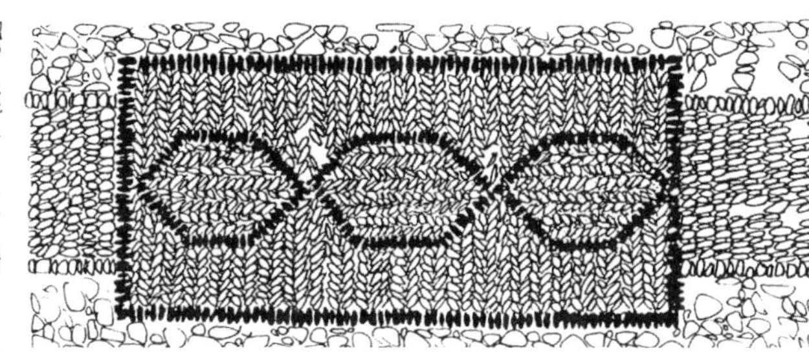

图2-164 浙江天台卵石铺地

图2–165 江苏苏州留园铺地（仙鹤）

图2–166 江苏扬州汪氏小苑铺地（万寿纹）

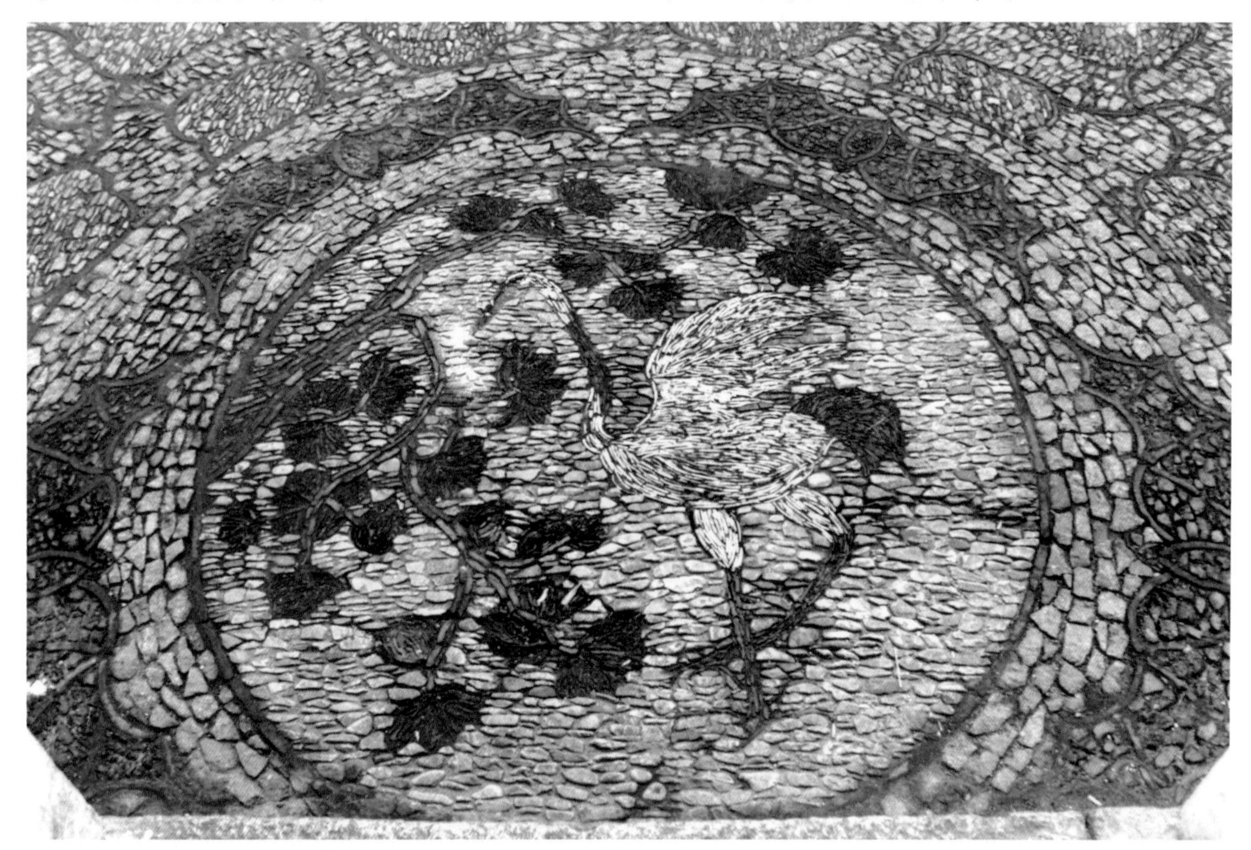
图2–167 江苏苏州网师园铺地（松鹤延年）

前，以取吉祥多福的企望之意。这类图案的加工需有一定技术水平，否则画虎不成反类犬（图2–165～图2–167）。

近代有的地区以整过形状的石材铺成图案，人工雕凿的痕迹太浓，反不如天然材料那样淳朴自然。

花街铺地以美化环境为主旨，极尽变化之能事，以求加强空间的个性特点。在宅园设计中，铺地图案的选择往往与景区意境及建筑环境相配合，强化空间的表现力。突出的例子，如苏州拙政园枇杷园的铺地为冰裂枇杷，与建筑冰裂纹窗及植物枇杷相呼应。又如拙政园海棠春坞的铺地为海棠纹，与景区含义相配合。又如上海豫园厅堂院落的八方灯锦铺地与厅堂的八方灯锦的长窗窗格相协调等，这些都是铺地空间作用的实例。

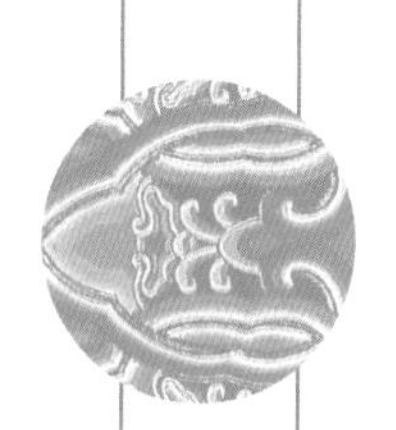

第三章

绘饰

一、壁画

（一）早期壁画

在人类的居住空间中，壁画是产生较早的装饰手段。原始居民在山崖上绘制的岩画是壁画的早期形式，它表现了人们在生活及生产过程中的愉悦心情，是美感的抒发。进而人们从穴居野处，开始营造人工的居室。首先是垂直下挖的竖穴，然后逐渐过渡到半地下的有屋顶的草房，最后升至地面上,成为独立的房屋。这时候在居住空间中出现了墙壁，墙壁成为每日生活中习见的视觉对象，继而产生了在壁上涂抹颜色图案的美学欲望，这就是早期的壁画。位于辽宁省凌源、建平县交界的牛河梁村所发现的新石器时代红山文化遗址中，其墙壁灰皮残块上就涂描着赭、黄、白三色相间的三角纹及赭红色的勾连云纹。在山西临汾陶寺新石器时代遗址的灰皮残块上有几何纹图案。河南安阳小屯殷墟商代遗址的墙壁灰皮上亦有白、朱、黑三色的云纹图案。以上实例说明原始社会及早期奴隶社会的室内壁画主要是图案型的纹饰，尚无具体的情节内容（图3-1、图3-2）。

在中国汉代以前的建筑仍是土木混合结构，建筑内部有大量的承重夯土墙，为绘制壁画提供了广大的面积，此后的建筑虽然发展成木构架，但为了增强整体结构的稳定，山墙及后檐墙仍为土墙，所以绘壁的

图3-1 甘肃黑山岩画·猛虎捕食图·新石器时代（资料来源：《中国历代艺术》编委会. 中国历代艺术·绘画篇[M]. 北京：人民美术出版社，1994）

图3-2 山西临汾陶寺新石器时代遗址出土刻画几何图案的白灰墙皮（资料来源：考古，1986（9））

传统能够相沿继承下来。壁画能较早地成为室内装饰手段的另一主要原因就是其恢宏的画面气势。在纸张没有发明、卷轴画尚未出现之前，当时的绘画的基底只能是绢帛或木板，但帛画和版画的面积都很小，无法表现大场面，所以壁画是构成室内雄伟气势的首选装饰手段。东汉蔡伦发明了纸张，但早期的纸是麻纸，纸基粗糙，不适于绘制纤细的画面，故不能代替壁画。晋代虽然出现了纸质的卷轴画，但其幅面仍难与壁画相衡。在敦煌石窟中曾有长达10米，高达4米的大幅壁画，是卷轴画无法实现的。时至今日，一些大型的现代建筑厅堂内，仍以壁画作为装饰重点。

壁画可以应用在多种类型的传统建筑中，当然是用在空间比较宽敞的建筑内，依此可分为宫廷壁画、墓室壁画、石窟壁画、寺观壁画及民间厅堂壁画等数类。不同类型的壁画其内容题材亦有区别，但画法上却有共通之处，因为画师可以为不同业主、不同建筑对象作画，并无分类的要求。

（二）宫廷壁画

宫廷壁画是最早出现的壁画，据《孔子家语·观周》中记载，孔子到周王城曾看到“周公相成王，抱之负斧扆，南面以朝诸侯之图”。文中所记之图应是殿堂中的壁画，不会是帛画。《楚辞·天问》中曾形象地描述了楚国宗庙及祠堂内的壁画内容，包括有创世神话、古代帝王、政治斗争、民间传闻等丰富题材。战国时期的秦都咸阳宫的一号和三号遗址出土了众多的壁画残块，绘有车骑、人物、楼阁、植物等内容，颜色以黑色为主，间有朱、白、紫、黄、青、绿等色，说明当时绘画颜料已十分丰富。汉武帝时“作甘泉宫，品类群生，画天地泰一诸神”，已经出现宗教色彩的内容。《鲁灵光殿赋》中描述地方王侯宫殿的墙壁上“图画天地，品类群生，杂物奇怪，山海神灵……随色类象，曲得其情。”说明当时的壁画题材已经十分广泛了（图3-3、图3-4）。汉唐以来，在宫廷建筑墙壁上绘制功臣人物像成为一时风尚。如西汉宣帝时在未央宫麒麟阁内画霍光、张安世、赵充国、苏武等十一功臣像；东汉明帝在洛阳南宫云台画邓禹、祭遵等二十八人像，史称“云台二十八将”；唐太宗亦曾将跟随其在太原倡义的秦府功臣，包括长孙无忌、房玄龄、尉迟敬德等二十四人的画像，画于凌烟阁的墙壁上，由闫立本作画，褚遂良题字。据宋《营造法式》记载有画壁一节，说明宋代宫廷内的官式

图3-3 陕西咸阳秦三号宫殿遗址壁画——车马图

图3-4 西安汉长安城长乐宫遗址出土壁画残块（资料来源：考古，2006（10））

建筑仍在绘制壁画，但由于卷轴画的兴起，以及其“补壁”的灵活性，使宫廷衙署建筑中的壁画逐渐衰微，不再有大型的创作。清代宫廷建筑内墙壁多用装裱过的贴落画，可以随时更换，故不再用壁画。至于历史上记载的汉唐宫廷壁画早已灰飞烟灭，已无实物可证。

民间建筑壁画的实例较少，只有在祠堂建筑内绘制一些忠孝节义等内容的壁画，以烘托先祖的礼制思想，但实例不多。此外，在民间的少数戏台上也有绘制民间故事内容的壁画。

（三）墓室壁画

墓室壁画遗存的实例较多。在河南洛阳附近就发现了多座西汉时期的壁画墓，如烧沟村的卜千秋墓、61号西汉墓、浅井头西汉墓、八里台西汉墓等。自从东汉以后，帝王及贵族墓室由木椁墓转为砖室墓，墓壁的

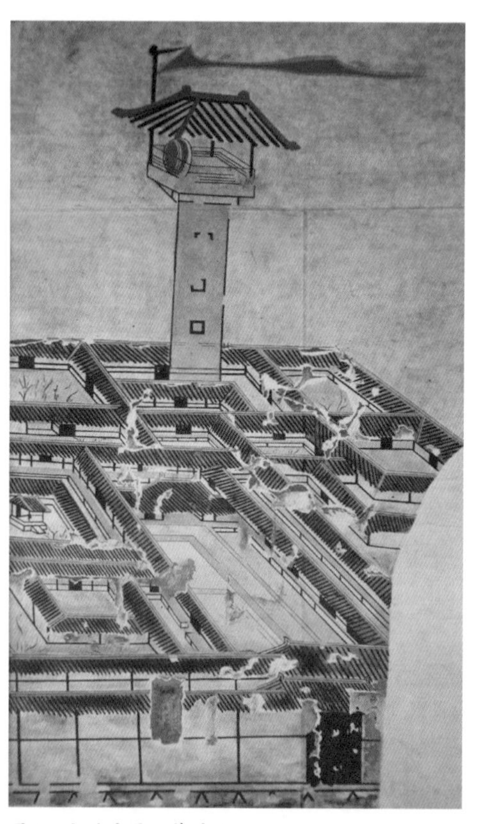

图3-5 河北安平汉墓壁画

图3-6 河南密县打虎亭东汉墓饮宴图壁画（资料来源：河南省文物研究所. 密县打虎亭汉墓[M]. 北京：文物出版社，1993）

图3-7 北齐东安王娄睿墓（资料来源：山西考古研究所. 北齐东安王娄睿墓[M]. 北京：文物出版社，2006）

图3-8 陕西乾县唐懿德太子李重润墓阙楼图（资料来源：陕西博物馆. 唐李重润墓壁画[M]. 北京：文物出版社，1974）

绘画装饰大量涌现，这种状况一直延续到宋金时期。东汉时期的壁画墓可以河南密县打虎亭汉墓及内蒙古和林格尔汉墓为代表（图3-5、图3-6）。打虎亭汉墓为两座，一号墓中有大量的石刻及画像石；二号墓内不仅有石刻，还有许多壁画描绘在券顶及两侧墙壁上。内容包括有迎宾，受礼，饮宴，技乐等反映贵族生活的场景，以及云龙、仙人、主人升天等代表当时社会思想追求长生的画面。和林格尔汉墓内的壁画共有四十六组，面积达百余平方米，内容表现了墓主人一生的经历。包括官场、出行、家居、饮宴、放牧等内容，全面反映了当时的社会面貌。难能可贵的是其中有两幅是墓主人曾任职的宁城县城的透视平面图，明确地表现出城墙、城门、街市、衙署等建筑布局的状况，是研究汉代建筑的重要资料。北魏时期的壁画墓实例甚少，而北齐时期山西太原的娄睿墓可作为南北朝时期墓室壁画的代表作品（图3-7）。娄睿墓建于北齐武平元年（570年），甬道两侧墓壁画有墓主人的出行、归来图，驼马成群，骑卫队列，号角吹奏，声势浩大，是现存画幅最大的出行图画。天井、甬道上还画有神兽、云气、宝珠、散花及执剑吏属，表现出尚存汉魏遗风。主墓室四壁画出主人的生活场景。全墓共有壁画200余平方米，工笔重彩，技法纯熟，艺术水平很高，推测可能出自宫廷画家杨子华之手。北齐壁画墓尚有库迪回洛墓、高润墓、徐显秀墓等，内容大部分是描绘仪仗和生活场景。唐代壁画墓可以乾陵陪葬墓中的章怀太子李贤墓、懿德太子李重润墓及永泰公主墓为代表。李贤墓中的《马球图》、《礼宾图》、《观鸟捕蝉图》皆为珍品，反映了贵族生活的实际场景。李重润墓中的《阙楼仪仗图》为工笔重彩，气势雄大。画中仪仗众多，队列整肃，旌旗蔽空，浩浩荡荡，尽显皇胄的显赫地位。特别是阙楼的绘制十分精确写实，是研究唐代建筑的重要参考资料（图3-8）。永泰公主墓中的壁画虽多有剥落，但保存完好的《宫女图》中充分反映了唐代宫女的服饰及仪态，画面十分生动。辽代的壁画墓在内蒙古、辽宁、河北、山西等地皆有发现。壁画内容除了出行图之外，还有山水、花鸟、园林等表现契丹族的游牧生活的场景。代表作品为内蒙古林东县辽庆陵中的春夏秋冬四季山水壁画。宋金时期墓葬多为砖雕墓，墓室四壁以雕砖形成建筑围合的四合院落形式，正房为半开门式或夫妻对坐式样，并兼有建筑彩画。此时民间墓葬亦有小型壁画，内容多为表现家庭生活，如夫妻对坐饮宴、妇女梳妆、伎乐演奏等。河南禹县白沙镇出土的宋墓壁画可为代表之作（图3-9）。但在某些墓中还出现了二十四孝图等内容，反映出宋代儒家的理学思想倾向。宋代以后，墓室壁画渐归衰落，实例甚少。

（四）石窟壁画

国内最早的佛教石窟壁画存在于新疆拜城、库车一带古龟兹国的石窟中，如克孜尔石窟、库木吐喇石窟等。克孜尔石窟最盛期的壁画绘于四五世纪，约相当于内地的两晋、南北朝时期。其内容多为佛传故事、本生故事、说法图等围绕释迦牟尼佛祖展示的图面，其绘画技法具有鲜明的印度佛教艺术的特征，反映出佛教初传时期各民族艺术之间互相影响的状况（图3-10）。其后，古高昌国的吐鲁番地区亦有许多石窟遗存，如伯孜克里克石窟。但保存古代佛教石窟壁画最丰富的地区为河西走廊一带的石窟，其中最著名的就是敦煌莫高窟石窟。其他尚有炳灵寺石窟、麦积山石窟、马蹄寺石窟等。

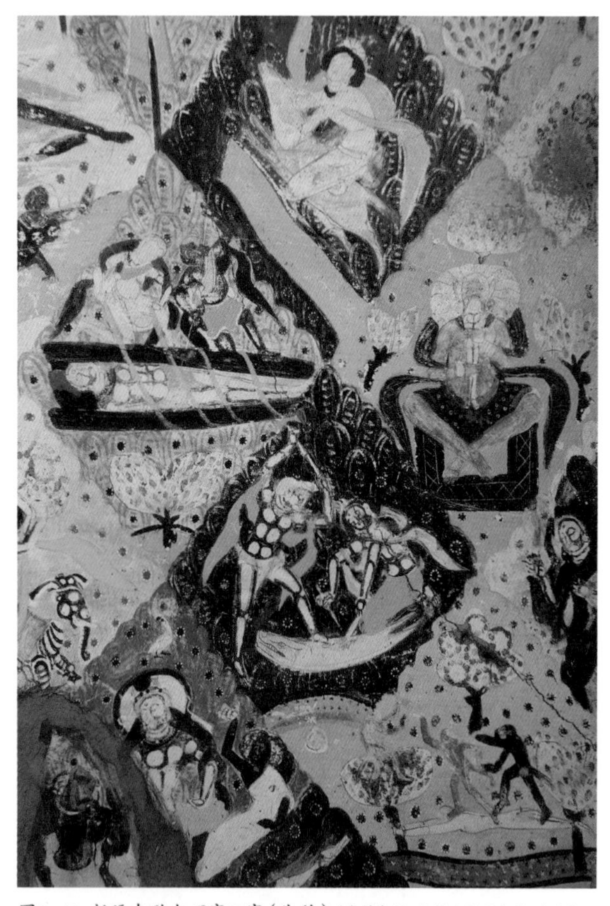

图3-10 新疆克孜尔石窟17窟（北魏）（资料来源：敦煌文物研究所. 克孜尔石窟[M]. 北京：文物出版社）

莫高窟始建于4世纪，历代皆有修建，大致可以分为三个阶段，即北朝、隋唐、五代至元代。北朝时期壁画的内容与早期新疆石窟相似，仍以说法、本生、佛传、因缘故事等为主。画幅较小，有的画成连环图画形式，画风粗犷，出色热烈活泼。唐代是敦煌壁画的极盛时期。为了配合佛经教义的宣传，出现了大量精美的经变壁画，其中以宣释阿弥陀佛净土的西方净土变最多。其他还有妙法莲花经变、东方药师经变、维摩经变（表现维摩诘居士与文殊菩萨辩论佛法的场景）、观世音菩萨普门品等（图3-11）。这些经变壁画的画幅都十分巨大，有的宽度达到10米，高至4米。画题丰富，

图3-9 河南禹县白沙宋墓壁画（资料来源：宿白著. 白沙宋墓[M]. 北京：文物出版社，2002）

图3-11 敦煌石窟154窟中唐报恩经变细部（资料来源：敦煌文物研究所. 敦煌莫高窟[M]. 北京：文物出版社）

包括有佛尊、菩萨、僧人、伎乐女、飞天、宫殿、楼阁、宝池、花木、山川等各种形象，完全是人间帝王豪华生活的再现。在释迦说法的佛像画方面，中唐以后增加了许多密宗神像，如大日如来、药师、大势至、观世音等，反映出唐代佛教宗派中密宗的兴起。晚唐时期又增加了表现释迦传教各种传说的瑞像画新题材。这种瑞像画的内容色括有印度、吐蕃、中土各地的传说。晚唐的供养人像不仅有单人像，还有群体像，如156窟的《张议潮出行图》、《宋国夫人出行图》就是以特长的画面来表现场面宏大的人马队列组群壁画。五代、北宋、西夏及元代为敦煌壁画的后期，绘制内容多因袭前代，较少创建。因为北宋时期曹议金统治瓜沙二州，官府设置画院，统筹石窟画作，所以画风较为雷同，缺少创意。

（五）寺观壁画

国内遗存最多的壁画作品是寺观内的宗教壁画。两汉之际，佛教传入中国，推动了社会思想及文化的发展。寺观中以建筑、雕塑、绘画等艺术形式来表述宗教思想，对宗教的传播起了重要的作用。南北朝时期佛教大发展，寺庙建筑中广泛绘制壁画。画题多为佛祖说法图，有释迦牟尼、卢舍那佛、阿弥陀佛及天王、金刚、菩萨等。此时也出现了经变图画，并有人物、山水、建筑、云雾穿插补衬，初步形成了中国民族特色的壁画艺术风格。

隋唐时期是佛寺壁画发展的高潮，当时全国寺院达三千余所，建筑面积巨大。而且寺院设计为廊院制式，围绕主体塔殿建造周回修长的廊道，更增加了许多绘画面积。如唐代大画家吴道子就为两京寺观绘制了三百余间的殿宇廊壁的壁画。又如成都大圣慈寺内96座佛院满绘壁画，共有8500余间，说明当时寺院壁画规模之宏大。当时著名的画家都参加了大量的寺观壁画的创作，而且享誉当时。如隋代的展子虔、郑法士、杨契丹、田僧亮；唐代的吴道子、杨庭光、闫立本、尉迟乙僧等。也可以说寺观壁画造就了一代著名艺术家，而且流传下许多画家作画的佳话。如晋代顾恺之为建康瓦棺寺画维摩诘像一躯，光彩夺目，轰动一时，观者塞道，瞬间得布施捐钱百万；唐代吴道子为龙兴寺作画时，长安市民，扶老携幼，争睹围观，车马塞道，道子一挥而就，万民欢呼。唐代更出现了以图画和说唱来宣讲佛教故事或经传的形式，称为经变。壁画或卷轴画称为“变相”；说唱文本称为“变文”。故唐代寺院的壁画中经变内容占了很大比重。内容包括佛祖本生故事、佛传故事、西方净土经、佛说法图等，画面不仅表现出宗教情节，而且也是现实世界的摹写再现。唐代以前寺院壁画实例已不存在，仅存的四座唐代建筑中也仅有佛光寺的栱眼壁上存有小型的佛及菩萨画像，其他皆无存留（图3-12）。幸运的是在佛教石窟中尚保留有佛教壁画，使得早期佛教壁画遗存得到部分弥补。

继之辽、金、元、明各代的佛寺壁画实例皆有不少遗存，而且大部分保存在山西省。最古老的壁画当属山西五台佛光寺内佛座及栱眼壁上的佛、菩萨画像，虽然幅面较小，但仍表现出明显的唐风。五代时期的实例仅有山西平顺大云院弥院殿内壁画一例。画题为维摩诘经变及西方净土变，说明此时的寺院壁画内容与前期类似。宋、辽、金时期的遗存渐多，著名的有山西高平开化寺、应县佛宫寺释迦塔底层、灵丘觉山寺塔、朔县崇福寺、繁峙岩山寺等寺院的壁画。此时期的画面构图与石窟壁画类似，采用了连环画的形式。人物画的画面宽阔舒朗，气韵生动。设色方面除青绿主色以外，兼有红紫，并局部描金，在艺术表现力方面有所提升。此时期的壁画内容虽仍为经变及故事画，但

图3-12 山西五台山佛光寺栱眼壁彩画

图3-13 山西高平开化寺北宋壁画观织（资料来源：柴泽俊编著．山西寺观壁画[M]．北京：文物出版社，1997）

细部描写十分细致，反映出当时社会生活的许多场景及人物写照。如高平开化寺经变壁画中刻画出殿堂楼阁、帝后官贵、士庶僧道等各种场景人物。观世音法会图中尚画出各类乐舞伎，各个弹奏生动，舞姿潇洒。观织图中描绘了一位农妇专注地扶机织布的场景（图3-13、图3-14）。觉山寺塔及应县释迦塔所绘的明王及金刚画像威武雄浑，横眉怒目，盔甲佩饰，描摹细致，艺术水平较高。最值得关注的是绘于金代的繁峙岩山寺文殊殿的经变壁画。在总面积达100平方米的本行和本生故事画中表现了众多的社会人生内容。随着佛传故事的展开大量的宫廷殿阁的摹写出现在画面上，以表现净土天宫世界。画中的城墙、城门、角楼、正殿、配殿、挟屋、献亭、楼阁、平台、勾栏等完全是人间建筑的形制。从该壁画画家王逵曾在朝廷服役的经历，可以证明该画对天宫的摹写是脱胎于宋金宫廷建筑。故该寺壁画对研究我国古代建筑史具有重要的参考价值（图3-15、图3-16）。在我国绘画技法上以界尺为工具勾画建筑的画幅称为界画。岩山寺壁画的建筑造型准确，细部翔实，透视合理，布局宏阔，说明在金代中国界画的水平已经相当纯熟了。元明以后的佛寺壁画逐渐增多，但技法上没有突出的进展，特别是在人物画方面更显得呆板平淡，画风趋向规范化与世俗化。这种状况可能与高手画工逐渐减少有关，另外也与佛寺内佛塑、陈设、幡帐增多，遮挡了对山墙壁画的观赏视线，造成壁画艺术难以出现宏幅巨制有关。

元代以来藏传佛教兴起，在其佛寺内多绘制密宗

图3-14 山西高平开化寺壁画（宋绍圣三年）

图3-15 山西繁峙岩山寺壁画

图3-16 山西繁峙岩山寺金代壁画佛传群臣朝贺（资料来源：柴泽俊编著.山西寺观壁画[M].北京：文物出版社，1997）

内容的壁画，成为佛寺壁画的新因子。壁画内容中如来、菩萨、法王、明王、金刚等的佛像成为主体，还包括有佛传故事、坛城及宗教活动场面等。11世纪吐蕃王朝的一个分支在阿里地区的札达县建立古格王国，在其寺庙遗址中就绘有佛祖、菩萨、佛母等的壁画（图3-17）。16世纪初在西藏扎囊地区兴建的桑耶寺内除了佛传、说法等内容的壁画外，尚有赛马、摔跤、举重等世俗活动的画面。但保存最完好、最丰富的藏传佛教壁画是西藏拉萨布达拉宫的壁画。布达拉宫的壁画多绘制于17世纪以后，是藏传佛教的黄教兴起后的宗教艺术繁荣时期。由于布达拉宫是兼有宫殿、庙堂、墓室等多项功能的综合性建筑，故其壁画内容十分丰富，除了密宗的宗教画以外，大量的是历史题材、人物传记、风俗人情、民间传说、神话故事等题材的壁画，充满了浓厚的世俗化的生活气息。人物画方面有“桑杰嘉措与达赖汗”画像、“五世达赖”传记画等；历史画有“文成公主进藏图”、“五世达赖朝见顺治图”等；风俗画有“林卡节”、“营建图”等；神话故事中以“猴子变人”传说最为有名。布达拉宫的壁画表现形式多样，有的呈单幅式样，有的将多项内容横卷式展开成连环画式，有的采取大场面的鸟瞰图式，将纷繁的故事组织在同一幅图面内。各种形式穿插布置，活泼自由。壁画用色各有特点，一般供养佛、菩萨的殿堂的壁画多用绿色为基调，烘托出宁静的环境氛围；而供养金刚、护法的神殿的壁画多用黑色作底，用金线或黄线勾勒神像，局部点缀金、红、蓝色，画面显得深沉可怖。以布达拉宫为代表的藏传佛教壁画，开创了与内地宗教壁画完全不同的画风，丰富了中国壁画的内涵与形式（图3-18）。至今，在藏族寺院的画工仍用这种艺术风格绘制唐卡和壁画。

寺观壁画的实例中尚有不少道观建筑壁画。据文献记载，宋徽宗崇信道教，营建了许多道观，并在观内请著名画家绘制精美壁画。如赵辰元作画太乙宫；高益作画寿宁观；武宗元作画玉清昭应宫、天封观等。在现存的道观壁画实例中可以山西芮城永乐宫为代表。宫内的三清殿、纯阳殿、重阳殿、无极门皆有元代绘制

图3-17 西藏阿里札达帕尔嘎尔布石窟壁画（资料来源：文物，2003（9））

图3-18 西藏拉萨布达拉宫西大殿色西平措回廊壁画

图3-19 山西芮城永乐宫三清殿元代壁画西王母（资料来源：柴泽俊编著. 山西寺观壁画[M]. 北京：文物出版社，1997）

的壁画。纯阳殿内绘的“纯阳帝君神游显化之图”，是将吕洞宾一生的故事用五十二幅连环画反映出来。重阳殿内绘的“王重阳神话传记图”，亦是将故事画串联起来，以山石云雾相隔。规模最宏大的是三清殿中的“朝元图”，该图所表现的是道府诸神朝谒统领天地的主神元始天尊的状况，是一幅大型的展开式的人物画。包括主神、星君、群仙、侍卫、飞天等二百九十二尊画像，分别绘在殿内四壁及扇面墙两侧。每面墙壁的主像高峻，群仙环伺，主次分明。群仙前后排列达四五层之多，秩序井然。人物绘制比例适度，神情各异。各类人物的衣冠、巾带、盔甲、兵刃、幡盖、执物等丰富多彩，种类繁多，全体壁画构思完善，描写缜密，是一组艺术性极高的宗教壁画（图3-19）。

明清以来，寺观中亦有相当多的宗教壁画，以十八罗汉的题材居多，作为两山佛像的背景。如河南登封少林寺千佛殿的明代五百罗汉图，及白衣殿的清代少林拳谱壁画等。清代建筑彩画中出现了苏式彩画品类，其包袱内的画题十分广泛，有花卉、风景、人物及楼台界画等，画风细腻写实，可理解为壁画在建筑装饰上的扩展。

（六）壁画制作技艺

宋代以后建筑壁画增多，为了画工师徒相授，保证质量，一些重要画题皆有稿本，称为粉本。现存于美国的宋代名画《朝元仙仗图》就是当时道观壁画的粉本。山西太原崇善寺所藏的《释迦牟尼传记八十四龛》和《善财童子五十三参》画稿，就是该寺原来环廊明代壁画的粉本。这种画本的传承一直持续到清代。

中国古代壁画的绘制程序是，先在绘壁上刷白粉子一道，用胶矾水固化墙面，在厚纸上作画稿，沿画稿上的线条用针刺出小孔，将画稿固定在墙上，用白粉包拍打，将图像印于壁面上，以炭条沿粉线勾出轮廓，最后勾勒墨线和着色。有的画面尚须作晕染以显现体积感，重点部位还须贴金。全部过程与木构上作彩画类似。

中国古代建筑壁画是以水粉颜料绘制的，不同于欧美的油质颜料壁画，因此其绘壁基层亦有特殊要求。按照古代建筑状况，绘壁的基质以土坯墙为最佳，而砖墙、石墙并不理想。因为砖石墙与绘壁的泥灰表层的吸水性及胀缩度不同，会影响壁画的牢度，同时砖墙容易反碱，使泥皮酥脆脱落。从敦煌石窟壁画实例考察，北魏时期壁画表层是用黄土粗泥掺麦秸抹制压平，唐代壁画表层在粗泥上更加抹一层细泥。宋代李诫总结了历史经验，在编制的《营造法式》一书中特别标定了画壁的技术做法。在卷十三《泥作制度·画壁》中规定：“造画壁之制，先以粗泥搭络毕，候稍干；再用泥横被竹篾一重，以泥盖平，又候稍干；钉麻华，以泥分披令匀，又用泥盖平；方用中泥细衬；泥上施砂泥，候水脉定，收压十遍，令泥面光泽”。历史经验证明画壁表层最好分层抹压，分为粗、中、细三层。粗泥中须加设拉接材料，南方用细竹篾和麻筋；北方用麻刀或麦秸、麦糠。最外层的细泥又称砂泥，是用带有黏性的胶黄土过淋后，加细砂及细麻丝制成，砂和泥土的重量比为2∶1，保证面层既有强度，又有韧性。这些做法一直沿用到明清时期。正因为有了这些技术措施，才使得中国壁画能保持千年以上而不朽坏。

二、彩画

中国古代建筑油饰技术是源于建筑木构体系的要求，为了保护木材构件免于受潮湿、冷热、风雨的侵蚀，以至于腐烂，而在其表面刷涂红色或黑色涂料，进而提出了美观的要求，刷饰成各种颜色的图案，历代相沿，不断改进，形成中国特色的建筑彩画艺术。

（一）早期彩画

早期建筑彩画是指唐代以前的历代彩画。此时期的彩画尚未形成固定的规制，当时壁画的表现力比建筑彩画更为强烈，更受重视。木构件上的锦袱纺织品进行包裹的装饰方法，随着时间的进展开始减退，而逐步采用彩绘手段，形成彩画。可以说在建筑彩画的初创时期，彩画图案大部分是写生式的，比较自由，带有某些自然美的趋向。

东周春秋时期，文献中即有“山节藻棁”的记载，意思是说在大斗上涂饰山状纹样，在短柱上绘制藻类

图3-20 密县陶楼斗栱梁枋上的彩画

图3-21 河南密县打虎亭汉墓二号墓中室甬道券顶天花壁画（资料来源：河南省文物研究所. 密县打虎亭汉墓[M]. 北京：文物出版社，1993）

的图案，显示在早期古代建筑上即已出现彩绘手法装饰建筑的现象。《礼记》中还有“楹，天子丹，诸侯黝，大夫苍，士黈”的记载，说明不同阶层人士的居住建筑的柱子，涂饰了不同颜色，用以区别身份地位，表示了一种建筑上的等级制度。降至汉代，对天子宫室的赋文中多次出现“丹楹”、“朱阙”、“丹墀”、“朱榱”的记载，说明在柱子、椽子、门阙、地面等处大量使用朱红色的涂料，表现出一种热烈的气氛。梁上短柱亦绘制了藻纹，以厌火胜。在梁上绘画出云气，窗棂涂以青色，椽子上绘制花纹，大斗上绘制云纹等，色彩装饰手法大量运用在建筑构件上。特别是室内的天花藻井更是装饰的重点，在王延寿的《鲁灵光殿赋》中曾提到“圆渊方井，反植荷蕖”的说法，即是在天花上绘出莲、荷、菱、藕的水生植物图案，表示以水制火之意。（图3-20、图3-21）。

随着佛教的传入及推广，南北朝时期在各类装饰领域引进了不少域外的纹样与图案，如莲花、忍冬纹、火焰卷、飞天、卷草纹等。丰富了装饰题材，建筑彩画装饰纹样亦应用不少。这时期还发展了椽间望板的图案绘制，在甘肃敦煌石窟中有许多实例可证，如敦煌莫高窟第248窟的西魏的彩绘（图3-22）。有的建筑的椽檩也开始彩绘。同时由于斗栱结构的逐步完善，所以在斗、栱及柱身上也开始描绘花纹。以土朱为地，石青色缘道，内画黑色及青色的折曲线及卷草纹。虽然图

图3-22 甘肃敦煌莫高窟第248窟人字坡椽望彩画（西魏）（资料来源：敦煌研究院. 敦煌石窟全集·石窟建筑类[M]. 北京：商务印书馆，2003）

图3-23 甘肃敦煌莫高窟第251窟木构斗栱彩画（北魏）

图3-24 中唐莫高窟第158窟东壁彩画

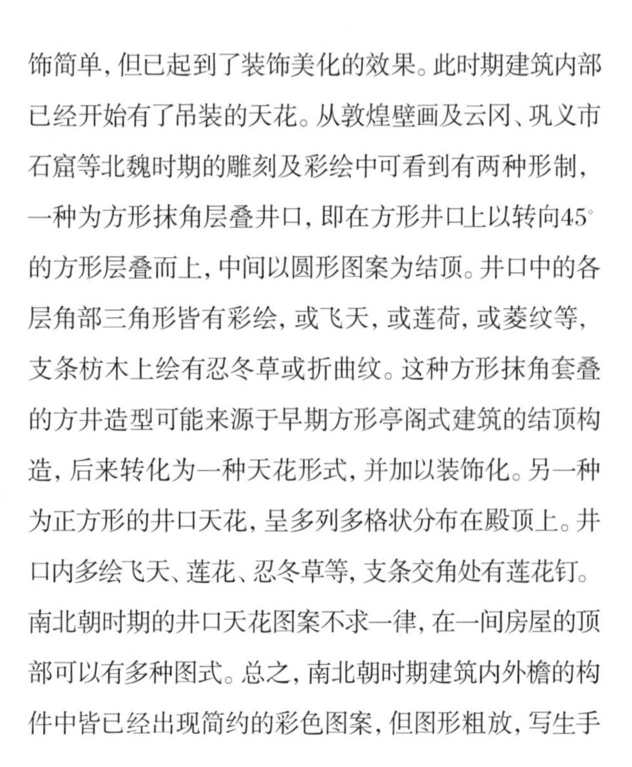

饰简单，但已起到了装饰美化的效果。此时期建筑内部已经开始有了吊装的天花。从敦煌壁画及云冈、巩义市石窟等北魏时期的雕刻及彩绘中可看到有两种形制，一种为方形抹角层叠井口，即在方形井口上以转向45°的方形层叠而上，中间以圆形图案为结顶。井口中的各层角部三角形皆有彩绘，或飞天，或莲荷，或菱纹等，支条枋木上绘有忍冬草或折曲纹。这种方形抹角套叠的方井造型可能来源于早期方形亭阁式建筑的结顶构造，后来转化为一种天花形式，并加以装饰化。另一种为正方形的井口天花，呈多列多格状分布在殿顶上。井口内多绘飞天、莲花、忍冬草等，支条交角处有莲花钉。南北朝时期的井口天花图案不求一律，在一间房屋的顶部可以有多种图式。总之，南北朝时期建筑内外檐的构件中皆已经出现简约的彩色图案，但图形粗放，写生手法浓重，自由变化度较大，尚无固定规式（图3-23）。

唐代是中国古代建筑艺术辉煌的时代，但木构建筑遗物稀少，无法了解唐代建筑彩画的全貌。所以，只能从石窟和墓葬中有关建筑彩画的资料中去探索。唐代的建筑彩画在南北朝的基础上又有发展。首先柱身的彩绘丰富了，从敦煌壁画中可以看到两种绘法，一种是束莲装饰，多用于八角柱，柱身上可有一束至多束，柱头上画有柱帔及莲瓣托的大斗。柱身底色为土朱，束莲为青绿退晕。另一种为在柱身上画一段团花锦，锦上的团花交错，颜色相间。这段团花锦可在柱身的同一高度，也可画成两段锦纹，分置不同高度，以求变化（图3-24）。柱身、额枋、栱身及椽子刷土朱，而构件的底面及端头如椽头、枋头、栱头、栱底、昂面等处刷白。素色土朱的栱身上虽无花纹，但在栱底上绘出燕尾标记(一种Π字形的符号),一般为白地朱燕尾,也有朱地白燕尾的。斗栱彩画另一点值得注意的是栱身与大小斗分涂不同颜色,即栱身土朱,栱底为白色或丹色,而大斗、小斗则为绿色。在敦煌壁画中有十分写实的表现。这种间色原则却保留至宋代,以及后来的彩画制作中。梁枋上的彩画状况没有实物可供参考,可能是比较简单的图案,如连珠纹、菱形纹、龟纹、团花等。另外,在五台佛光寺大殿的例证中也提供了一种较简单的画法,即"七朱八白"。这种画法是额枋全身通刷土朱,在枋木中心画出八块小方块,白块之间留有朱色。这种画法的由来是因为唐代的木构柱间应用了重楣形制,即有大额与由额两条枋木,中间设有七条小间柱。统观之,即成七朱八白之制度。这种画法一直延续到五代及两宋。

唐代建筑的天花是十分丰富的。有平棊、平闇两种做法。平闇有佛光寺大殿天花为证,并无彩画。至于平棊形制在敦煌壁画中有许多描绘,唐懿德太子墓地宫甬道的天花亦是井口平棊(图3-25)。唐代平棊花纹与北魏时期不同,即图案一致化,全部井口内仅采用一种图案;或者用分格变色的办法取得变化;或者用两种图案,分格间用的办法。总之,天花彩画的构图趋向简化,更加注重整体效果。

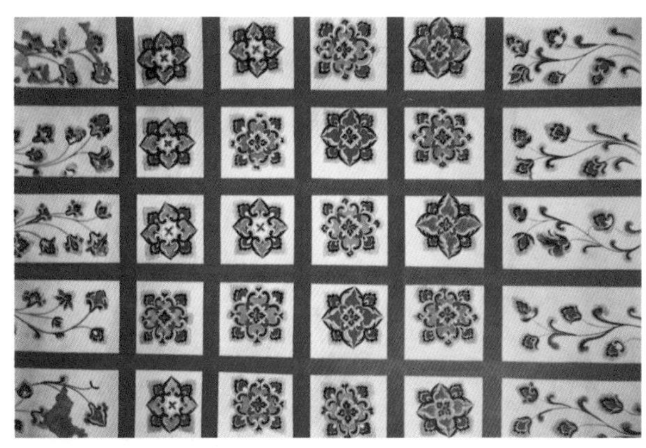

图3-25 陕西乾县唐懿德太子李重润墓天花彩画(706年)(资料来源:陕西博物院.唐李重润墓壁画[M].北京:文物出版社,1974)

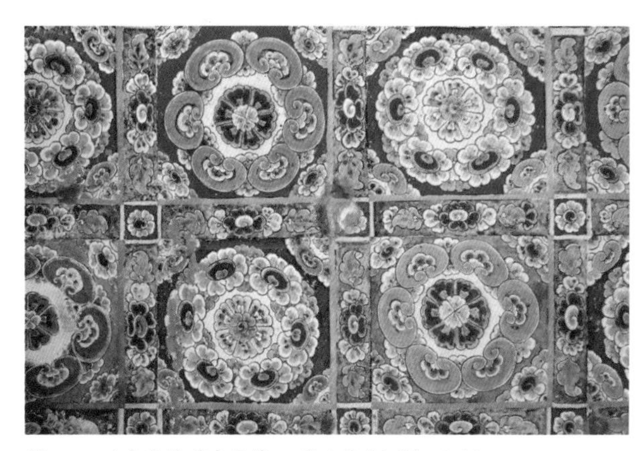

图3-26 甘肃敦煌莫高窟第159窟天花(中唐)(资料来源:敦煌文物研究所.敦煌莫高窟[M].北京:文物出版社)

唐代彩画的画题内容进一步丰富,团窠图案增多,多为六瓣如意纹团窠宝相花,并以一整二破式的构图模式,在各种边饰中大量运用。此外,锦纹及单枝或缠枝的花草纹、连珠纹、菱形纹、束莲及莲瓣、云纹、十字纹、如意纹、卷草纹等也大量出现(图3-26)。由于这些几何纹及植物纹的多样化,而使彩画图案选择性扩展许多。在用色上也出现了间色之法,即两种颜色有规律地间隔使用,这种间色不仅局限在青绿两色,也有用各种颜色相间的。唐代还用叠晕的技法,描画花朵及叶片,造成略具立体感的效果,但比较简单,一般为两晕。唐代还发展了堆泥贴金的技法,用一个小泥饼贴在构件上,一般用于天花支条的交接点或团花的中心。

五代时期的建筑彩画实例很少,但有限的例证,却提供了很有特色的时代风貌。如苏州虎丘云岩寺塔内的彩画(961年),基本是黑红白三色的简单刷饰,但表现出唐代时兴的"七朱八白"的形制。又如浙江临安吴越国王妃墓(939年)墓室的云梁门框及墙顶边饰均绘以朱红底色,红色宝相花花朵,青绿花叶,金色勾边,并饰以金凤,叶片还采用退晕画法。全部彩绘热烈华美,十足的富贵气氛(图3-27、图3-28)。四川成都前蜀王建墓室(918年)券面上的彩绘为缠枝宝相花纹,以赭色勾轮廓,红绿两色填绘,红花绿叶,对比强烈。此外,江苏江宁南唐二陵的地宫内的柱、枋、阑额等处以石灰为地,以朱红、赭色线条绘出箍头,"一整二

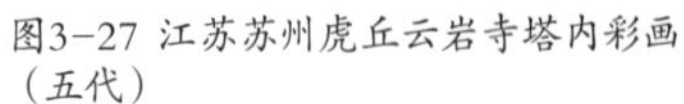

图3-27 江苏苏州虎丘云岩寺塔内彩画（五代）

图3-28 浙江临安五代吴越康陵彩画（资料来源：文物，2000（2））

破”柿蒂纹、蕙草流云、缠枝牡丹。宝相花等图案，填以黄、青、绿诸色，有些地方还应用了叠晕方法。

综观中国早期建筑彩画的总的特点是，图案规划自由，尚无定制；颜色丰富，五彩纷呈，不求色调；彩画与刷饰并存；植物性题材为主要装饰母题；开始用金以提高彩画的华美程度；初步使用间色与退晕方法等，这些技法特色为以后的宋代彩画打下了基础。

（二）宋代彩画

1. 宋《营造法式》彩画作

宋代建筑是中国古代建筑发展的一个重要时期，它在群体规划、建筑造型、木构技术、内檐装修及装饰诸方面，皆有长足的进步。建筑史学家常以唐宋时期作为一个历史发展高峰时期看待。这时期的成就不仅有一定数量的现存实物可资验证，同时还有一部建筑技术的科学文献《营造法式》供我们学习研究，今日我们对宋代建筑彩画的系统认识，也多半借助于该书的叙述，才得以明了（图3-29）。

根据《法式》的论述，宋代建筑彩画可分为五种形制，即五彩遍装、碾玉装、青绿叠晕棱间装、解绿装、丹粉刷饰。此外还有解绿结华装、杂间装两类，属于上述五种形制的变通使用的类型。按《法式》中的等第规定，五彩遍装及碾玉装为上等，青绿棱间装及解绿装或解绿结华装为中等，丹粉刷饰为下等。

五彩遍装　是继承唐代以来的装饰风格，即在建筑构件上遍饰五彩，花纹丰富而自由。按规定梁枋额等大构件，在其外棱绘出缘道，周围回环以青绿朱各色叠晕。梁枋额的正身两端绘出如意头组合的角叶图案，身内（即梁枋的正面梁心）遍绘五彩诸花，采取海墁式的画法，布满全身。图案花纹品类极多，包括有海石榴花

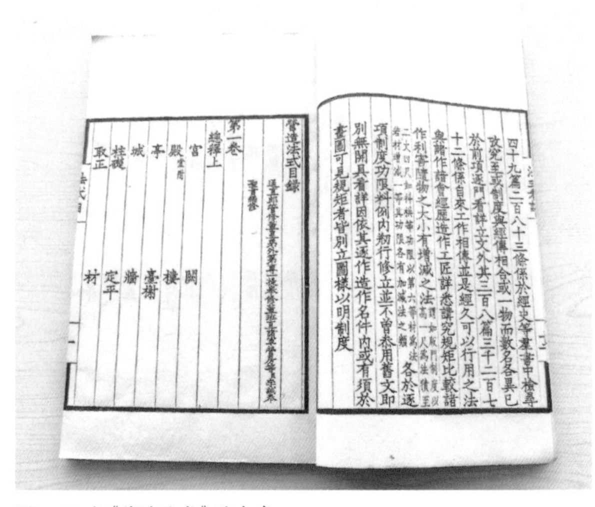

四十九篇二百八十三條係於經史等羣書中檢尋
攷究至或制度與經傳相合或一物而數名各異已
於前項逐門看詳立文外其三百八篇三千二百七
十二條係自來工作相傳並是經久可以行用之法
與諸作諳會經歷造作工匠詳悉講究規矩比較諸
作利害隨物之大小有增減之法　各於逐
項制度功限料例內剏行修立並不曾參用舊文即
別無開具看詳因依其逐作造作名件內或有須於
畫圖可見規矩者皆別立圖樣以明制度

營造法式目錄
第一卷
總釋上
宮　闕
殿　樓
亭　臺榭
城　牆
桂礎　定平
取正　材

图3-29 宋《营造法式》陶本卷一

图3-30 宋《营造法式》彩画图样复原图（一）

图3-31 宋《营造法式》彩画图样复原图（二）

等植物花纹（程式化的或写生式的）6种；团窠宝照等锦纹13种；琐子纹等几何纹23种；飞仙2种；飞禽12种；走兽13种；蛮人3种；仙人4种；云纹2种。很多花纹皆作叠晕方法处理，以显示其凹凸变化。此外，斗栱、椽飞等处，亦绘制五彩诸花或团窠图案。柱子头脚两端除画锦纹以外，在柱身上画五彩海石榴花或青绿花内间五彩飞凤等。在某些高级的五彩遍装中还可应用少量金箔贴饰。五彩遍装的美学效果是华丽、热烈、繁杂、灿烂，在室内白墙的衬托下，充分显示木构件的装饰性（图3-30）。

碾玉装 彩画的特色是以青绿两色的冷色调为主色，其构图多为程式化的图案，图案母题与五彩遍装类似。唯梁枋外棱缘道为青绿叠晕，梁额正身两端绘如意头角叶，身内以青绿剔地，所描花纹以及琐子纹亦用青绿叠晕，局部有少量的红黄色块点缀。斗栱、椽飞、柱身亦多为青绿碾玉装饰。碾玉装彩画呈现出幽雅、清淡、沉稳、恬静的美学效果。这种彩画大量应用青绿色，并用叠晕处理花饰及缘道，起到了揉色的作用，远观犹如碾磨过的玉石一般，故称之为碾玉装。根据《法式》功限中提到的，碾玉装尚有抢金碾玉及红碾玉，说明碾玉装虽然用色以青绿为主，但也有其他颜色的碾玉装（图3-31）。

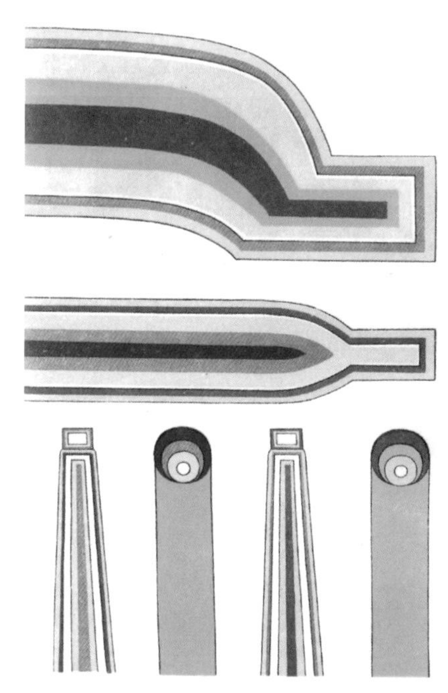

图3-32 宋《营造法式》彩画图样复原图（三）

青绿叠晕棱间装 亦为冷色调的彩画，其装饰特点强调缘道的叠晕处理，外棱缘道比较宽厚，一般作青绿两道晕相互对晕，是为两晕；亦有绿、青、绿三道晕对晕者，是为三晕。还有在青绿对晕之间夹用红晕一道的，是为三晕带红棱间装。梁枋、斗栱、椽飞皆为宽厚的缘道，身内则不作花纹、琐子纹等图案，仅在柱

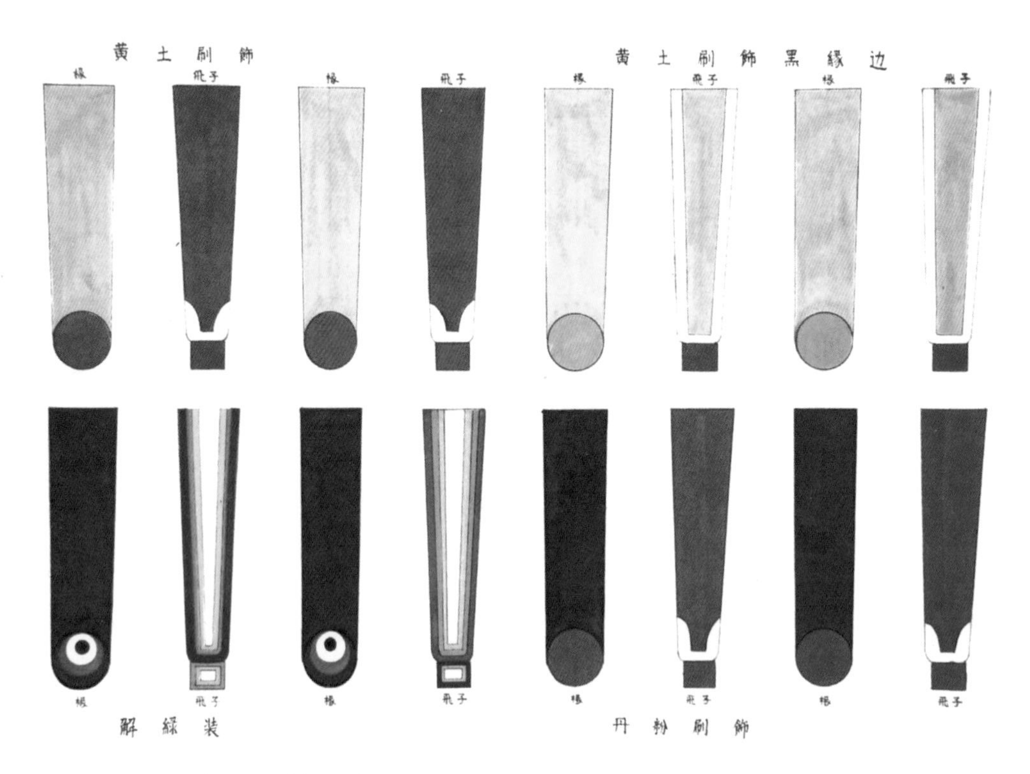

图3-33 宋《营造法式》彩画图样复原图（四）

身上绘制碾玉花纹或琐子纹，或笋纹等。其美学效果呈冷静、简素的风格，属一般的彩画类别（图3-32）。

解绿装 为准冷色调的彩画，即梁枋斗栱身内通刷土朱，四周缘道用青绿叠晕，仅柱身、椽身刷绿色或作笋纹。装饰内容稍丰富的解绿装，则在身内通刷土黄，以墨和紫檀色画出松纹，或在松纹上画簇六毬纹，称松纹装及卓柏装。解绿装基本无花纹，仅以缘道显示出构件轮廓而已。

丹粉刷饰 为暖色调的刷饰，构件全部用土朱通刷，底部用黄丹通刷，不设缘道，仅在梁枋下缘以白粉阑界，是最简单的彩画，只能称之为刷饰，与小木作构件的刷饰相似（图3-33）。

解绿结华装 是在解绿装的基础上，在身内彩绘诸华，梁枋、斗栱皆绘。仅柱、椽为绿色。它与碾玉装的区别有二，其一，身内地色，碾玉装为青、绿色，而结华装为朱色；其二，碾玉装的花纹有退晕，结华装没有提及，可能无晕。总之这是一种介于碾玉与解绿之间的彩绘制度，色调是冷暖结合之势。

杂间装 为以上各式混合间杂搭配的彩画制度，《法式》中提出了六种间杂方式及其比例，如五彩遍装间碾玉装、画松纹间解绿赤白装等，估计在实际运用中，各式间杂及比例也不是一成不变的。说明宋式彩画处于不断创新、尚未达到定型的阶段。

在《营造法式》小木作制度中提到了平棊天花及斗八藻井的制作方法，同时在卷三十三中绘出了五彩遍装及碾玉装的平棊图样。说明重要建筑的天花亦有十分丰富的彩画装饰。在现存的实例中仅有应县木塔及大同下华严寺薄伽教藏殿、善化寺大殿保存有辽代的天花藻井彩画，但都是简单退晕的写生画方式，与《法式》上所讲的在背板上贴落华子的浮雕式彩画不同。

2. 宋代彩画的艺术成就

宋代彩画对古代建筑彩画发展有重要影响，以今日的观念考察，其艺术成就有如下几个方面。

整体色调 宋代彩画除了五彩遍装以外，皆是有色调的图案，如碾玉装及青绿棱间装为冷色调、丹粉（土黄）刷饰为暖色调、解绿装及解绿结华装为冷色调中兼有暖色、松纹装是暖色调中兼有冷色等。彩画的色调是提高整体效果的重要手段，宋以后的青绿旋子的冷色调彩画成为主流，直接影响到以后各代官式彩画的表现。

间色 《法式》中称之为间装之法，在本书中五彩遍装中所述的间装之法为冷暖间装，在构件上绘制花纹"青地上华文以赤黄红绿相间"。在碾玉装中所述为冷色的青绿间装，外棱"如绿缘，内于淡绿地上描华，用深青剔地"相间配置之法，一直延续到明清时期的斗栱、旋花、枋心、合子等各个部位，几乎成为彩画用色的准则。间色的作用是取得统一色调中的变化感觉的重要因素。

叠晕 清代称退晕、攒退，即是沿彩画图案和墨线缘道，将不同色阶的相同颜色，由浅入深地（或由深入浅地）排列绘制，形成渐变的一条宽带的画法。这种画法应该是从壁画技术的晕染技法演变而来。叠晕可以使线型变得宽大，而不厚重，刚直中显现柔和，使团花叶瓣更为饱满鲜丽，柔美多姿。这种技法一直沿用到明清，是旋子花、锦枋线、包袱烟云的常用技法（图3-34）。

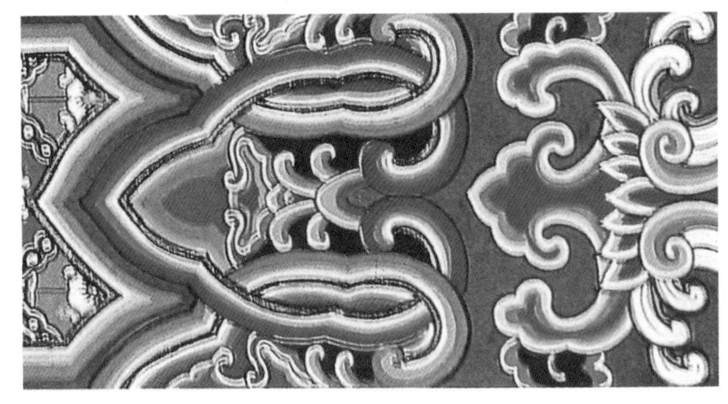

图3-34 宋《营造法式》彩画纹样之叠晕

缘道 "缘"即边沿的意思，缘道即沿边缘画出的界道，《法式》五彩遍装制度中提出"梁栱之类外棱四周皆留缘道"；碾玉装制度中亦提出"梁栱之类外棱四周皆留缘道"，并在身内剔地颜色之"外留空缘，与外缘道对晕"。这种突出边缘装饰的做法，可以强调构件的体积转折，使构件更为立体化（图3-35）。缘道做法一直延续到明清时代的斗栱、栱眼壁、角梁等构件的彩画中。

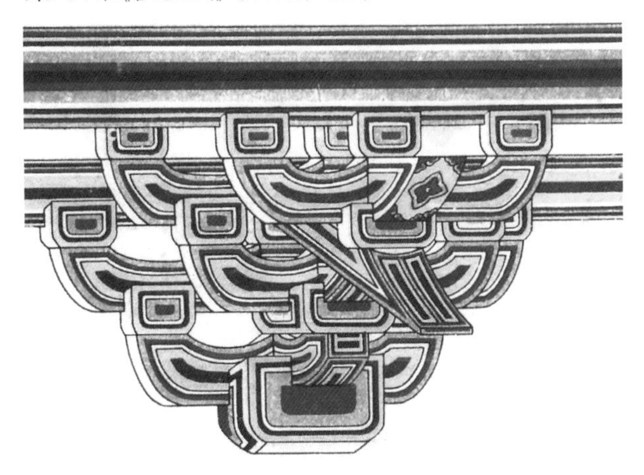

图3-35 宋《营造法式》中的斗栱缘道

团花 即圆形的花卉图案。在唐代的各种器物、服饰、壁画边缘等处已大量出现团花造型。在宋《法式》彩画作图样中明确绘出多样的建筑彩画上用的团花形式。基本上可以分为两类。一类为用于柱身、梁栿身内的素地锦纹中的"团窠"形式，呈单独的构图状态，另一类用于梁栿、柱身的折枝花叶图案，呈二方连续的图案状态。若从《法式》彩画作图样上来看，这些华文多为写生式的。宋代彩画中丰富的团花式样，在历史演变中相互糅合、变形、简化、程式化，对明清时期的旋花图案的形成，有直接的影响（图3-36）。

图3-36 宋《营造法式》中的彩画团花纹样

图3-37 甘肃敦煌莫高窟第431窟窟檐内柱斗栱彩画摹本（宋）（资料来源：敦煌研究院. 敦煌石窟全集·石窟建筑卷[M]. 北京：商务印书馆，2003）

3. 宋辽金元时代的彩画实例

现存的宋辽时代实物资料仅有山西若干建筑、甘肃敦煌石窟窟檐建筑，以及宋辽时期的墓室彩绘，可资参考。甘肃敦煌莫高窟地处偏远地区，故与《法式》有一定的差异。其木构皆以土朱刷饰为底色，柱欂的身上尚以束莲为装饰，额枋上仍有七朱八白的画法，栱底有土朱色工字形燕尾，栱身与小斗为朱绿互换等，这些画法都保留着唐代以来的习惯做法。梁枋彩画图案有龟纹锦、菱形锦及一整二破团花诸式。斗栱彩画图案有团花、卷叶、密点纹以及琐子纹等。这些画法与《法式》所述较为接近（图3-37~图3-39）。宋代寺庙彩画保留较完好的为山西高平开化寺大殿内檐彩画。

图3-38 甘肃敦煌莫高窟第427窟窟檐斗栱彩画（宋）（资料来源：敦煌研究院. 敦煌石窟全集·石窟建筑卷[M]. 北京：商务印书馆，2003）

图3-39 甘肃敦煌莫高窟第427窟窟檐内檐大梁彩画（宋初）（资料来源：敦煌研究院. 敦煌石窟全集·石窟建筑卷[M]. 北京：商务印书馆，2003）

图3-40 山西高平开化寺大殿栱眼壁彩画（宋绍圣三年，1096年）

图3-41 山西高平开化寺大殿彩画（宋绍圣三年，1096年）

图3-42 河北定州开元寺料敌塔地宫彩画（宋咸平四年，1001年）

图3-43 山西应县木塔首层斗栱彩画（辽代）

图3-44 山西大同下华严寺薄伽教藏殿天花彩画（辽代）

图3-45 山西大同下华严寺薄伽教藏殿斗栱彩画

其大梁为套环钱纹、云纹，以黑红白三色平涂，无退晕，无箍头及找头，呈海墁式。栱身为三角形折线纹及团窠花纹，斗身为莲瓣纹，素方为团窠花及六方锦纹。大额枋在土朱地上绘简单的圆点。柱身无彩画，与宋式五彩遍装的五彩柱不同。最精细的是其栱眼壁彩画，白地上绘卷叶图案，叶片肥大，密不露地，属铺地卷成形制。叶片以红、绿、蓝三色退晕染成，每一片叶子的正反两面分用不同颜色，如绿叶蓝背、蓝叶红背、红叶绿背等，使得整体颜色十分丰富，与《法式》所载十分相似（图3-40、图3-41）。河北定州料敌塔地宫彩画，展示了斗栱彩画的众多图样，以黑红两色为基调，黑色缘道，十分鲜明突出（图3-42）。山西应县木塔的斗栱、天花平闇、大同下华严寺的平棊、大同善化寺的平棊为辽代彩画，大部分图案是散花图案，各色大小花朵分布在背板或斗栱上，十分生动活泼。再则山西辽代建筑喜欢用网目纹，画在枋木及支条木上，这种图案在《法式》上也没有记载，可能是地方性的风格（图3-43～图3-45）。辽宁义县奉国寺的辽代彩画更具有

图3-46 辽宁义县奉国寺大殿大梁底面飞天彩画（资料来源：建筑史考察组. 义县奉国寺[M]. 天津：天津大学出版社，2008）

突出的特色，其规制应属宋式的五彩遍装。在其梁架上绘有飞天、莲花、牡丹花、海石榴花、夔凤等，色彩十分华丽。尤以飞天彩画最为突出，飞天面相丰颐美悦，服饰缤纷多彩，或持花束，或捧果盘，作供养状。有的戴宝冠，有的扎双髻，长裙赤足，衣带飘扬，轻健飞逸（图3-46）。飞天题材完全继承了北方石窟艺术的宗教题材。

图3-47 山西潞城县北郊宋代砖雕墓彩画（资料来源：考古，1999（5））

宋、辽、金时代的墓葬盛行砖室墓，墓室墙壁则以型砖和雕砖砌出建筑外檐的形象。这样的墓室空间犹如一座四合院，四面被四座厅堂所环绕，建筑空间形象更为逼真。同时所有建筑构件上均涂刷彩色，更显富丽气氛。这些彩画虽然画工粗糙，设色简单，但准确地传达了宋、辽、金时代的建筑彩画的基本规制，具有重要的史证价值。已发现的宋代具有建筑彩画的砖室均为民间墓葬，与官式建筑彩画尚有区别，更多地自由发挥意匠。其柱身图案有菱形团花、菱形纹、锦纹、鱼鳞状花瓣纹、笋纹等纹样，尤其是笋纹使用较多（图3-47）。宋墓彩画的额枋及檐槫图案有箍头、箍头加束莲（形成简单的燕尾造型）或一整二破式团花、缠枝花、扁长的团花等数种，也有的画成菱形格，此时的额枋槫木彩画尚未形成三段格式。值得注意的是在河南登封黑山沟宋墓额枋彩绘中出现了“松文装”，同时也绘在普拍枋、栱身、槫木上。宋墓斗栱彩画十分丰富，基本遵循斗与栱、上层斗栱与下层斗栱图案互相间色的规定。用色上五彩纷呈。栱身有卷草、花卉、鱼鳞式莲瓣、团花、菱形格、三角格、小圆饼、密点等一些简略图案。大小斗上的图案有斜十字格、莲瓣、柿蒂花等。斗栱边缘一律皆有缘道（图3-48、图3-49）。其中尤以定县开元寺料敌塔地宫彩画最为丰富。该例斗栱、枋木、普拍枋皆为花卉、锦纹彩画。丹色与青绿对色，界线

图3-48 河北定州静志寺塔地宫彩画（宋初）

图3-49 河南禹县白沙宋墓彩画（资料来源：宿白著. 白沙宋墓[M]. 北京：文物出版社，2002）

图3-50 内蒙古赤峰耶律羽之墓石门彩画（辽会同四年，941年）
（资料来源：李文儒主编. 中国十年百大考古新发现[M]. 北京：文物出版社，2002）

分明；图案隔一调一，上下岔开。所用图案十分丰富，有卷草、梅花、葫芦草、写生牡丹花、太平花、六出锦、席纹锦等。表现了宋代民间彩画的活泼与自由。栱眼壁彩画有写生花卉、莲花、西番莲、流云等，有的还绘有四灵图案。以上为宋墓墓室彩画的大致情况。

辽代墓室中具有建筑彩画的不多，亦较宋墓简略。此外，在内蒙古赤峰发现的耶律羽之墓为贵族墓葬，其墓室的石门框及石门扇上的彩绘十分精细。门框为缠枝宝相花，花朵有红、白两色相间，蓝色的卷曲叶片，朱红的地色；门框内侧为一整二破团花；门槛为海墁十字花，紫地白花；门扇红地套钱锦纹，上面浮绘中心四岔的大团花（图3-50）。富丽程度与五代临安吴越王妃墓有异曲同工之妙。

元代遗留下来的彩画实例较少，其彩画风格是宋代的遗绪。从目前已知材料看仅有山西芮城永乐宫的三清殿、纯阳殿、重阳殿，以及山西洪洞广胜下寺明应王殿、山西高平定林寺西配殿存有部分元代建筑彩画。新中国成立初期，在北京北城雍和宫附近修路时发现的元代木构件上，亦有建筑彩画的图样。根据这些实例，元代彩画可分为三种构图。其一为包袱式。实例有永乐宫纯阳殿内檐丁栿彩绘为菱形包袱，而三清殿四椽栿为直包袱。其二为枋心式。梁栿分为三段，中间一段明确画出枋心，枋心周围有退晕缘道，枋心内有锦纹或龙纹图案。梁栿两端为藻头，图案以如意头为主，青绿用色。这种图案是继承了宋代碾玉装的基本模式。实例有山西芮城永乐宫的三清殿额枋彩画、山西高平定林寺西配殿的四椽栿彩画、北京出土的元代构件等。其三为海墁式。梁栿彩画不分段，全以图案铺满，多为缠枝花卉纹样及其他纹样。实例为山西芮城永乐宫重阳殿，其图案粗放，设色简单。估计这种彩画为用于一般建筑中的下等彩画（图3-51~图3-54）。

图3-51 山西芮城永乐宫三清殿斗栱梁栿藻井彩画（元代）

图3-52 山西芮城永乐宫三清殿补间斗栱正立面（元代）

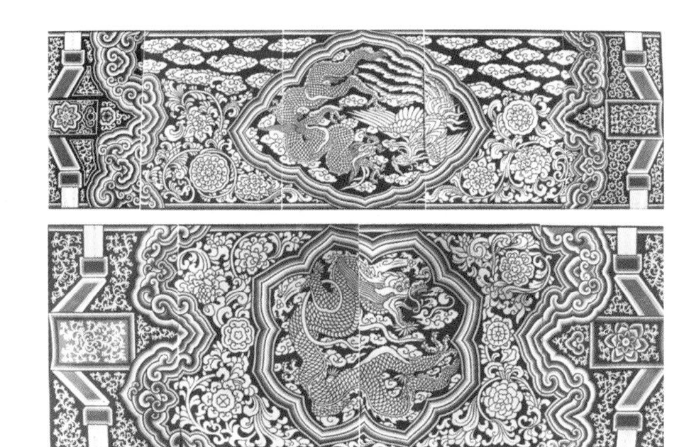

图3-53 山西芮城永乐宫纯阳殿丁栿彩画

图3-54 北京北城雍和宫出土的元代亭子彩画摹本

（三）明代彩画

明代彩画实例存留数量虽然较宋元时期为多，但也是屈指可数。北京紫禁城中保存的明代彩画有南薰殿、御花园钦安殿、钟粹宫、神武门内东西朝房等处。此外，北京的明陵十三陵大石牌坊（建于明嘉靖十九年，1540年）、长陵碑亭（建于宣德十年，1435年）、昭陵（建于万历元年，1573年）、景陵明楼（建于天顺六年，1462年）、庆陵、裕陵的琉璃门等亦是一批具有明代彩画信息的建筑；北京的智化寺、大高玄殿、山东曲阜孔府穿堂、二堂、青海乐都瞿昙寺宝光殿、湖北武当山金殿等建筑亦绘有明代彩画（图3-55～图3-58）。还有江苏一带及安徽歙县一带保存了不少江南地方特色的明代彩画。根据现存实例分析，明代彩画可以归纳为官式旋子彩画、官式云龙包袱彩画、江南包袱彩画三类。其中，旋子枋心彩画已成为主流画种。

1. 官式旋子彩画

旋子彩画中又分为金线大点金、墨线大点金、墨线小点金、雅伍墨四种。其等第之高下依用金量的多寡及图案繁简程度而定。明代旋子彩画梁枋檩整体构图形成藻头——枋心——藻头三停画法。枋心多为素枋心，或青或绿单色叠晕，枋心内不再布置花纹。每间的檩枋及大小额枋的箍头线及岔口线对齐，上下串色。枋心线的端头及岔口线多做内鰤的各段曲线。藻头的外端已经明确地出现了箍头，所有旋子彩画的规式已经基本成型。藻头部分是旋子彩画的重点，描绘旋花，基本以一整二破为主，根据藻头长短，可增加“喜相

图3-55 北京故宫神武门东朝房彩画（明代）

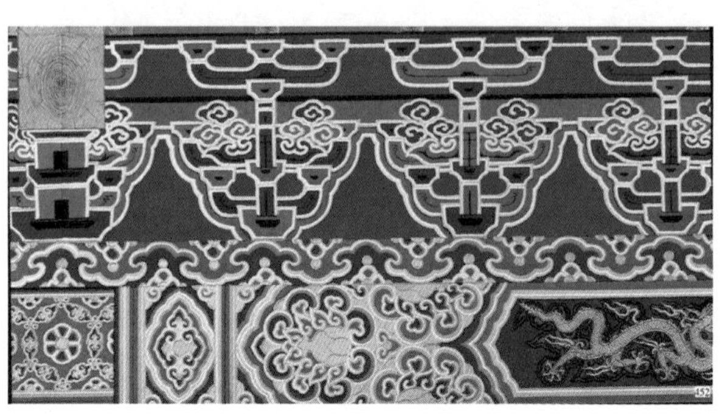

图3-56 北京故宫南薰殿内檐碾玉装金龙枋心旋子彩画小样（明代）
（资料来源：于倬云等著. 故宫建筑图典[M]. 北京：紫禁城出版社，2007）

图3-57 北京故宫钟粹宫内檐碾玉装旋子彩画小样（明代）（资料来源：于倬云等著. 故宫建筑图典[M]. 北京：紫禁城出版社，2007）

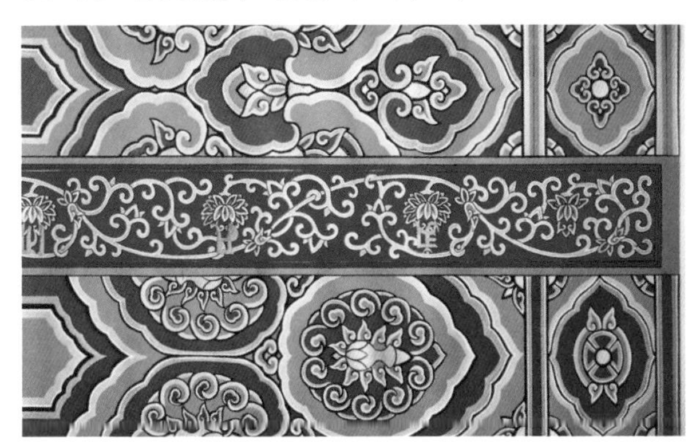

图3-58 北京西山法海寺内檐彩画（明代）

逢”、“勾丝咬”及“金道冠”图案，或者如意头图案。明代旋花大部有退晕，一般为两晕，可产生柔和之感。实际上明代旋花构图的灵活之处，还在其外形不一定是圆形，也可是扁圆形，这样就为适应藻头长短有了灵活变通之道。旋花构图虽保留若干写生的意匠，尚未完全规格化，但已经较为图案化。明代旋花实际有两种，一种外轮廓呈如意头形状，内附旋瓣和云头纹，形状较自由；一种是用旋瓣组成的旋花造型，花心四周附有六个或八个旋瓣，旋瓣多附有翻卷形“抱瓣”，或者旋瓣本身不是圆形，而是云头状，以显示自然之态。从明初至明末的各项旋子彩画的实例中可看出，椭圆形旋花逐渐向圆形过渡，同时如意头状的旋花逐渐少用，而大量应用旋瓣式旋花。明代旋花花心的图案较大、较丰富，也并非圆形，图案有莲花如意、西番莲、莲座、石榴花等，还有的花心带有花蕊。

一般公认明代是旋子彩画的成形期。从目前掌握的材料来看，旋子彩画的旋花应是由宋式的如意头与宝相花融合发展而成。宋式如意头若再往前推导，可能源于隋唐时期木构件端部的金属角叶了。明代的如意头在心部加多了变化，与团花图案渐渐接近。至于宝相花的造型在明代渐趋固定，形成中心对称的圆形图案，花心多由莲瓣、莲实、如意头、石榴头组成，甚至带有花蕊；花瓣多为卷曲的菊花瓣，又称凤翅瓣，并带有“抱瓣”。从对现存明代建筑智化寺各殿座的旋子彩画的藻头部分的观察，也可发现此时的旋花既有以扁圆的如意头为主，带有少量的凤翅瓣，或涡云瓣的构图，也有接近圆形的带有花心的团花式（宝相花的变体），周围分布八片凤翅瓣或卷云瓣、涡云瓣的构图（图3-59）。

其他大木构件的彩画规制，亦有变化。明代建筑的柱子皆为红色平涂，加强了与檐下青绿彩画的对比（图3-60）。明代檐柱缝的大木出现了大小额枋之设计，额枋间的垫板称“额垫板”。明代早期的额垫板只通刷朱红油，不画图案，称“腰断红”。中后期则在朱红地上画一组组的卷草纹样。明代的斗栱明显比宋元的要小，因此其彩画趋向简单，一反宋代五彩海墁画法，不作图案，仅涂青绿两色地，斗与栱间色，以金或黑白作缘道。明代的补间斗栱加多，故栱眼壁（栱垫板）形成三角形，其彩画多为三角形图案，如红莲献佛、祥云宝杵、法轮卷草等。飞子头、椽子头的图案亦简化，使用四出如意、金顶玉栏杆的方形图案，及龙

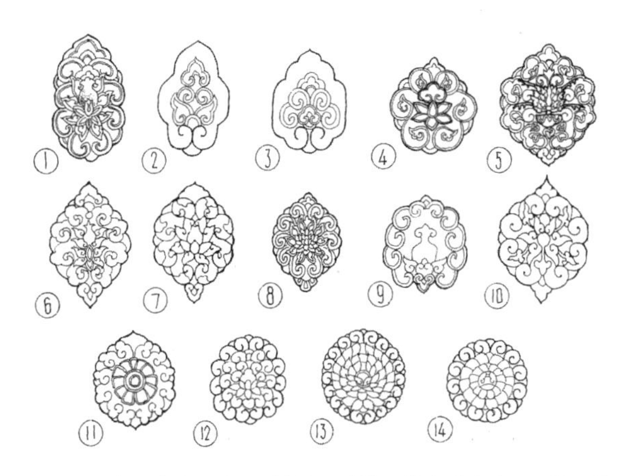

图3-59 明清两代彩画旋子图案变化（①～⑩为明代旋子，⑪～⑭为清代旋子）

图3-60 北京东四清真寺柱身缠枝西番莲彩画

眼、圆寿字等圆形图案。

明代天花已无宋代平棊、平闇的区别，统一制作为方形的井口天花，约2~3尺见方，内绘圆光及四岔角。圆光图案有西番莲、六字真言、四合云、佛八宝、红莲献佛等，岔角图案为三合云、烟琢墨卷草。支条交叉处（燕尾）图案多为宝杵，或轱辘如意头。天花图案沥粉贴金的多少，依照旋子彩画的等级而定（图3-61）。

明代旋子彩画，若与清代旋子彩画相比较，可以看出其早期的某些特点：首先，规划线的五大线，已经确立，但枋心线与岔口线为外弯的折弧线（清代为直线）。其次，退晕技法应用较多，一般规划线皆顺线路加晕，枋心线、皮条线双加晕，旋瓣、栀子花、卷草叶、朵云、如意头等皆有两道晕，甚至三道晕。整体画风柔和而素雅，继承了宋代碾玉装的遗风。第三，旋花图案变化多，形体有正圆形或椭圆形、心形之分。组成有一路瓣、二路瓣，甚至三路瓣。花瓣形状有圆形旋花、外包瓣旋花、内包瓣旋花、凤翅瓣、如意头、莲瓣等。第四，旋花的花心不仅面积大，而且形式多样，不拘一格。其是由莲瓣、莲实、西番莲、石榴花、石榴实、如意头的侧视或俯视的图案交叉搭配而成。有些花心还有放射状的花蕊，益增加花心的扩展效果。同时花心多为沥粉贴金，有的还增加朱、绿涂饰，总之，明代旋花的花心是很有艺术魅力的图案设计。

明代官式旋子彩画的代表作为北京智化寺彩画。智化寺建于明正统八年（1443年），为权阉王振所建。其石碾玉金线大点金旋子彩画反映了早期旋子彩画的特点。枋心较长，约占梁（枋、檩）长的十分之五或四。藻头采用一整二破式旋花，旋花并非整圆，而近椭圆。旋花图案有八瓣旋花式，也有如意头式，说明在明代中期的旋子图案尚未定型。圆形旋瓣皆有内卷尖瓣，花心硕大，并有六出花蕊及红色小莲瓣，旋瓣有退晕；整体用金量较多，显得雍容华贵。梁枋的枋心皆为青绿间色的素枋心，枋心线端头不是斜直线，而是随岔口线绘成三段内凹弧线，梁端多用双箍头及合子。平板板绘二方连续的降幕云、云心点金等，皆与后期的旋子彩画有所区别。智化寺万佛阁的天花彩画十分精美富丽。天花井口有长方形、正方形、三角形三种。画题为缠枝莲花、佛梵字、宝瓶、佛八宝（轮、螺、伞、盖、花、罐、鱼、肠）等交互组合而成（图3-62~图3-64）。万佛阁内的藻井亦十分精美，为抹角八方龙井，中心为雕刻蟠

图3-61 北京智化寺万佛阁楼梯口天花彩画（明代）

图3-62 北京智化寺万佛阁楼上次间额枋彩画（明代）

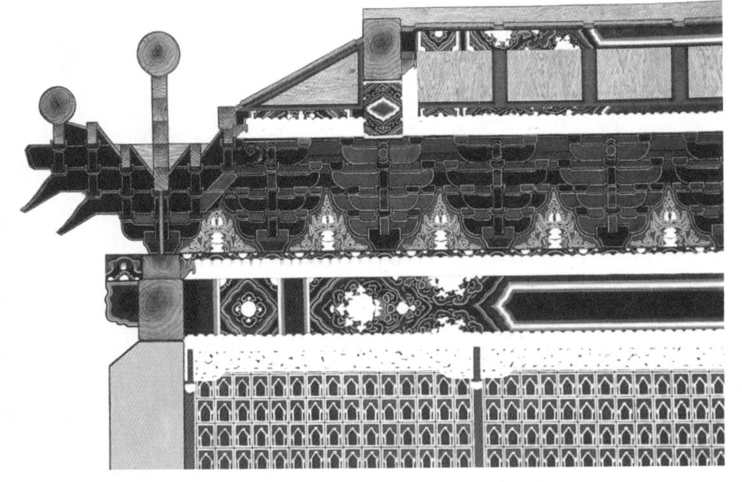
图3-63 北京智化寺万佛阁楼上山墙额枋斗栱彩画

图3-64 北京智化寺万佛阁楼上次间窗券栱壁彩画（明代）

龙纹，全部贴金，富丽辉煌。可惜民国初年被人盗卖，现存美国纳尔逊博物馆。

2. 云龙包袱彩画

云龙包袱彩画（包括龙草包袱彩画）是以沥粉片金龙为母题，在梁枋中部有一半圆形包袱构图，包袱内绘沥粉片金龙，龙的四周布满云朵，云朵为沥粉金琢墨，以朱、丹、青、绿攒退。同样，在藻头部位亦绘云龙图案，故称云龙包袱彩画。其包袱边由多层边线图案组成，图案内容有火焰、连珠、云朵、如意头、西番莲等，多者可达八层。这种彩画的用金量极大，非皇家宫室是不会采用的。现存实例有北京故宫乾清门内檐彩画、北京潭柘寺大殿梁枋彩画等少数几例（图3-65、图3-66）。同样在龙形图案的四周不绘云朵，改绘卷草，则称为龙草包袱彩画。

图3-65 北京故宫乾清门云龙包袱彩画

图3-66 北京潭柘寺大殿梁枋彩画（明末）（资料来源：自然科学史研究所．中国古代建筑技术史[M]. 北京：科学出版社，1985）

3. 江南包袱彩画

新中国成立以来，在江南地区发现了不少明代的建筑彩画，风格独特，别具一格。主要集中在江苏太湖地区（苏州为中心）及皖南徽州地区。苏南太湖地区，历来为鱼米之乡，经济发达，生活富裕，文化水准较高，为官从政的文人亦很多，卸官后回家乡养老者比比皆是。所以在文化情趣上不仅有文人雅士之趣，且有豪华富贵之风。表现在民间建筑彩绘上，其颜色华丽多变，题材上除包袱锦以外，尚有龙凤纹、花卉纹、吉祥图案等，并且许多彩画皆有金饰，或沥粉贴金，或平贴金等。徽州在明代时经济亦十分发达，且经商者众多，有“北晋南徽”之称。徽人常以“处者以学，行者以商”自誉，以商求仕，士以兼商，以商人之富可不惜工本精雕细琢，同时又以素雅简洁以表现士子文人志趣，这点在徽州建筑彩画中亦有充分的表现。

江南彩画施用的建筑类型，大部是民居和祠堂。施用的部位皆在檩、梁（包括山面梁架）、额枋等处。柱子及斗栱、花板等处绝少彩绘。其构图方法不外三种情况，一种是仅在梁枋的中段（枋心）画一幅彩画，一般为包袱锦式；一种是梁枋中段施彩绘，同时端部亦有彩绘图案，其他不施图案的梁檩部位则刷素色油；还有一种则是满施图案，称之为“满堂彩”，即梁檩枋身皆布满图案。江南彩画的包袱锦有四种形式：①系袱子，即三角形袱子，尖端向上，就像一块包袱斜角系在梁上。②搭袱子，即三角形袱子，尖端向下，像一块包袱斜角搭在梁上。有的搭袱子的尖角延长，在梁底交脚相掩，又可称为交脚搭袱子。③直袱子，即一块方形锦纹袱子垂直裹在梁檩上，形成筒状图案。④叠袱子，即在直袱子图案上再叠搭一个系袱子（或搭袱子），两种袱子重叠。包袱锦纹图案绝大部分为方格网式，或套方格式，或方格套米字格，也有用龟背锦（六方格）式的（图3-67）。在苏州地区尚盛行一种寓意图案，即在脊檩包袱图案的正中，绘制出毛笔、金锭、方胜三者的组合图案。“笔锭胜”的谐音为“必定胜”或“必定升”，代表着仕途（毛笔）、商界（金锭）两方面必定会取得圆满的胜利结果或高升发达，反映出人们追求幸福的心理状态。

图3-67 安徽歙县呈坎乡罗东舒祠宝纶阁梁栿彩画（明代）

明代江南包袱彩画的代表作品首推江苏常熟翁同龢故居的采衣堂。其五架大梁枋心绘三交菱花锦纹直包袱，沥粉贴金，为红黄暖色调。后期在包袱上又加上浮塑的金色狮子，益加热烈。而大梁的背面却改为叠袱子，在直袱子之上加搭袱子，内绘云龙纹，极尽变化之能事。山界梁上绘方格锦搭袱子。正厅轩廊的轩梁亦绘八方锦直袱子，以红、黄为底色，黑色勾绘轮廓，八方内沥粉贴金绘出图案。包袱边为黑地白色如意头，及宽度很大的云凤。所有构件的未施彩部分为暗褐色原木，突出地显露出彩画的装饰作用。苏州彩画的整体格调为暖色调，描绘细致，在清丽中显出富贵之气。

另一代表作品为安徽歙县罗氏宗祠的宝纶阁彩画。宝纶阁为珍藏皇帝御赐的纶音圣旨及宝封诰命的建筑物，故称“宝纶阁”。该阁建于万历年间。分为上下两层，底层为三个三间寝堂相连，形成九开间的大屋，各间梁架、檩木上皆绘有彩画，十分富丽（图3-68、图3-69）。宝纶阁明代彩画的构图主题基本为系袱子包袱锦，较短的构件则仅在两端画方形图案。构件上的

图3-68 江苏常熟翁同龢故居大梁彩画（一）

图3-69 江苏常熟翁同龢故居大梁彩画（二）

图3-70 安徽歙县呈坎乡罗东舒祠宝纶阁彩画（一）

图3-71 安徽歙县呈坎乡罗东舒祠宝纶阁彩画（二）

包袱锦纹大部分为几何图案，有方格锦、丁字锦、方格长六方锦、方格加贯套线锦纹，或者在锦纹上浮绘团花等式样。宝纶阁包袱彩画用色以黑红为主色，以白粉线为分隔，间有粉绿、粉红、深蓝、驼色等小色的点缀，各色皆为平涂，不用退晕法。包袱锦的边框线较宽，内绘缠枝花叶。边框用色为红地白花黑边线，或黑地白花红边线。颜色单纯而强烈，起到了界分包袱锦图案的作用。宝纶阁彩画的柱子全为黑色，梁枋的非彩画的空余部分皆刷橘黄色，斗栱、栱眼花饰、叉手木花饰、瓜柱下云纹花饰、平盘斗，皆以红白黑三色彩饰。宝纶阁彩画的整体感觉为暖色调的华丽而庄重的艺术效果（图3-70～图3-72）。

图3-72 安徽歙县呈坎乡罗东舒祠梁枋梁端彩画（明代）

安徽休宁吴省初宅的明代彩画别具特色，大厅及厢房的承重大梁皆是绘的包袱锦彩画，大厅为方格间十字花；厢房大梁绘的是方格套古钱纹。该宅的天花

图3-73 安徽休宁枧东乡吴省初宅大厅天花、梁彩画（明代）

图3-74 安徽休宁枧东乡吴省初宅大厅天花彩画（明代）

彩画最有特点，在灰色为底色的天花木板上以淡墨线勾描出木纹，形成衬底，然后在其上画彩色团窠花卉。每间画五六朵，呈不规则分布状。而厢房的当心间天花，则画出一大四小团窠，中心大团窠画双凤群花图案，四角小团窠画春、夏、秋、冬四季花卉，颜色仍为红绿、淡蓝为主，灰色衬底。整体效果优美而恬静，格调素雅，居住气氛较浓厚，与祠堂、庙宇彩画的风格不同（图3-73、图3-74）。

（四）清代彩画

1. 清代前期彩画

(1) 清代前期彩画的类别

从发展变化的角度分析，清代彩画可分为两个阶段，乾隆朝以前和乾隆朝以后。乾隆以前的顺治、康熙、雍正三朝的几十年间，是继承明末凋敝的社会经济状况，力图恢复国力的时期。全国的建筑工程尚未大规模展开，建筑技术与艺术也大部分是延续明代的成规。由于确切断代的早期实例较少，这个时期建筑彩画概貌的认识是比较模糊的，但是还有一些文献记载可兹考证。首先就是雍正十二年（1734年）为了管理政府工程的工料预算，由工部制定了《工程做法》（七十四卷），颁布实行。其中包括有画作（彩画作）的条目，载于卷五十八、五十九、七十二、七十三。主要记载各式画法的单方用料、用工，兼及一部分画法的规制说明（仅苏式彩画部分）。另外在此之前，即雍正九年（1731年），为了关防内工（紫禁城内的宫廷工程），曾编纂有《内廷工程做法》一书。其中卷七亦载有画作工料定额的资料，内容与《工程做法》类似，稍有增减。以上两份资料，为我们提供了清代前期官式建筑彩画的概貌。

决定彩画品类的重点是梁枋檩彩画，即大木彩画。《工程做法》中提到的大木彩画计有36种；《内廷工程做法》中的大木彩画亦为36种，除去两书重复的画法不计，共汇总为54种。可分为四大类，即琢墨彩画、五墨彩画、地仗彩画、苏式彩画。

琢墨彩画 按照清代后期对琢墨的理解是指锦枋线（即五大线，包括箍头线、合子线、皮条线、岔口线、枋心线）及图案轮廓线的处理方式。若全部锦枋线及图案轮廓线皆沥粉贴金者称金琢墨；若锦枋线沥粉贴金，而轮廓线为墨线，无沥粉不贴金者称烟琢墨。按《工程做法》所提案例可知这种彩画亦是分为箍头、合子、找头、枋心等几个部分的规制布局。枋心图案大部分为金龙图案，偶有三宝珠吉祥草图案。枋心部分也不排除画成包袱式图案。合子图案为花卉、吉祥草、团龙等图案。既然有合子，即琢墨彩画必然是双箍头。琢墨彩画所用的图案比较局限，多为金龙、三宝珠、吉祥草等，个别选用宋锦，内容变化不多，追求的是严肃性。总体的印象，这种彩画用金量大，一般每10平方尺用红黄金箔约80张，个别达到100张。所以这种彩画看起来非常金光闪烁、富丽堂皇。这种彩画的用色亦是五彩纷呈。按《工程做法》画作用料分析，除土黄、赭石、三青、洋青未用以外，几乎所有的颜料皆使用在琢墨彩画中。其中，青绿颜料较五墨彩画为少，约为五墨彩画的1/3或1/2；而银朱及南片红土用量大增，银朱约为五墨所用的10倍，南片红土为五墨所用的5倍。这就说明琢墨彩画追求的不是色调，而是多彩华丽，且为硬色实涂，不作退晕，与宋辽以来的北方彩画有一定的继承关系。在用工方面一般每10平方尺，用工1.5个，复杂的用到2.5个。说明该图案制作的纤细程度。总之，琢墨彩画是清初彩画的上品，一般多用在宫廷建筑上。从这类彩画以金龙为母题、大量用沥粉贴金、五色并用等特点分析，估计它与后来的和玺彩画十分接近。

五墨彩画 王璞子先生认为“五墨”一词来源于绘画，意谓墨分五色，即浓淡干湿黑，要有浓淡深浅。用于彩画即是指一种颜色或一个色调（如青绿）分出浓淡之意，即用退晕方法。根据案例分析五墨彩画即是后世彩画界熟知的“旋子”类彩画。理由有四：第一，据画作用料可看出五墨彩画所用青绿材料高出琢墨彩画二倍至三倍，而无红黄系列颜料，说明它是青绿色调的彩画。第二，这类彩画名称中使用了大点金、小点金、雅五墨等名词，据后世的理解这类名词仅应用在各类旋子彩画的用金部位的多少上，如旋花的花心、菱角地、宝剑头、栀子花的花心等，说明它是旋子图案。第三，各类五墨彩画除了龙、凤、锦、花卉等实枋心图案外，还出现了空枋心的例子，而空枋心只有旋子彩画才有。第四，青绿旋子彩画自元代发始，明代已初具规模，清代后期已经非常模式化了，故清代初期不可能中断。而《工程做法》中的四类彩画中，琢墨、地仗、苏式皆有明确的图案标题，不可能是旋子图案。只有五墨彩画最为接近。

为什么五墨彩画不称作旋子彩画呢？这就启发我们探讨旋子一词始用的时间问题，起码在雍正年间尚无此词，更不用说早在元、明时期了。也表现这种团花式图案一直在发展变化，尚未定型（从明代的实例来看，也确实是丰富多样的）。最后形成简单的圆形卷涡瓣，最具旋转之意，故命名为旋子彩画，估计在乾隆时期以后。

五墨彩画中又分为合细五墨、大点金、小点金、雅伍墨、三退晕石碾玉之别。据王璞子先生称五墨彩画皆为二退晕，又依用金多少分为小点金、大点金（旋花贴金多少）及合细五墨（估计除旋花以外，锦枋线的线路亦沥粉贴金，相当于后代的金线大点金）。雅伍墨不退晕，不点金。而石碾玉则明确是三退晕。五墨彩画又可与琢墨彩画混合使用，即在找头部位画作青绿旋子图案，在资料上有三则实例。此外，五墨也并不局限在青绿色调上，当时尚有土黄地雅伍墨、土黄三色五墨（即后世的雄黄玉）和螺青三色五墨三种。总的说来，五墨彩画有高、中、低之分，是宫廷中应用较广的彩画品类。

地仗彩画 亦可称之为海墁式彩画，即构件表面不分段落，通刷不同颜色的地仗（底色），上面描绘各色写实图案：如云秋木（竹竿纹）、松木纹、流云、仙鹤、葡萄蔓、冰裂梅、百蝶梅。颜色不拘，五彩缤纷。构件端可以设箍头，也可不设。这种自由式的彩画适用于园林建筑。

苏式彩画 来源于南方的彩画，画风自由，题材多样。从《工程做法》中提出的十四例苏式彩画可分为三种格式。其一为枋心式，即檩垫枋三件分画，檩、枋皆有箍头、找头及枋心，地仗亦有多种颜色，并无间色的要求。枋心图案多为宋锦、花卉、夔龙、花草等；找头图案有斗方、宋锦、寿字等。垫板多画成小池子，描绘鲜花卉、冰裂梅等。这类彩画是忠实地接受了原北方官式彩画的格局，而在图案题材上选用灵活的母题。找头部分开始出现聚锦式画法，反映了南方彩画的特点。其二为海墁式。虽然仍是檩垫枋三件分画，但每件两端头除画箍头以外，内部不再划分枋心与找头，而是在不同颜色的地仗上统画各种图案，如夔龙凤、流云飞蝠、博古、锦纹、花卉等，以及标题吉祥图案如寿山福海、年年如意等。海墁式苏画打破了北方官式彩画的格局，自由设色，自由点染，多种图案，并且有寓意的吉祥图案组合。其三为包袱式苏画，即檩垫枋三件统一构图，在中间部位画一半圆形的包袱，作为构图中心。檩垫枋的找头涂不同颜色的地仗，描绘花卉、团花、聚锦等。包袱内画宋锦、鲜花朵等。这个时期尚未出现故事画、界画及花鸟画等题材。包袱边是否出现烟云筒子，尚不得知。应该说，包袱式苏画在此时已完全成熟。以上是大木构件彩绘的情况。

斗栱彩画十分简单，基本为青绿两色平涂，分为金琢墨与烟琢墨两种。金琢墨斗栱棱道沥粉贴金，栱身颜色退晕；烟琢墨以黑色为缘道，不沥粉贴金，不退晕。斗栱彩画皆分攒间色，栱斗间色。栱眼壁的彩画题材有龙、凤、灵芝、宝相花、火焰三宝珠等。椽头彩画也比较简单，圆椽头用龙眼、寿字；方椽头用金井玉栏杆、万字、栀子花、莲花、方寿字、柿子花、夔龙、锦纹等。椽身通刷哨绿，高级建筑可在椽身上描绘宝相花、灵芝图案，并沥粉贴金。

因室内天花基本为正方形的井口天花，所以整座建筑的天花图案比较统一，以衬托中央部位的藻井。井口天花的彩画图案皆为中央圆光，四角为岔角方式。琢墨彩画的圆光图案皆为龙凤；其他彩画的题材可用仙鹤、金莲水草、西番莲、玉作夔龙、团寿字等图案。岔角多为流云。圆光与岔角地仗的颜色相间而异。但在沥粉贴金的天花图案中，圆光地与岔角地可用同一颜色，以凸出金色效果。至于支条上的燕尾图案，在《工程做法》中未载，在《内廷工程做法》中称为蕖花燕尾，即莲花图案。以上即是清代前期的官式彩画的大致情况，可惜的是现存实例不多。

(2) 清代前期彩画实例

此时期的代表性实例有北京牛街清真寺彩画。从彩画图案的形制考察，大部分仍保持清代初期的风格，即康熙重修时（1696年）的形貌。该寺后窑殿梁枋彩画中采用了和玺彩画的锦枋线布局，找头中应用了圭线光，而且是弧线型顶线，但枋心图案为宋锦，而不是金龙。说明和玺彩画的布局方式已经出现，但尚未固定成型。该寺彩画的另一特点是大量运用缠枝西番莲（转枝莲）图案，这种图案出现在藻井平板、井口天花的圆光、天花顶板以及大殿的内柱柱身上。西番莲的表现形式各异，有团花型、有分散布局型、有展开线型。颜色也不同，有红瓣、黄瓣、蓝瓣之分，相应的一路瓣、卷草叶及地子色也作间色处理，而且花、叶皆作退晕，十分典雅柔和。在内檐彩画图案中大量运用西番莲，使得整体效果十分协调统一，并别具特色（图3-75、图3-76）。

图3-75 北京牛街清真寺后窑殿梁枋彩画

图3-76 北京牛街清真寺后窑殿天花局部

北京瑞应寺彩画为康熙五十二年(1713年)重修时所绘,从瑞应寺彩画中,可以看出若干历史信息。首先是此时的金龙枋心和玺彩画和锦枋心青绿旋子彩画皆已成形,在该寺后楼的彩画中皆有表现。和玺彩画的圭线光尚为弧线尖端,具有早期束莲的形象。和玺彩画与旋子彩画的箍头找头部分与枋心部分基本上是各占三分之一,分三停的习惯做法已成熟。后楼西梢间山面梁枋的和玺彩画是全部大线及花纹轮廓线都沥粉贴金,线路退晕,枋心、找头、合子满画金龙。这种画法就是《工程做法》中提到的"金琢墨金龙枋心沥粉青绿彩画"的具体表现。另一方面,旋子彩画的旋花花瓣已成为涡卷形,花心已成为圆形(后期称之为旋眼),已出现一路瓣、二路瓣,这也为清代典型旋花出现的时间有了定位。最为突出的是其天花的设计,没有沿用井口天花形式,而是采用平棊大板的设计。地子是席纹锦(双向十字别的组成),上面绘制一大四小椭圆形八瓣柿蒂状的团案,内绘缠枝西番莲图案。所以整块天花图案非常整齐有序,且风格高雅,具有江南彩画的风格(图3-77~图3-79)。

北京隆福寺正觉殿彩画为雍正元年(1723年)所绘。其梁枋的旋子彩画表现了清代初期风格,如一整二破的圆形旋花已经确立,旋瓣为涡形瓣,旋花心(旋

图3-77 北京瑞应寺后楼西梢间山面梁枋彩画

图3-78 北京瑞应寺后楼西梢间南半部天花彩画

图3-79 北京瑞应寺后楼西梢间山面外檐彩画

眼）为正圆形，规制为墨线大点金等。此外还有一些可注意之处。如枋心线端头不是弧形海棠瓣，而是呈尖角的柿蒂形；皮条线和岔口线不是60°角，而是45°角；合子也有扁方形，甚至是双合子箍头；旋花也有扁圆形的；在高厚的大梁上的大旋花，花心之外有四层小瓣，外层旋瓣达20片；合子内的栀子花瓣绘成如意头瓣，这些都说明该彩画是早期形态。隆福寺彩画最精彩的是其藻井的设计及彩绘。其明间的藻井是内凹式兼悬垂式的圆井。共计分为四层，每层皆是以云座托着一圈天宫楼阁。最下层为圆形云纹圈梁，上托五踩品字斗栱，外贴如意头滴水板。云纹圈梁及斗栱全部沥粉贴金。圈梁上安置三十二座重檐亭阁，内置镏金仙人站像。亭阁皆彩绘。第二层为彩绘雕刻云纹圈梁，云纹为青绿红黄五彩退晕，圈梁上安置了十六座重檐亭阁，每座亭阁内有仙人像一座，侍从二人。亭阁彩绘如第一层。第三层为沥粉贴金云纹圈梁，梁上为四座大阁、四座小阁。亭廊内皆有镏金仙人站像。第四层为彩绘雕刻云纹圈梁，梁间架设沥粉贴金的方形悬梁，悬梁上四面设亭阁。亭阁内有镏金仙人像。第四层圈梁之上做成上凹式十六方覆斗状天花，每面彩绘仙人像，中间顶部绘天文星宿图，蓝色底，周圈为沥粉贴金的莲瓣纹。整个明间的天花为绘有六字真言的井口天花，角部红地子，贴金西番莲、吉祥草纹样。天花中部与藻井相连处做成覆斗状，与第三层镏金云纹圈梁相接，覆斗面板分为十六块，各绘仙人像。在明间四周大梁侧面还贴彩色云纹托木，并向中心伸出四支云纹挑木，上面安置四大天王站像。整座藻井的上部是向内凹进的天花吊顶内部，而下部（第一、第二层圈梁）则悬吊在覆斗形天花之下，形成中部为深邃的圆井。正觉殿的天花藻井以云纹、楼阁、仙人、天文图的题材，采用层层向上的造型，反映天国世界的概念。这是一项很少见的实例。从隆福寺正觉殿的内檐藻井及彩画设计中，可以体会中国古代寺庙发展到明清之际，其装饰艺术是多么的绚丽多姿（图3-80~图3-82）。

北京大悲寺药师殿的彩画约绘制在康熙时期。该殿外檐绘的和玺彩画，用金量极大，并用红黄两色

图3-80 北京隆福寺正觉殿明间藻井彩画（清初）

图3-81 北京隆福寺大殿明间藻井彩画

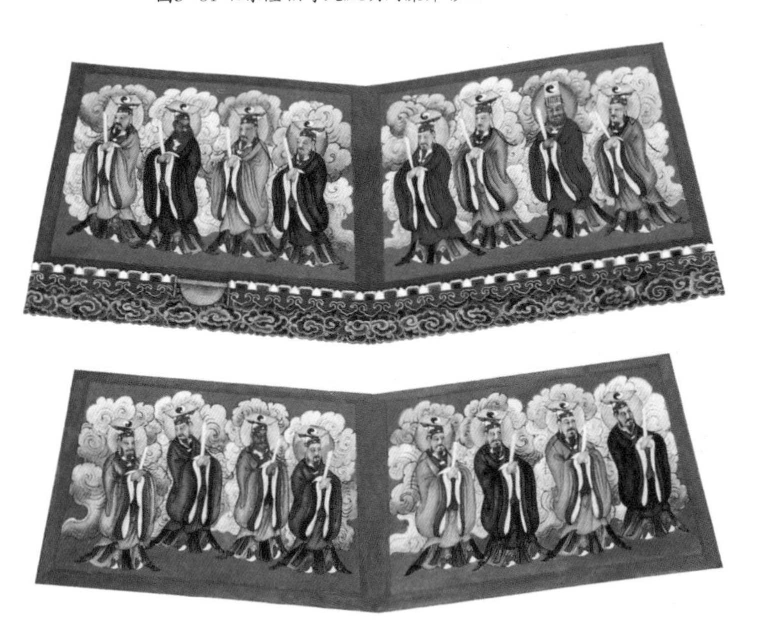
图3-83 北京隆福寺大殿明间藻井彩画（清初）

金，同时其圭线光端头为弧形线，应属于《工程做法》中清代早期最高等级的“金琢墨金龙枋心沥粉青绿地仗”彩画，这样与康熙亲赐寺名的隆重待遇相符合。内檐旋子彩画为龙锦枋心墨线大点金彩画，也算是上等彩画。其中旋花已经是一整二破的规矩图案。最特殊的是该建筑的檩垫枋三件中的垫板高度较大。每间垫板用卡子分隔出三个池子，池子内容有写生花卉、贴金卷草西番莲等。池子之间的找头是用四个青绿半圆旋花，中央为一个红色菱形的栀子花，并沥粉贴金。所以，整条垫板的彩绘内容十分丰富。这种构图方法可能就是后期垫板简化了的半拉瓢卡小池子的前期画法（图3-83、图3-84）。

图3-82 北京西山八大处大悲寺药师殿外檐次间梁枋彩画

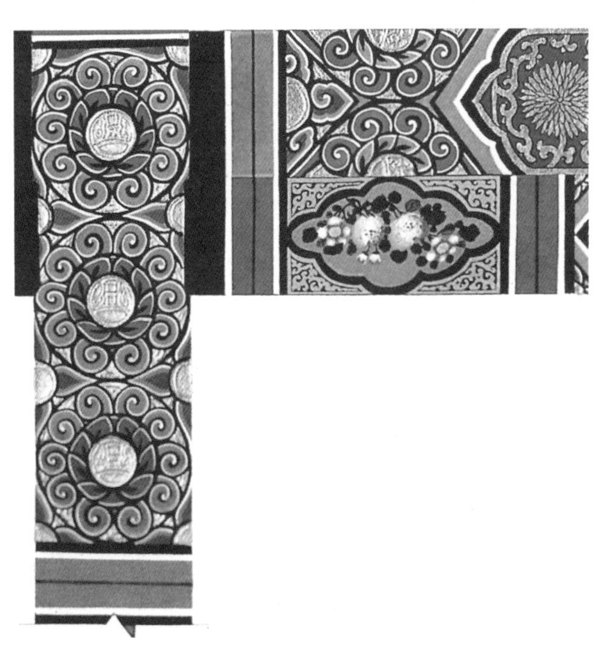
图3-84 北京西山八大处大悲寺药师殿内檐明间脊檩彩画局部

2. 清代中后期彩画

自乾隆朝以后，国家经济达到鼎盛时期，紫禁城进行了大规模的改建与增建，京郊的三山五园及承德避暑山庄的建设全面展开，敕建的寺庙不断增加，客观上对建筑及其艺术是极大的促进，所以建筑彩画进入了多彩纷呈的阶段。为了控制众多官工的质量及造价，必须统一标准，制定工料定额，所以这个时期官方制定的匠作则例非常多，据王世襄先生统计有七十余种；另外清华大学图书馆尚存有二十余种，尚有不少流失海外。这些则例皆是各工种的工程做法及工料预算定额的规定记载，彩画作也包括在内。我们凭借大量的实例及这些则例文献，可以大致总结出这个时期官式彩画的概貌。从普遍的认知看来，此时官式彩画分为三大类，即和玺彩画、旋子彩画、苏式彩画，此外，尚有吉祥草彩画、海墁式彩画、华红高照彩画和浑金彩画，虽然画例不够普遍，但也自成一类（图3-85~图3-90）。这

图3-85 北京故宫太和殿金龙和玺彩画

图3-86 北京故宫宁寿宫养性殿包袱式苏式彩画

图3-87 北京故宫协和门墨线大点金旋子彩画

图3-88 北京颐和园德和园大戏台天花藻井海墁彩画

图3-89 河北遵化清东陵裕陵隆恩殿柱子浑金彩画

图3-90 北京故宫太和殿片金蟠龙纹天花（资料来源：《中国建筑艺术全集》编委会. 中国古代建筑艺术全集·宫殿建筑（一）[M]. 北京：中国建筑工业出版社，2003）

一时期的各类官式彩画在构图、用色、用金和退晕上皆有一定的规定，形成了固定模式的规矩活。为朝廷制定工料定额，控制施工造价提供了基础条件。但在图案上却十分灵活，各类题材皆有充分的发挥，形成总体效果的特点十分突出，而近视又有丰富的内涵。和玺与旋子彩画的构图及用色规定十分严格，例如，大木构件沿长度分为三停，即中间枋心和两端的找头与箍头各占三分之一；明确划分出五大线（又称锦枋线，即箍头线、皮条线、岔口线、枋心线、合子线），清代彩画锦枋线十分重要，它明确了彩画组成各分部的界线，产生了图案的有序感；青绿两色底色必须间色，如斗和栱间色，大小额枋间色，枋与檩间色，当心间与次间构件间色，同一构件的相邻部位亦须间色，箍头与合子地、合子地与合子心、皮条线两侧、岔口线两侧、枋心与楞线都必须是青绿互换等。此时期的彩画题材也极大地扩展了，除了龙、凤、花卉、锦纹以外，还增加了宗教题材及博古等。尤其是苏式彩画大量应用以后，其枋心包袱上的题材更加自由，花鸟、山水、故事、人物、界画等皆可入画，是将中国传统的绘画艺术与建筑彩画结合在一起，为彩画艺术的发展带来新的途径。清代晚期的三种苏式彩画中以包袱式彩画独领风骚，成为园林建筑中的主要画种，并将包袱边画作烟云边，产生一种透视的感觉，有如自窗洞向外观赏画面。并将卡子、烟云分出软硬图式，以适应构图的需要。

各地区建筑亦确立了风格不同的彩画。山西彩画以青绿为主色，枋心构图自由，间有贴金彩饰；河南彩画雕绘结合，玲珑剔透；江南彩画以包袱图案为主，清

图3-91 湖北武当山紫霄宫大殿彩画

图3-92 台湾宜兰文昌宫入口彩画

丽秀雅；闽南彩画以黑红金为主色，奔放热烈；台湾彩画着色华丽，华贵多姿，总之各地皆有不同的特色，各有所长（图3-91、图3-92）。

清代实现了多民族的大融合，各民族间的文化交流加速，同时又体现了各民族的原有特色，在彩画方面亦有充分的体现。民族特色鲜明的有藏族、维吾尔族、傣族、纳西族等。藏族彩画为五色杂陈，以红金为主。绘制部位主要在梁枋及柱头、替木、门楣等处，并附有雕刻。艺术风格呈现热烈神秘之感（图3-93）。维吾尔族的彩画以青绿为主，并大胆使用白色。绘制重点在屋顶的平梁及圈梁上，兼及柱头柱身。艺术风格趋于规整有序，重复兼有变化。傣族彩画用色简单，仅为红金两色，以刷饰为主。纳西族彩画受汉族及藏族彩画影响，不求色调，构图粗放，兼有东巴文化的痕迹。

总之，在各民族大一统的情况下，清代的物质文化呈现多元化的特点。建筑彩画除官式彩画以外，地区及民族的彩画亦呈现多姿多彩的局面，极大地丰富了传统建筑艺术宝库。现存的彩画实例绝大部分是清代后期建筑彩画，但它是在总结了历代彩画发展演变之后形成的，代表了中国建筑彩画的最高水平，也是我们经常能接触到的，具体的艺术风格及规制将在下面各节中予以详细介绍。

（五）官式建筑彩画

所谓官式彩画就是清代朝廷以政府资金建造的各类建筑物上的彩画，包括宫殿、坛庙、陵寝、园林、行宫、衙署、王府、城楼、牌楼，以及敕建寺庙等，就是说不是民间建筑的彩画。为了控制造价，官式彩画有明确的规制及做法，构图及设色亦较成熟。为了显示尊卑，官式彩画区分出等级及各种特殊的纹样，用于不同的建筑上。官式彩画的所用颜料比较考究，多为矿物性颜料，经久耐用。官式建筑彩画主要有三大类，即和玺彩画、旋子彩画、苏式彩画,另外还有海墁彩画、三宝珠吉祥草彩画、华红高照彩画及浑金彩画，虽然实例不多，但也各具特色，亦应属于官式彩画的类别之一。

1. 和玺彩画

是宫廷建筑中最华贵的一种彩画，多用于宫殿、坛庙的主殿和殿门。和玺彩画一词在清初并不见于文献，在清工部《工程做法则例》中有“合细”一词，其用料及用金数量与现今和玺彩画的用量相等，故可证明和玺即合细的同音字转化。和玺彩画的构图是五条锦枋线条齐备，其枋心与找头箍头的比例各占三分之一，与旋子彩画构图比例相同。但是在找头靠箍头一侧出现了玉圭形状的圭线光，呈一整两半的排列，因此使

图3-93 西藏拉萨布达拉宫门楣彩画

皮条线、岔口线、枋心线皆呈锯齿形状，称为“圭线”。早期的圭线光为弧线型，故可以认为圭线光是从束莲纹转化而来。各主要线条及图案线条皆沥粉贴金，金线一侧拉大粉一条并配有晕色。构图各部分的底色以青绿为主，互为间色，整体色彩效果，呈现庄严宁静的观感。亦有的底色为青红或绿红互换。浓重的底色益发衬托出金线的华贵。大小额枋之间的由额垫板一般为红色底色，描绘金线图案，使青绿的大小额枋区分更为明显。和玺彩画的枋心、合子、找头、垫板、平板枋所用的图案以龙凤纹为主题，间有吉祥草、梵文、西番莲等图案（图3-94、图3-95）。根据其所用的图案，和玺彩画又分若干类别与等级。

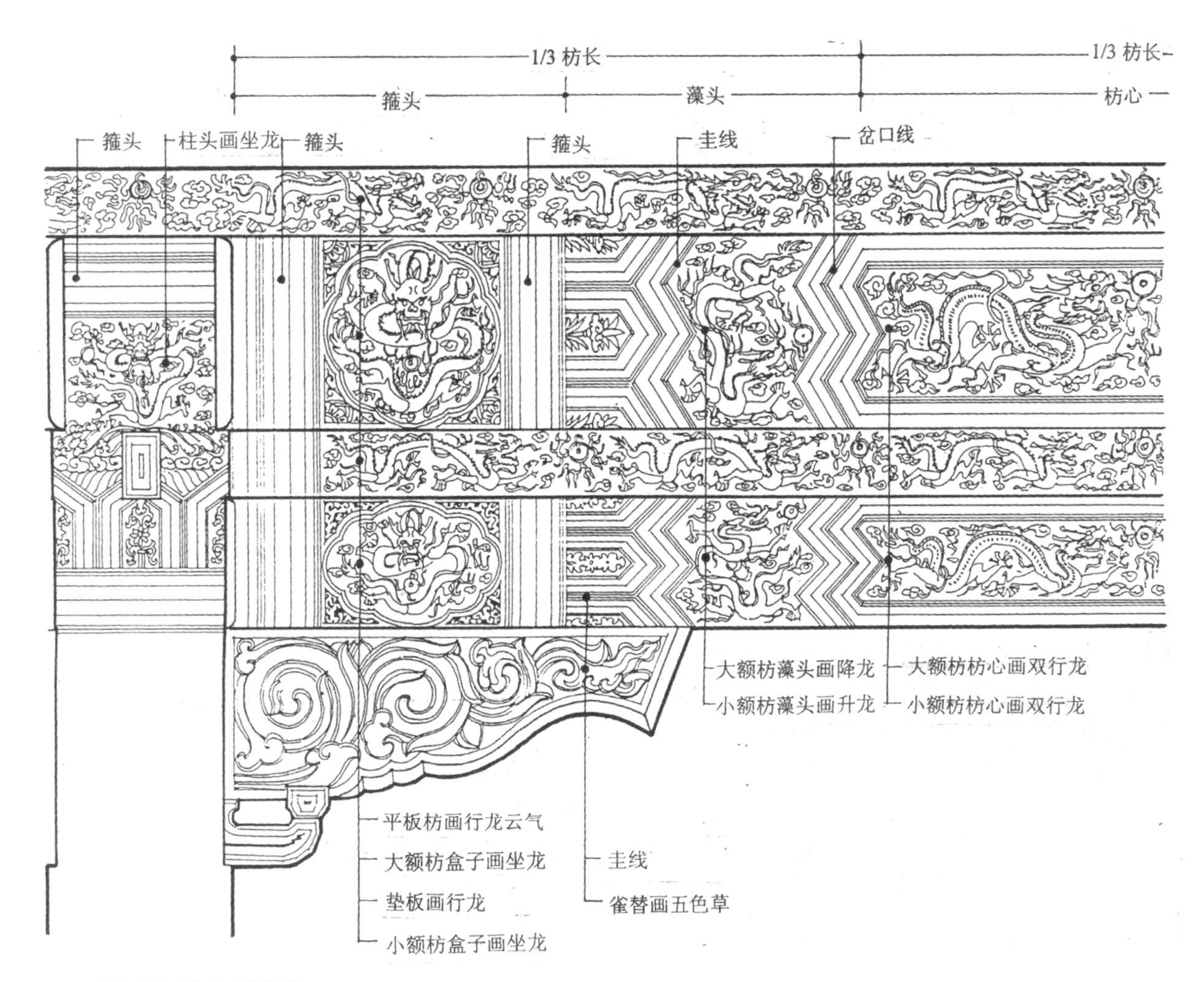

图3-94 清代官式和玺彩画墨线图

图3-95 清代和玺彩画找头圭线的变化

图3-96 北京故宫皇极殿金龙和玺彩画（一）

图3-97 北京故宫宁寿宫颐和轩金龙和玺彩画

（1）金龙和玺　整体大木构件皆用龙纹（行龙、升龙、降龙、团龙、龙戏珠等），并沥粉贴金，间配以火焰或云气，使画面布局匀称谐和。金龙和玺用金量最大，只适用于皇帝宫廷的主要殿堂及坛庙建筑，为最高级的彩画（图3-96～图3-98）。

（2）龙凤和玺　图案为龙凤匹配的纹饰。可以

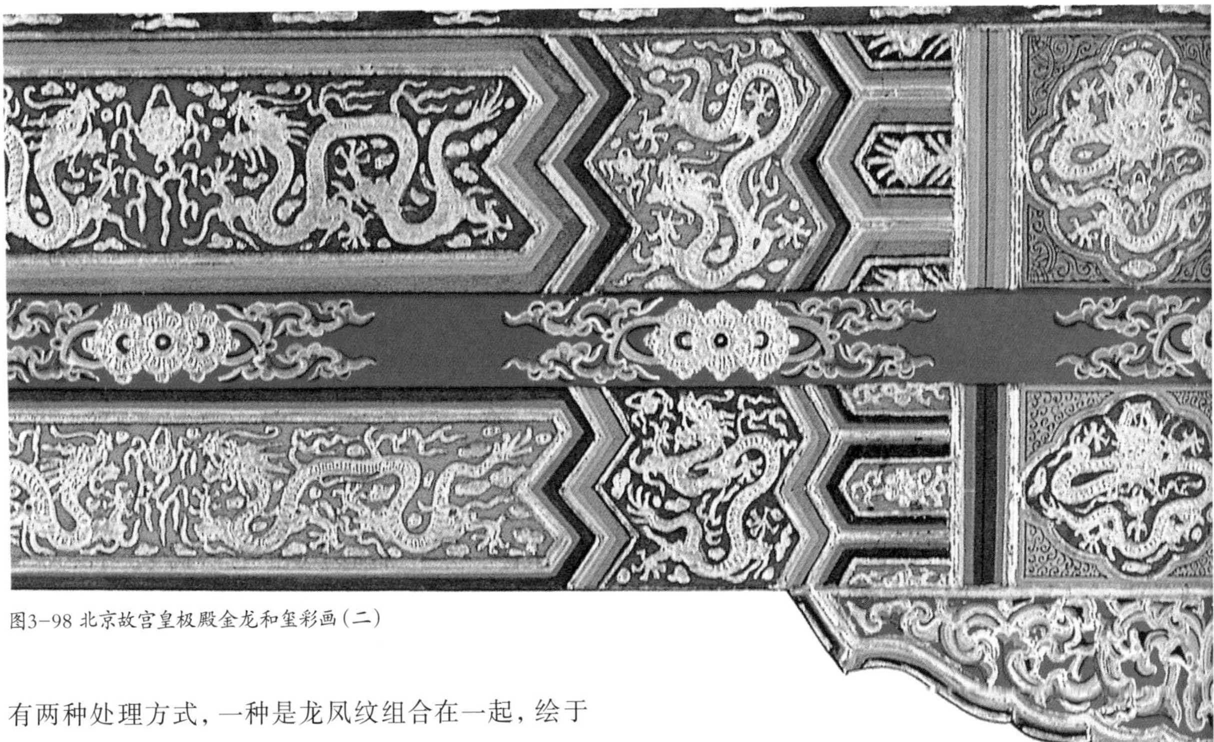

图3-98 北京故宫皇极殿金龙和玺彩画（二）

有两种处理方式，一种是龙凤纹组合在一起，绘于枋心；另一种是龙凤纹单画，青绿两色地间色，一般青地画龙，绿地画凤，谓之“天龙地凤”。龙凤纹皆沥粉贴金。此种彩画为二等，适用于帝后寝宫及祭天坛庙（图3-99、图3-100）。

（3）龙凤枋心西番莲灵芝找头和玺　即龙凤和玺构图中的找头部位改为西番莲及灵芝图案代替，亦皆沥粉贴金。其等级亦为二等。

（4）金凤和玺　各部位皆画沥粉片金凤凰图案。适用于皇后寝宫及地祇神庙等（图3-101）。

图3-100 北京故宫永寿宫龙凤和玺彩画

图3-99 北京故宫钦安殿额枋龙凤和玺彩画

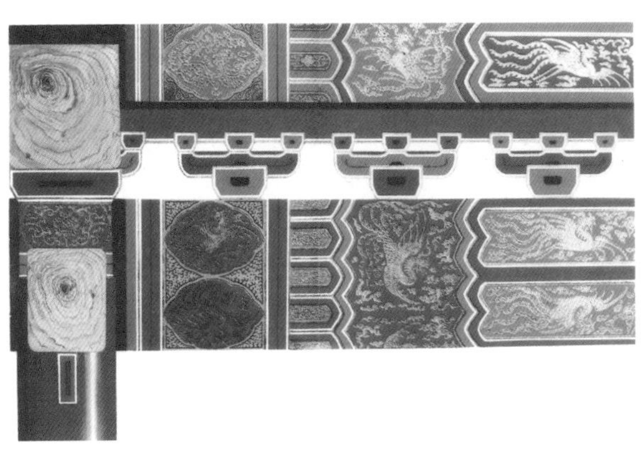

图3-101 北京地坛皇祇室内檐金凤和玺彩画（清嘉庆五年，1800年）
（资料来源：古建园林技术，（10））

（5）龙草和玺 图案为金龙与法轮吉祥草配合运用。凡青地处一律画龙，而绿地处改为红地，上画法轮吉祥草。亦沥粉贴金。这种和玺彩画的色调感有些变化，五彩色调更鲜明。此种彩画属于三等，用于宫廷建筑的宫门、殿门、配殿或重要敕建寺庙（图3-102、图3-103）。

（6）梵文龙和玺 即以梵文与龙纹为图案母题，还有宝塔、莲座等宗教题材。多应用在藏传佛教寺庙中（图3-104、图3-105）。

和玺彩画的平板枋一般刷青地，画沥粉贴金的工王云，或行龙、卷草；由额垫板刷红色，画沥粉贴金行龙或三宝珠吉祥草。

和玺彩画的三大特点：以龙凤为母题；用金量大；五彩缤纷，不求色调。造成该彩画的华贵辉煌的艺术面貌，所以是帝王宫殿的专用彩画种类。

2. 旋子彩画

旋子彩画历史久远，历经元明，至清代已完全形成"规矩活"的彩画。其构图仍遵循大木构件分三停的画法。五大线的锦枋线齐备。皮条线、岔口线完全定型60°尖角折线，摆脱了由如意头退化出来的弧线造型。

图3-102 北京故宫崇楼龙草和玺彩画

图3-103 北京故宫弘义阁龙草和玺彩画

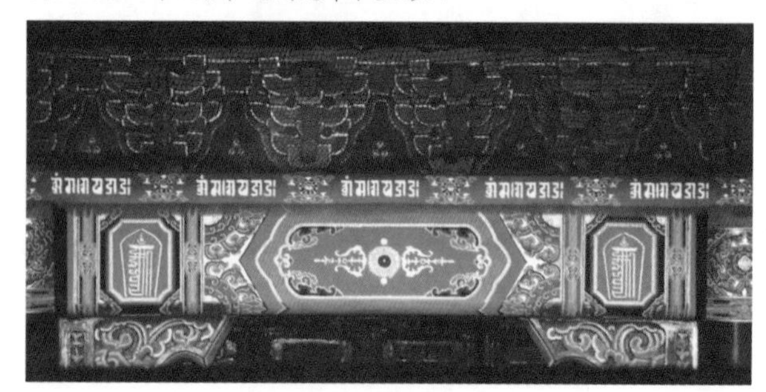

图3-104 河北承德须弥福寿庙妙高庄严殿宝杵佛梵字和玺彩画

图3-105 河北承德普宁寺大乘阁六字真言和玺彩画

旋子彩画的最大特点是其找头部分的图案完全由青绿旋瓣团花组成，整齐素雅，具有规整的图案装饰性，其变化重点在于枋心及合子图案，可以绘制龙、凤、宋锦及花卉，也可是素枋心。清代中后期的旋花已完全程式化。如花心皆为小圆饼式（内部再划分为一托二瓣，因其为正圆形，故彩画老师傅皆称其为“旋眼”），再无花朵的形态；整团旋花为正圆形，由花心、一路瓣（团花大者可加二路瓣），旋瓣组成；旋瓣皆为涡卷式瓣，而凤翅瓣、抱瓣、内卷瓣等已不多见；与明代旋花对比，清代旋瓣明显缩小，一周旋瓣由8瓣，增多至10瓣、12瓣；旋花的整体构图以一整二破为基础，即一个整团花与两个半团花的组合。为了适应找头部位长短的不同，在一整二破图案的基础上，用加一路、加金道冠、加两路、加勾丝咬、加喜相逢等辅助图案加以调整，既保证了构图的完整性，也有极大的适应性（图3-106～图3-108）。此外，用色方面仍遵循青绿间色的原则。

旋子彩画可进一步划分为八个等级，以用在不同级别的建筑物上，划分原则基本上按用金多少来衡量。

（1）浑金　即全部线路，包括锦枋线、图案实体及图案轮廓线等皆沥粉贴金，不再绘制其他颜色。地子色可以为单色，也可直接绘在楠木底色上。浑金彩画十分高贵富丽，用金量大，一般不常用。

（2）金琢墨石碾玉　锦枋线及枋心、合子图案轮廓线、旋花边线、花心、菱角地、宝剑头、栀子花心、栀子花边线皆沥粉贴金，旋花及锦枋线皆青绿退晕。枋心及合子

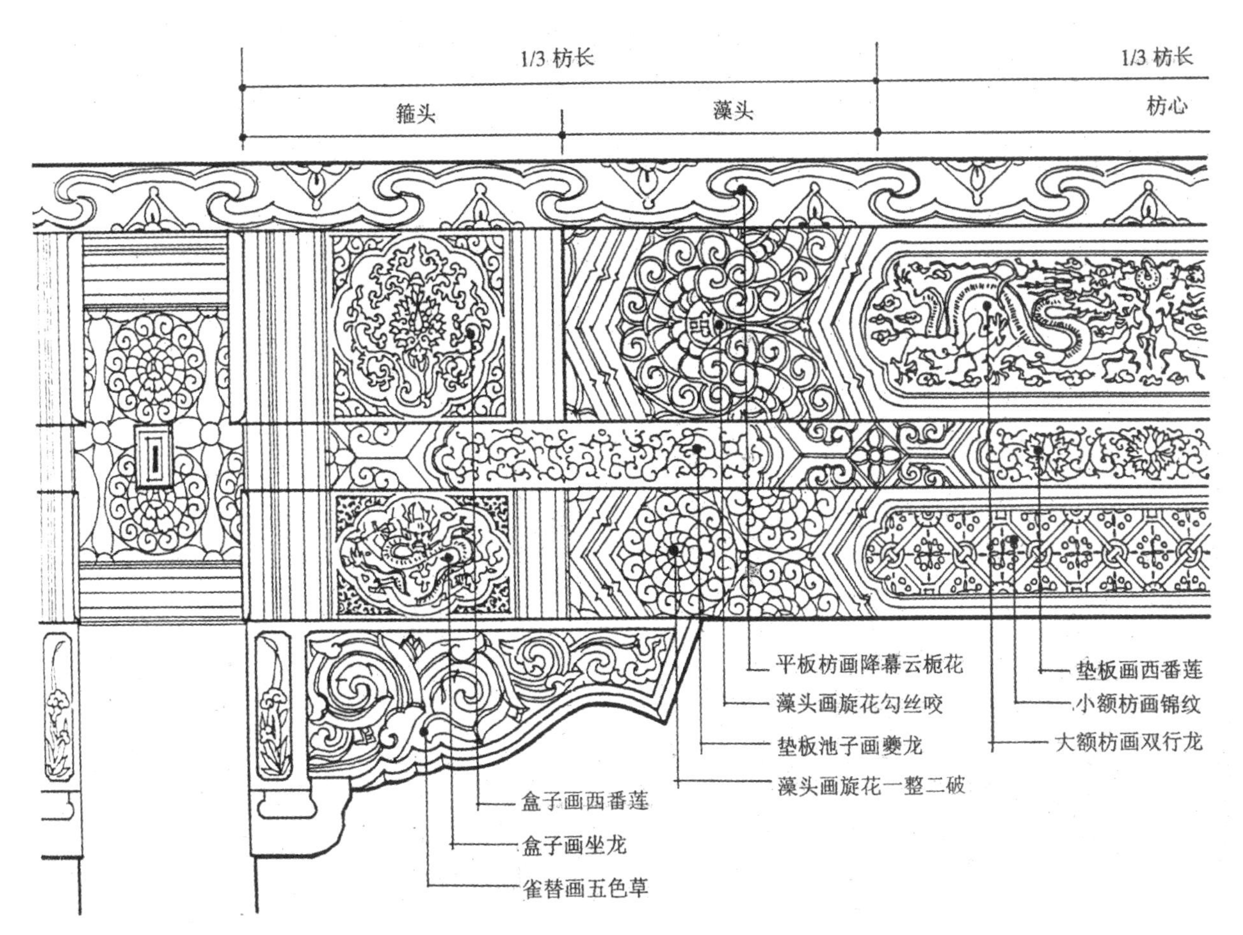

图3-106 清代官式旋子彩画墨线图

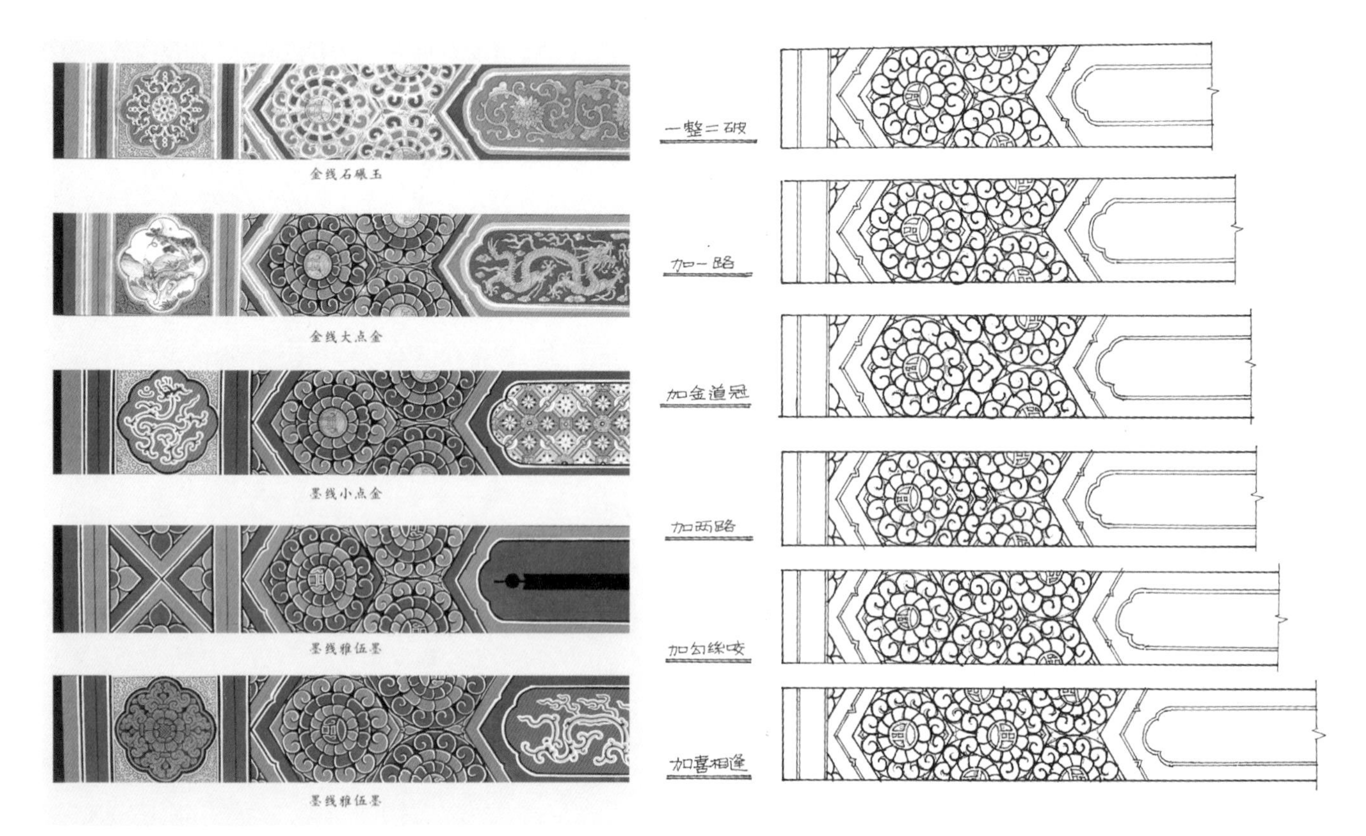

图3-107 清官式旋子彩画五种

图3-108 清代旋子彩画六种找头构图变化

图案为龙、凤、夔龙和宋锦，亦沥粉贴金（图3-109）。

（3）烟琢墨石碾玉 全部用金及退晕与金琢墨石碾玉相同，仅旋花及栀子花的边线改用墨线，故用金量稍少。其枋心与合子图案亦同（图3-110）。

（4）金线大点金 锦枋线及花心、菱角地、栀子花心、枋心与合子图案轮廓皆沥粉贴金，但旋花及栀子花只在青绿底色上以黑色勾边，沿边靠描白粉一道，锦枋线退晕，而旋花不退晕。枋心、合子图案以龙纹、锦纹为主，间有西番莲，后期亦有用花草者（图3-111）。

（5）墨线大点金 锦枋线为墨线，亦不退晕，花心、菱角地、栀子花心沥粉贴金，旋花、栀子花不退晕，黑线勾边，同金线大点金。枋心、合子亦为龙锦图案，局部点金。以上各类别的旋子彩画的由额枋多画“半拉瓢”卡小池子，可以贴金也可不贴。高级彩画可用贴金行龙或三宝珠吉祥草图案。平板枋彩画多用“降幕云”。

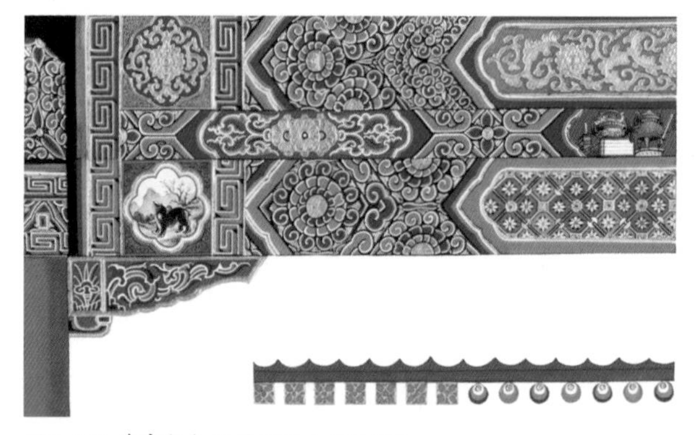

图3-109 清官式金琢墨石碾玉旋子彩画

图3-110 北京故宫协和门烟琢墨石碾玉彩画

图3-111 清代官式金线大点金旋子彩画

图3-112 北京故宫右翼门彩画墨线小点金

（6）小点金　锦枋线及轮廓线全部为墨线，不退晕。仅限于花心及栀子花心沥粉贴金，用金量最少，比较素雅。其枋心图案亦简化为夔龙，或素枋心，素枋心中心画一粗黑线，故又称“一字枋心”。很少画龙锦。由额垫板及平板枋同上（图3-112）。

图3-113 北京颐和园廓如亭雅伍墨旋子彩画

（7）雅伍墨　整组青绿彩画全部用墨线，亦不退晕，是最简约的旋子彩画。枋心多为一字枋心，合子多为栀子花图案，由额垫板亦为小池子、半拉瓢，或者是“长流水”。平板枋多为青绿地画黑叶子花。在雅伍墨的小构件中也常用“切活”方法，以黑地剔描出花卉或夔龙图案（图3-113）。

（8）雄黄玉　是一种黄色调的旋子彩画。整个大木构件通刷丹色，锦枋线及旋花图案一律用墨线，并用三青、三绿退晕，加大小粉。因所用雄黄、漳丹颜料有毒性，有防虫作用，故多用于书房、藏经楼、库房等处（图3-114）。

图3-114 清代官式墨线雄黄玉彩画

旋子彩画的飞子头图案为栀子花、十字别、万字

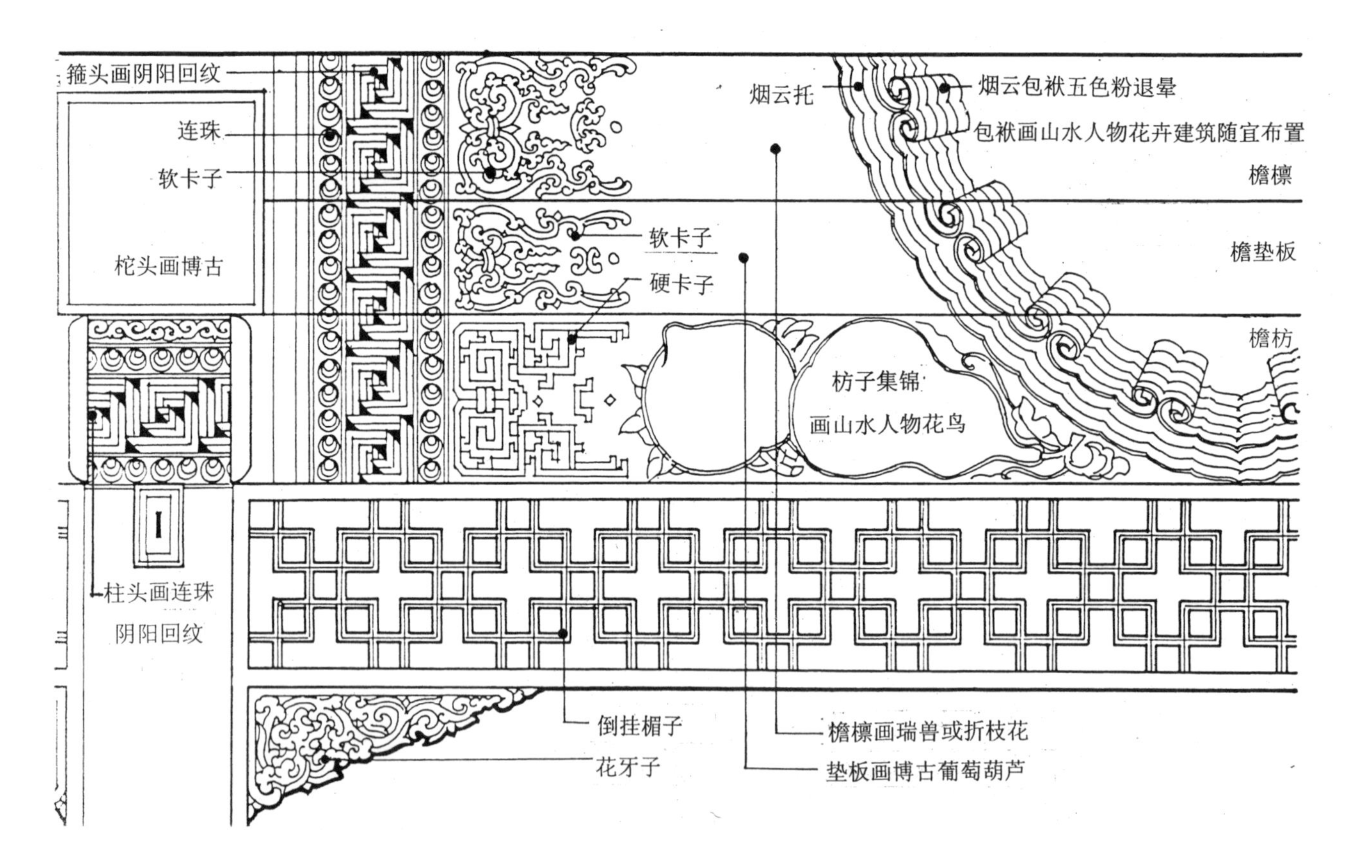

图3-115 清代官式苏式彩画墨线图

等。椽头为龙眼或虎眼、团寿字等。图案比较简单。根据大木彩画的级别，可以沥粉贴金，也可以为墨线。

3. 苏式彩画

苏式彩画是源于江南苏州一带的南方彩画类别，它原是以素雅的包袱锦纹为主题的画，很少用金。但传入北方宫廷以后，产生较大的变异，以适应北方木构形制及热烈华丽的艺术要求。虽仍以青绿色为主色，但也搭配了相当数量的红、黄、紫、香色等小色，以及贴金、片金工艺。假如说它仍保留了苏州彩画的影响，只能从包袱式构图、锦纹装饰及自由式布局三方面反映出来（图3-115）。

清代前期的苏式彩画已经占据了官式彩画的相当大的份额，并已十分成熟。中后期苏画只是在图案题材及细部画法上进一步丰富，更能满足园林建筑及生活建筑对美观的要求。分类上仍然是枋心式、海墁式、包袱式三类（图3-116）。

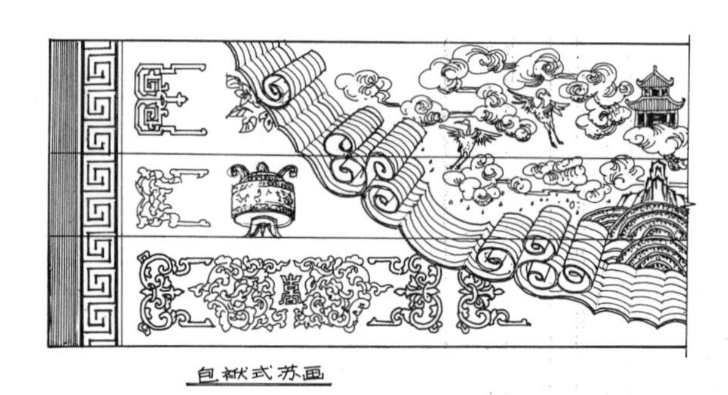

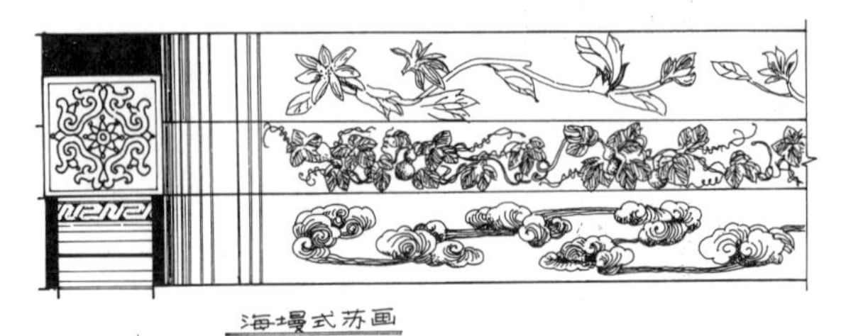

图3-116 清代苏式彩画的三种类型

（1）枋心式苏画　即檩垫枋三件分绘，每一构件分三停，如旋子彩画。此时期的枋心苏画与前期苏画比较，有如下的变化。箍头图案丰富了，并加重了。大量使用贯套、回纹、万字组成的活箍头，箍头两侧并加饰连珠带。枋心的岔口线多使用烟云式，以强调内部的枋心图案。找头内出现了聚锦合子图案，端头并绘有卡子（有软、硬、单、双之分）。枋心图案除锦纹、团花、夔龙、吉祥图案以外，尚有许多写生的花卉、风景、线法、博古等图案，是自由表现美术技法的重点部位，枋心地的颜色由深色地改变为多用浅色或白色地。合子图案亦然。总之，枋心式苏画的特点是在官式彩画的构图基础上，改画自由图案，以替代旋子与龙凤等严肃图案，增加彩画的活泼气氛（图3–117～图3–119）。

（2）海墁式苏画　亦是檩垫枋三件分绘，每个构件的端头画出箍头、卡子（有的不画卡子），内部不分找头与枋心，而统画各种图案。此时期海墁苏画的主题纹饰亦有变化，标题性吉祥图案往往转移到包袱彩画中，海墁苏画中较少应用，而大量发展的是流云、花卉、博古等。为了使图案铺展全面，多采用折枝花卉及藤蔓花卉。折枝花卉种类有牡丹、菊花、山茶、海棠、佛手、仙桃、石榴、橘橙等。藤蔓花卉有葡萄、葫芦、牵牛、紫藤等。有的海墁图案也可作散点处理，如竹叶梅、百蝶梅、流云飞蝠等。另外，黑叶子花也是常用图案（图3–120）。最简单的画法是掐箍头彩画，即仅在枋木两头画箍头，枋身全部为朱红油饰，无任何图案，应该亦属海墁苏画。

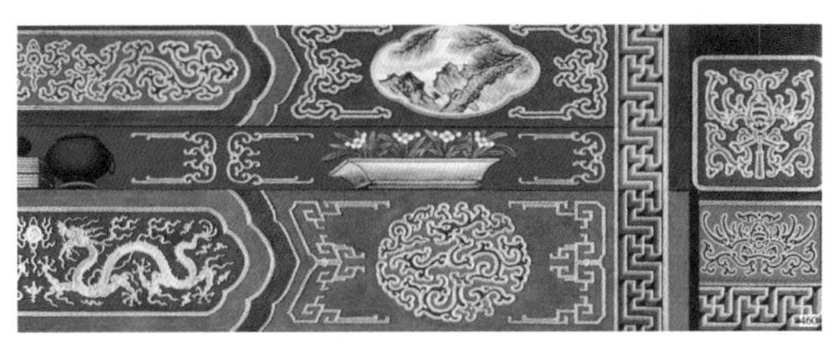

图3–117 北京故宫宁寿宫花园旭辉亭苏式彩画小样

图3–118 北京颐和园长廊亭子枋心式苏式彩画

图3–119 北京北海快雪堂浴兰轩次间枋心式苏式彩画

图3–120 辽宁沈阳故宫东所海墁式苏式彩画

（3）包袱式苏画　此画的最大特点是檩垫枋三件统一构图，按中心线画一上搭包袱图案，一般包袱外形接近半圆形。构件两端仍画箍头、卡子。由于半圆包袱占用部位的影响，檩垫枋三件的找头部分的面积大小不同，可随宜描绘花卉、博古、聚锦等图案。整体看来包袱式苏画即是在海墁式苏画的基础上，中部改为包袱图案的一种布局。这种构图的彩画在传统彩画中具有十分明显的新意，所以几乎成为皇家园林建筑的通用模式，也是苏式彩画的代表。与前期包袱式彩画比较，此时期的变化表现在若干方面。如包袱边由花纹式边饰，改为烟云筒子加托子的边饰，并且分为软、硬烟云。这种烟云画边可产生一种透视的立体感，像透过一个半圆形的空窗，观看窗外景物（包袱内画面）的感觉。包袱内画题除了前期夔龙、宋锦、吉祥图案以外，中后期多为写生画题，诸如山水、人物、花卉、故事、线法画等。合子、找头聚锦、小池子等处亦多为写生画题。最著名的包袱式彩画是北京颐和园的长廊彩画，几乎成为游客必然观赏的一处景点（图3-121~图3-126）。

图3-121 北京故宫宁寿宫养性殿前抱厦包袱式苏式彩画

图3-122 清官式包袱式苏式彩画包袱心

以上是按构图特点进行的分类。在应用过程中按建筑物的重要性，在画法及用金上又分高、中、低之别。高级的为金琢墨苏画，即所有大线及轮廓线皆贴金，合子内方格锦亦贴金，包袱烟云做七道退晕，箍头、卡子亦退晕；中等的为金线苏画，即大线及箍头、卡子贴金，五道退晕烟云；低等的为墨线苏画，即全部为墨线绘制。尚有一种黄线苏画，即是以黄色线条代替墨线大线。

苏式彩画多应用在小式建筑上，没有斗栱，同时檩、椽构件亦小，所以椽头彩画只有万字、十字别、栀子花、福寿团等数种。柁头多画海棠合子、博古、花卉等。

图3-123 北京北海澄观堂次间包袱式苏式彩画

4. 吉祥草彩画

这是从清代前期延续下来的一种彩画品类。在雍正年间的《工程做法》彩画作的琢墨彩画中就有“金琢墨西番草三宝珠彩画”一项，说明其由来已久。中后期的琢墨彩画中的龙、凤、锦枋心一类明确为和玺彩画以后，三宝珠西番草（吉祥草）彩画则被独立出来。这种彩画的构图可能是从藏传佛教建筑中借鉴过来的。其构图十分简练，构件两端有箍头，身内不分找头与枋心，只在中间部位画出三颗宝珠纹，宝珠两侧为带抱叶的卷草纹，组成三宝珠吉祥草的图案母题。这个母题

图3-124 北京故宫宁寿宫乐寿堂内檐包袱式苏式彩画

图3-125 北京故宫文渊阁包袱式苏式彩画

图3-127 三宝珠吉祥草彩画及其变体

图3-126 北京颐和园长廊包袱式苏式彩画

图3-128 北京故宫弘义阁三宝珠吉祥草彩画

图3-129 北京故宫太和门三宝珠吉祥草彩画

图3-130 北京故宫午门城楼三宝珠吉祥草彩画

可以画在梁枋的下部，形成反搭包袱的三角形，箍头处在梁上部，画半个母题，成岔角之势。三宝珠吉祥草也可绘在梁中间，两端为半个母题。也可将母题匀布在梁的全部，成为海墁之势。还有的在吉祥草梁枋彩画上再画一上搭包袱。这类彩画的底色为朱红色，吉祥草为青绿色退晕，宝珠、吉祥草皆为沥粉贴金，构件底色留空较多，故其色调极其粗犷炽烈。最直接的例证是乾隆年间绘制的故宫午门城楼彩画即是此类。原端门、天安门亦是此类，后被改绘了，但端门内檐尚有保留（图3-127~图3-130）。吉祥草、三宝珠彩画在关外皇家建筑及藏传佛庙建筑中常有应用。

5. 海墁彩画

即是所有大木构件不分段落，甚至包括椽望及柱子，全部遍绘一种纹饰的彩画做法。实际上就是前期提到的地仗彩画。其纹饰及设色方面又分几种做法。其一是遍绘斑竹纹。即是沿构件长向，平行绘制一排排绿色竹竿形纹饰，构件就像被竹竿包裹起来，梁枋柱的端部箍头或卡子亦绘成竹竿状。有的还以细竹纹组成福寿字、夔龙纹等作为装饰图案。斑竹纹表现的是天然材料的装饰美。另外，早期彩画就有绘画黄褐色的松木纹样的松纹装，至清代仍有出现，应亦属海墁式彩画。其二，是所有构件均以绿色为底色，遍绘牡丹或藤蔓类花卉，就像置身园林花卉丛中。其三，是以石青为底色，其上遍绘流云，或散点梅花、蝴蝶、蝙蝠等。海墁彩画在清代晚期大木作中也不多见，但后两种在园林亭榭中，以及廊屋等较短的梁枋上尚有采用（图3-131~图3-133）。

图3-131 北京故宫淑芳斋戏台天花海墁式彩画

图3-132 北京恭王府戏楼海墁彩画

图3-133 北京故宫御花园绛雪轩斑竹纹海墁彩画

6. 华红高照彩画

华红高照彩画是宫廷彩画中的一种变体，即在和玺彩画或旋子彩画的格局基础上，在找头部位加以变化，即不用旋花、锦纹、龙纹，改为两个合子或缠枝莲等自由题材，以锦纹衬地，成为一种新的样式。华红高照彩画是三大彩画之外的一种谨慎、小步伐的改革探索，还没有形成固定的格局，所以实例不多（图3-134、图3-135）。

图3-134 北京故宫御花园延辉阁华红高照彩画

图3-135 北京故宫建福宫延春阁华红高照彩画

图3-136 清代官式斗栱彩画

7. 其他构件彩画

斗栱彩画基本走向简单化、规格式的模式，一律为青绿间色加金边或黑边的画法，分为上、中、下三个等级。石碾玉斗栱彩画为上等。即“金边金老”，外缘沥粉金线，内拉青绿晕色，拉大粉一道。金线斗栱彩画为中等。即“金边黑老”，外缘金线为平贴金，不沥粉，缘内不作晕色。墨线斗栱彩画为下等。即“黑边黑老”，不沥粉，不贴金，无晕色，简单素雅。不同等级的斗栱彩画，与不同等级的大木梁枋彩画匹配应用。但青绿用色一定要栱斗间色，分攒间色，以取得一定的变化（图3-136）。

栱眼壁的底色一般为朱红，彩画图案亦分等级。如沥粉片金龙凤、点金攒退三宝珠等为上等；五彩红莲献佛、祥轮瑞草等为中等；素红的满堂红为下等。亦有金琢墨、烟琢墨之别。

椽子彩画一般都比较简单，红身绿肚，或全刷红绿，只有在重要建筑物的椽上有彩绘。如北京故宫太和殿的圆椽在绿色的椽身上沥粉贴金，描绘出卷草西番莲；飞子方椽在蓝色椽身上沥粉贴金，绘饰卷草莲花，椽间朱红望板上绘金色流云，整片檐下金光灿烂，异常华贵，这种做法只能用在帝王宫殿上，是为特例。大多数官式建筑物的椽头是有彩画的。方椽头画万字、栀子花、金井玉栏杆、十字别、福字等；圆椽头画虎眼、寿字、蝠磬、菊花等。特别是在皇家园林建筑中，椽头彩绘的题材更为丰富，因为椽头是距人们视距最近的屋面部位，故予以特别的关注（图3-137、图3-138）。

天花彩画在布局规划上有了一定的规律，即不再追求变化，各井口内的色彩、做法皆为一致的设计，艺术风格十分庄重、和谐，用以衬托出明间藻井的装饰

图3-137 北京故宫太和殿椽飞彩画

图3-138 清代官式椽头彩画

图3-139 北京故宫宁寿宫养性门金龙井口天花彩画

图3-140 北京故宫太和门金龙井口天花彩画

图3-141 清官式彩画——五彩井口天花：夔龙、夔凤、仙鹤、汉瓦

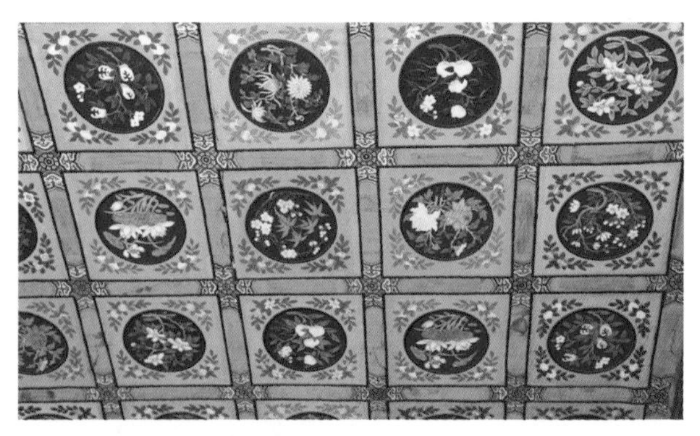

图3-142 北京故宫永寿宫软天花彩画

效果。最高级的为片金天花，其所有图案皆沥粉贴片金；其次为金琢墨天花，大线沥粉贴金，小线单粉贴金，五彩渲染；再次为烟琢墨天花，即大线贴金，图案为墨线五彩。还有一种以白线勾勒图案的画法，称为玉作天花。清代天花图案主要用在圆鼓子内，内容有团龙凤、夔龙凤、寿字、卷草、团鹤、六字真言、龙凤呈祥、金莲水草、五福捧寿、四季花、四合云、福庆流云、西番莲等，内容十分丰富（图3-139～图3-141）。一般即以圆鼓子图案命名天花名称，清代天花彩画的制作方法，一般为直接绘制在装修木板上，称为硬天花。还有一种画在纸上，然后裱糊张贴在天花板上，称为软天花。还有的是预制出纸制井口天花图案，然后裱糊在白樘箅子上的整樘平顶天花上，以取得井口天花的效果（图3-142）。

官式彩画中对藻井没有具体规定，在各项则例中也无记载。对现存宫殿藻井进行考察可知，藻井构造基本分为两部分，即斗栱、抹角支条、朵云装饰带等木制构造部分，和中心井口的蟠龙雕刻部分。高级的藻井全部贴两色金，稍次的藻井其木构部分可进行彩绘。藻井的绘制方法可按斗栱梁枋的相同做法执

图3-143 北京天坛皇穹宇藻井彩画

图3-144 北京故宫御花园千秋亭天花藻井彩画

行，每座藻井各不相同，须临时议定，故无做法定则（图3-143、图3-144）。

总之，官式彩画发展到清代已经是十分规格化、建筑化的工艺技术了，自由式的写生技术渐渐少用。后期为了丰富艺术思路，在苏式彩画中又开始采用了各种写生技法，但这种写生也是限制在统一构图中的局部变化，总体感觉仍是有序的组成。

（六）地区建筑彩画

除了北京及周围地区广泛采用的官式彩画以外，全国各地传统木构建筑亦绘制彩画装饰，但只是师徒传授，又无文献记载，所以无法确知其规矩制度，仅从实物图样中了解大概。由于气候的影响，北方地区建筑进行彩画的较多，南方稍少些。具有鲜明地方彩画特色的地区有江南、山西、辽宁、河南、闽南等地。总体看来北方地区彩画多用青绿颜色，并部分点金，呈冷色调图案；江南彩画的用色以红、褐、黄等暖色调为主调，蓝、绿为小色，作为点缀，呈微暖色调；闽南一带彩画以黑红为主色，并大量用金，气氛热烈，呈极暖色调；台湾地区彩画用色不仅热烈，而且颜色众多，遍布各处，呈现一种华丽的观感。为什么各地彩画用色与地区气候逆向，说明建筑装饰手法的选择是多方面因素决定的，很大程度上人文因素的影响是最根本的。

1. 江南彩画

江南地方彩画是官式苏画的发源地，明代时已有成熟的表现。清代在此基础上又有发展变化。民间建筑除了继续沿用锦纹系袱子图案以外，还大量地采用直袱子，直袱子尽量加长，几乎占据梁长的一半，约两椽架的距离，其彩色装饰效果更为突出。同时，因为清代建筑构架的月梁减少，而梁枋断面以长方形的扁作为多，而且愈是晚期其断面愈是扁高。为了适合梁形的变化，其直袱子的画法由裹梁形式，转为仅在看面（大面）绘制，梁底则涂素色或朱红色，并无彩画。有的系袱子图案画在梁底的尖角，也翻到梁身上了。直袱子的构图保留了原来的袱子心、包袱边及穗子的排列，但为了延长其长度在包袱心与边之间加了正方形合子，而且穗子也变形为其他几何图案。在彩画的画题上突破了锦纹的限制，出现了写生花卉、流云百幅、松鹤延年、博古等多种画意题材。设色上更为艳丽，五彩纷

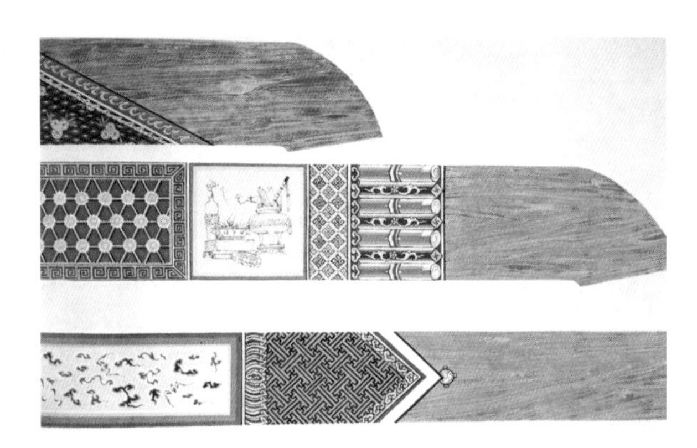

图3-145 南方苏式彩画

图3-146 江苏苏州薛福成故居正厅彩画

图3-147 江苏苏州忠王府大堂彩画（一）

图3-148 江苏苏州忠王府大堂彩画（二）

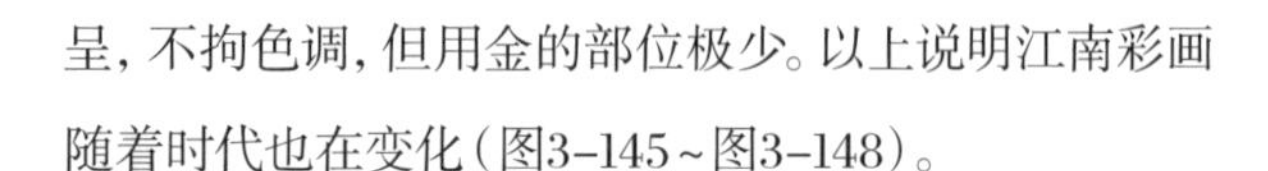

呈，不拘色调，但用金的部位极少。以上说明江南彩画随着时代也在变化（图3-145～图3-148）。

2. 山西彩画

山西地区彩画受北京官式的影响，基本上仍按箍头、找头、枋心的分段原则处理大木梁枋，但各地区的做法比较自由，无一定格式，也无固定比例。有的无箍头，有的将箍头设在找头与枋心之间，后期彩画更将枋心分隔成几段，或设两、三个合子。早期枋心图案多为龙纹、锦纹，找头图案多用如意纹、旋花等。而后期则出现花卉、博古及写生风景等。这种发展与北京官式彩画的发展几乎是同步的。晚期在线路处理上由弧线转为复杂的拐子线（当地称之为汉纹），而且拐子线还有退晕装饰，甚至为多层烟云等。山西地区尚有一种简易的彩画，即是在灰色地上画黑线花纹图案，花纹以粉线勾轮廓边。这种画法较为简洁大方（图3-149～图3-152）。

3. 辽宁彩画

辽宁地区的彩画比较粗犷，特点浓厚。其彩画类别分为三种，一为金顶墨，即是大线及图案线皆沥粉贴金，颜色以青绿为主，相当于官式的金线大点金，在黑龙江地区又称之为“金青绿彩画”；一为墨顶金，即全为墨线来画，不用金，用色亦为青绿，用于次要建筑；另一种称小红花，除青绿以外，红色分量大，即漳丹用得多，颜色对比强烈，呈暖色调，不用金饰，多用于内檐。辽宁地区传统建筑的大木结构有不少地区特色，如檩条用一檩一枋或双檩，平板枋高且宽，不设由额

图3-149 河北蔚县重泰寺大殿彩画

图3-150 辽宁地方彩画（资料来源：何俊寿，王仲杰主编. 中国建筑彩画图集[M]. 天津：天津大学出版社，1999）

图3-151 山西晋城府城村玉皇庙大殿彩画

图3-152 辽宁北镇北镇庙正殿檩木彩画

图3-153 山西太谷曹家大院中院正厅彩画

图3-154 山西地方彩画（资料来源：何俊寿，王仲杰主编. 中国建筑彩画图集[M]. 天津：天津大学出版社，1999）

垫板等。因此，其彩画也是分件彩绘，不太注重统一构图。木件图案结构除箍头、找头、枋心组成以外，大量采用分池子的构图，一条枋檩上可有两三个池子，有的池子还很长。图案内容多吉祥图案、宗教符号及花卉等。用色讲求对比，以不“靠色”为原则。当地彩画工在构件起稿时，不采用拍谱子的办法，而是以炭条在构件上直接绘制，因此自由度较大，即便是同一画题，其造型也有不同之处（图3-153、图3-154）。

4. 河南彩画

河南地区的寺庙建筑彩画，大部分采用枋心式构图。但有的不设找头，而扩大箍头合子的长度。枋心图案用龙、锦的数量较多。地子色用青色的较普遍。还有一种单色的彩画，用黑白灰三个层次组织构图及图案，

图3-155 河南开封山陕甘会馆关帝殿木雕及彩画

图3-156 河南洛阳关林大殿梁架彩画

亦很雅致。另外，在会馆等较世俗化的建筑中，常采用雕绘结合的方法来装饰外檐梁枋构件。以深雕或贴雕方法将动植物图形附在构件上，然后再描绘彩色及贴金，用色多为浅色。图案有龙、凤、动物、云气、缠枝花卉等，造型偏重写生画意。梁枋地子只需平涂重色即可（图3-155、图3-156）。

5. 闽南彩画

闽南地区的建筑彩画与其建筑风格极为相似，即是外向型的、华丽而热烈的格调。其构件多为雕彩结合处理。其梁檩的椭木、矬瓜柱、柁墩、托木（雀替）等皆为透雕或高浮雕件。雕件有夔龙、拐子纹、写生花卉、动物等造型。随形敷彩，颜色有红黄青绿紫黑，五彩并用，以暖色为主，极少用金及白线。艺术上产生纷繁华丽的效果。若是无雕刻的构件，则多平涂彩绘，构图为枋心式，找头、箍头不明显，题材为人物故事及写生花卉（图3-157~图3-159）。闽南地区再往西南，进入广东潮汕地区，其彩画又产生大的变化。该地区亦是雕彩结合，但基本上是用红金两色，青绿少用。其意图是用简单的热烈颜色烘托雕刻的精工巧制（图3-160、图3-161）。台湾地区的住民多为闽南和潮汕迁入的，所以其建筑风格基本继承了闽粤建筑风格，彩画亦是如此，而且更为夸张。基本上是雕绘结合，配以红金彩色，热烈火爆，刺激性极强，在中国建筑彩画中是达到色彩表现的极致的一种类型（图3-162、图3-163）。

图3-157 福建漳浦湖西黄氏家庙梁枋彩画

图3-158 福建漳浦诒安城大宗祠梁架彩画

图3-159 福建泉州杨阿苗宅梁架彩画

图3-162 台湾宜兰文昌宫正厅彩画

图3-160 广东梅州某祠堂红金彩画

图3-163 台湾宜兰黄举人宅彩画

图3-161 广东汕头某祠堂彩画

（七）民族建筑彩画

1. 藏族彩画

藏传佛教建筑在彩画方面有着高度的成就，风格十分独特。藏传佛教遍于全国各地，但其彩画也不尽相同。例如，内蒙古、陕西、甘肃、青海一带的佛寺建筑受汉式影响，其结构为梁枋斗栱结构，瓦面坡屋顶，其彩画也同样采用枋心式画法，只不过规矩不严格，有时可分为12段枋心。用色也较随意，五彩并用，且有的构件色彩用退晕技法。画题有旋子、花卉、龙、如意头、云纹等，但无锦纹图案。为了增加宗教气氛，图案中采用佛八宝、梵文、火焰珠、红莲献佛、度母像的题材亦很多。有的佛寺受地区风格影响，亦有廊罩、花牙、随梁枋等构件，同时采用雕绘结合的装饰方式。至于北京、承德的御赐的藏传寺庙，其布局与结构与官式建筑无异，其彩画基本为官式，仅加入了一些藏传佛教符号，不能显现藏族彩画的特征。

西藏地区及川西、甘南的佛寺彩绘则是完全藏式风格的，其布置及设色是在横枋密檩的平顶建筑结构方式上进行装饰的。几乎所有的建筑构件皆进行了彩绘，加上色彩斑斓，红金为主的特点，形成独特的藏式彩画。其彩绘重点是柱头、大替木、承重枋木的装饰带及门框装饰带等几处。

柱头部位的装饰包括有柱披、连珠带、大斗及斗底莲座托。柱披是藏族建筑的特点，自柱头向下垂饰若干花穗，形如柱头上的披巾。柱披花纹为如意纹、宝珠卷草纹等，柱披垂穗与柱身亚字形断面相结合，每面一穗。垂穗颜色多为白、绿、金等色，与朱红柱身形成对比。柱披亦有做成连体的，成为一块画布，亦十分华丽（图3-164～图3-166）。柱身用色皆为朱红，不置花纹，但拉萨大昭寺的内柱则绘有描金西番莲图案，可能受内地彩绘影响，这样的实例不多（图3-167）。藏

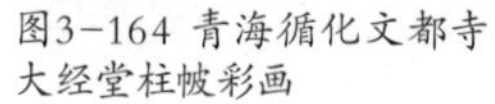

图3-164 青海循化文都寺大经堂柱帔彩画

图3-165 西藏拉萨布达拉宫门廊柱帔彩画

图3-166 甘肃迭部郎木寺大经堂柱头彩画

图3-167 西藏拉萨大昭寺大经堂柱身彩画

图3-168 西藏拉萨布达拉宫红宫西大殿内柱

图3-169 青海塔尔寺大经堂彩画及柱衣

图3-170 西藏拉萨布达拉宫西大殿色西平措替木彩画

族寺庙的内柱亦有包裹柱衣的，或蓝或白，高级的用毡毯包裹，质感及色泽皆有别于彩画的效果（图3-168、图3-169）。还有的柱身上挂彩色布幡，这些装饰已经不属于彩画范围内的手法。

藏传佛教寺庙的大替木不仅体量巨大，而且形式十分多样，完全超出雀替的规式。表面皆浮雕花纹，增加了色彩的阴影变化，显出多变的艺术魅力。大替木上的花纹为如意卷草团花，花纹细碎，花朵凸出，具有图案效果。彩绘基本为红金两色，底色为朱红，花纹兼有蓝、绿、白等小色，边缘及纹路贴金，可与红柱身相协调（图3-170~图3-172）。但在某些寺院的替木底色改为白色或蓝色，这种处理与建筑总体的彩色色调相配，效果亦十分鲜艳动人（图3-173、图3-174）。

枋木装饰包括枋身、莲瓣带及上部的几何形小方

图3-171 西藏拉萨布达拉宫红宫德典奇大殿柱头替木彩画

图3-172 西藏拉萨布达拉宫红宫色西平措柱头替木彩画

图3-173 四川康定南无寺萨迦堂柱头替木彩画

图3-174 西藏拉萨大昭寺门廊柱头替木彩画

木堆的堆经带。枋木上多用岔角分隔成池子（或几个池子），岔角为珠宝吉祥草，小池子内容十分丰富，有狮子、凤鸟、梵文六字真言、花卉等纹样。小池子边饰亦十分复杂，可形成两三圈边框。最高级的枋木的边缘尚装饰有金刚杵连续纹样。青海一带的寺院的枋木较简单，仅在枋心画卷草花卉或梵文，亦不贴金（图3-175～图3-178）。枋木上边的莲花带皆为宝装莲花。再上边的堆经带亦是藏族建筑所特有的装饰手法。它是由一堆小方块堆叠而成，按九、七、五、三、一递减的方式组成立体三角形。涂色亦按由深至浅的退晕方式处理，各个小方堆的颜色为蓝、红、绿、黄依次排列，秩序规整。堆经带的色彩效果十分独特，远观有闪烁之感，又像一排色彩变幻的方珠。在藏族彩

图3-175 藏族佛寺大梁装饰彩画数种

图3-176 西藏拉萨布达拉宫白宫德阳厦门楣枋木彩画

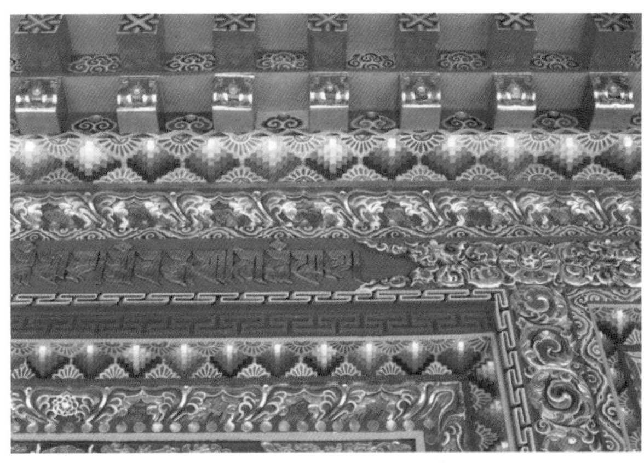
图3-177 甘肃夏河拉卜楞寺大经堂门框堆经带彩画

图3-178 青海循化文都寺大经堂枋木彩画

图3-179 青海循化文都寺大经堂门框堆经带彩画

图3-180 青海同仁年都乎寺枋木彩画

画中广泛用在枋木及门框上，极大地增强了对象的边缘视感（图3-179、图3-180）。

藏族建筑的斗栱不同于官式斗栱，其斗与栱之间不咬口，小斗直接安在栱身上。斗栱的应用不多，仅用在门罩和灵塔殿的金色屋顶上。其彩画亦有本身的特点，如拉萨布达拉宫五世达赖灵塔殿外檐斗栱彩画以青、绿间色，栱枋底部涂红，白色缘棱，栱身饰以小佛像，虽未用金，但效果仍十分突

图3-181 西藏拉萨布达拉宫红宫十三世达赖灵塔殿斗栱彩画

图3-182 西藏拉萨布达拉宫五世达赖灵塔殿柱头贴金斗栱彩绘

图3-183 甘肃夏河拉卜楞寺某寺大门彩画

图3-184 甘肃夏河拉卜楞寺某寺大经堂大门彩画

出。布达拉宫五世达赖灵塔殿内的斗栱全部贴金，金底上绘以红绿彩色花纹，精美豪华，反映出该殿在信徒心目中的重要性，但这仅是个别的例子（图3-181、图3-182）。

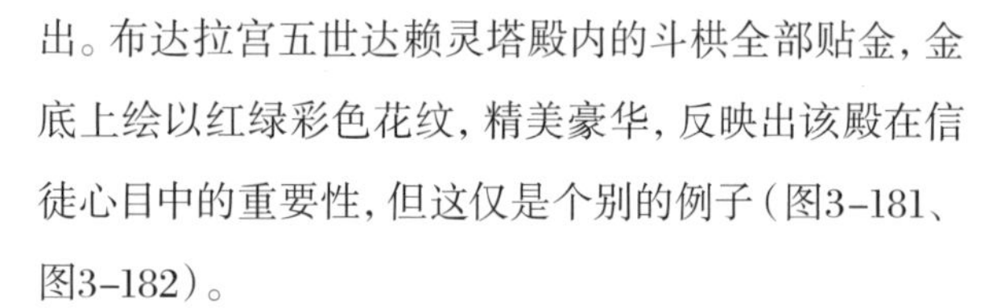

藏族建筑的大门全为板门，没有内地汉族建筑的槅扇门，所以对其彩绘加工十分重视。大门装饰分为两部分：即门框及周围的装饰带；另外就是门板板面的装饰。大门门框基本由框木、莲瓣带、堆经带组成，是用料宽度较大的三部分，也是必备的部分。随着对大门的重视程度逐渐增加，可以在三带之间添加多层线脚枋木，甚至可达七八层之多。框木上绘小池子或梭形花饰，或画角叶及梵文，图案连续展开，底色多用蓝色。莲瓣带多为宝装莲花，随势向中央倾斜。框木及莲瓣带多沥粉贴金。外层为堆经带，与枋木的堆经带彩绘相同，相互呼应。多层枋木形成的门框，直接强调出大门的重要性。门框之上有两层短椽，椽头及闸挡板皆有彩画，短椽之上一般安置七个白色蹲狮，整体组合成一座完美的大门门框装饰设计。颜色以红金为主导的暖色调，辉煌夺目（图3-183、图3-184）。大门门板的原始设计是以加固门板的铁叶及门钉为构图展开的。随着审美的进展，逐渐增加了栅窗、圆光图案而丰富起来。大门彩饰以红底金饰为主，后期随着图案的增多，亦增加了许多其他颜色，形成多种丰富的艺术面貌，可以说藏传佛教寺院大门是古代建筑中最漂亮的大门（图3-185~图3-189）。

藏式建筑彩画用色为红、蓝、绿、紫，红色为主，

图3-185 西藏拉萨哲蚌寺下扎仓殿门彩画

图3-186 甘肃迭部朗木寺经堂入口大门彩画

图3-187 西藏拉萨布达拉宫白宫德阳厦大门彩画

图3-188 甘肃夏河某寺入口大门彩画

图3-189 甘肃夏河拉卜楞寺某寺大经堂入口彩画

花饰雕刻起突贴金，绝少用黑。藏式彩画中所用的红色多、贴金多，并且青色为藏青，深邃而鲜丽，是其彩绘的特色。藏式彩画构件仅涂看面一面，底面平涂红色，这样处理使构件的立体感更强烈。

有关藏族建筑彩画还应该了解阿里地区的古格王国。古格王国是吐蕃王国后裔所建立，约在明朝末年灭亡，遗址位于西藏西部的札达县。古格王国亦信仰佛教，其宫殿、寺庙遗址中还保留有不少的宗教壁画，十分珍贵。其建筑彩画遗存甚少，仅在白庙遗址天花及替木中保存有一些。其天花彩画多为几何图案，如方形、圆形、银锭形、四岔形等皆有。这些图形按格网依次平铺，不显主题，有粗犷的锦纹效果。天花彩画以木楞分间，每间不同，不求统一，更显缤纷多彩。替木硕大，雕刻深邃，以卷云纹、莲纹为主，刷饰红绿颜色，比较粗放。古格王国的彩画明显受西部拉达克地区佛教艺术的影响，它也表现了西藏早期建筑的某些特点。此外，札达县托林寺的天花彩画亦有古格的类似表现，说明它们是同时期的风格（图3–190～图3–192）。

图3–190 西藏札达古格王国白庙天花彩画

图3–191 西藏札达托林寺扎仓天花彩画

2. 维吾尔族彩画

新疆维吾尔族的建筑亦是柱梁密檩的平顶结构，因此其彩绘方式与藏族有类似之处，即柱头、枋木及天花为重点装饰部位。尤其天花是密檩布置，其装饰效果更为鲜明。寺庙内柱的柱头比较华丽，往往做成三层十六瓣小龛，分层着色，龛形各不相同，有圆弧状、尖弧状、尖角状等，每层直径增加，龛数增加。龛内画彩色花卉，各柱柱头皆不相同，形成各异的柱头。其柱身多为八角形，一般不作雕饰，通刷绿色。但礼拜寺中的柱身多进行雕刻，沿柱身纵长进行凹刻，题材的两方连续的几何纹样或卷草花卉，纹样与图底分填不同颜色。维吾尔族建筑没有柱础石，柱下身有很长一段的八方柱体进行处理，可分成五六段，每段外突或内收、或雕刻、或加腰线。经过这样的处理，形成了柱子的根

图3–192 西藏古格王国白庙斗栱及天花彩画

图3-193 新疆喀什阿巴伙加墓高礼拜寺柱子彩画

图3-194 新疆喀什阿巴伙加墓大礼拜寺柱根部

图3-195 新疆喀什阿巴伙加墓高礼拜寺柱身彩画

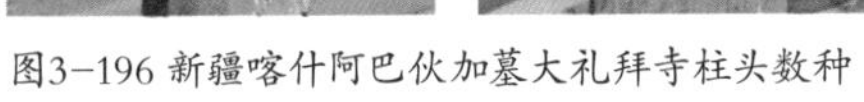

图3-196 新疆喀什阿巴伙加墓大礼拜寺柱头数种

图3-197 新疆伊宁花儿礼拜寺柱身彩画

部，完成了全部柱身的艺术加工（图3-193~图3-197）。替木多刷单色。梁枋正面绘制连续的星状团花或弧形卷花，红蓝绿相配，梁的底面一律刷白。为了与天花相衔接，梁上配以逐渐凸出的多层线脚，最上以四分之一圆弧结束。各层线脚的配色比较随意，但以相互对比为原则。边梁的彩画与大梁类同，但在下面多抹出几层石膏花饰，与墙面相接（图3-198~图3-200）。

最丰富的是其天花彩绘。维吾尔族建筑屋面构造

图3-198 新疆喀什阿巴伙加墓高礼拜寺梁柱彩画

图3-199 新疆喀什艾提卡尔礼拜寺外殿边梁彩画

图3-200 新疆喀什阿巴伙加墓高礼拜寺边梁彩画

是在梁枋上搭设密檩，檩上密排小柳条作为望板，上面覆土而成。其室内天花亦是根据这种构造形成的，其彩画是以白色为底色，每条檩条皆画相同的图案，颜色对比强烈，组成群体效果非常明快。天花板是白色的并排的小柳木条，以为衬地。天花四周有一圈卷草纹五彩装饰带，整体效果十分完整。其彩绘重点是密檩部分，最简单的仅在檩条两端或中部绘制颜色纹饰，清新可爱。稍复杂的是在檩身上绘出多道箍形图案，檩底亦绘图案，与顶板白色小柳条互成对比。近代以来，有的建筑将檩条分间横竖布置，檩身绘出条形或断续形纹样，再加上鲜艳的颜色，在白色天花上更加凸出（图3-201~图3-205）。后期建筑亦产生了吊顶的形式，即在原天花的周围吊一圈平顶，与密檩相配合。进而发展为全部吊顶，并且用小木条将吊顶分出区格，区格内再划分出模块，在模块内绘制花卉或其他纹样。更复杂的设计则在中央设置凹井，组成中心对称图案，已经完全脱离了维吾尔族建筑屋面构造的特点，成为吊顶天花。但维吾尔族建筑吊顶仍属于平板吊顶，与汉族井口天花的艺术效果大不相同。维吾尔

图3-201 新疆伊宁花儿礼拜寺天花彩画

图3-202 新疆莎车某宅天花彩画

图3-203 新疆喀什艾提卡尔礼拜寺外殿天花彩画

图3-204 新疆喀什阿巴伙加墓高礼拜寺外殿天花彩画

图3-205 新疆喀什乌斯唐布依区安江阔71号民居天花彩画

图3-206 新疆喀什艾提卡尔礼拜寺外殿天花藻井彩画

图3-207 新疆喀什艾提卡尔礼拜寺天花彩画

图3-208 新疆喀什艾提卡尔礼拜寺大殿天花彩画

图3-209 新疆喀什阿巴伙加墓大礼拜寺天花彩画

族信仰伊斯兰教，其装饰图案不得用动物图案，但维吾尔族在几何图案及植物图案方面有高超的技艺，花样变化层出不穷。晚期天花彩画也出现了写生花卉及风景画为内容的小池子（图3-206～图3-209）。

3. 傣族彩画

傣族民居建筑原为竹制草顶的绑扎结构，不可能出现彩绘技艺，但其大型庙宇亦为木质结构的殿堂，亦有本民族的彩饰方法。殿堂通体木构件全刷朱红色颜料，在其上以金粉绘出各种纹饰，如团花、菱形格、卷草纹等，构件两端亦有箍头的图案。全部图案皆是以漏空硬纸为模，以金水刷饰而成，所以又称“金水刷饰”，与缅甸北部佛寺的装饰方法类似。金水刷饰不仅用在建筑结构柱子、梁枋上，也可刷在门窗、墙壁等处，是一种简便易行的装饰方法（图3-210～图3-213）。西双版纳地区的沧源县的佛寺的彩画，亦有彩绘描金的做法，也有吊顶式的天花彩画，明显是受内地文化的影响，但也自成一派民族风格（图3-214、图3-215）。

图3-210 云南孟连中城佛寺大殿外檐彩画（一）

图3-213 云南景洪景真佛寺经堂外檐彩画

图3-211 云南孟连中城佛寺大殿外檐彩画（二）

图3-214 云南景洪曼龙匡佛寺梁柱彩画

图3-212 云南沧源广允缅寺内檐天花彩画

图3-215 云南沧源广允缅寺内檐柱子彩画

图3-216 云南丽江黑龙潭木家祠堂藏书楼东巴文彩画

图3-217 云南丽江正峰寺正殿彩画（藏传红教）

图3-218 云南大理喜州严家院前檐廊彩画

图3-219 云南丽江黑龙潭法云阁天花彩画

4. 纳西族彩画

云南丽江纳西族的建筑受白族及藏族建筑的影响比较大，但彩画上受中原的影响。其梁枋彩画构图仍以箍头、岔角、枋心为主，云头如意图案用得很普遍。但构图没有形成定式，随意性较强，图案粗放，缺少细节。题材上除了如意、琐子纹、云纹、花卉、福寿字以外，也有佛八宝、梵文以及东巴文，说明纳西族的艺术尚处于发展阶段，是不断吸收各民族的营养而形成的（图3-216～图3-219）。

各地区彩画的师承不同，各成体系，但是也存在着一定的影响关系。江南苏画影响北京官式自不待言，就是山西、关中、河南、山东等地同时也受到北京官式的影响。所以形成的现状是华北、东北、西北与中南为相近的体系；江南太湖地区为一体系；闽南及潮汕为一体系；此外，藏族、维吾尔族也各有特点。应该说，从建筑彩饰来讲，中华大地的传统资源十分丰厚，并且成就巨大，是一份重要的历史遗产。我们应该进一步发掘前人的成果，总结研究，提高理论及操作设计方面的认识，以期能对创作民族的、地区的中华新建筑提供参考、助益。

三、墙绘

墙绘即是在墙面的白灰地上绘制彩色图案或画幅，又称手绘墙画，它起源于壁画艺术，但又不具有严肃性、完整性的主题，画题自由活泼，无拘无束，随业主的意愿及时尚而定，主要起装饰效果。墙绘多用在建筑局部或边角的墙面，起到填空补实的作用，增加建筑的美化氛围。墙绘在中国传统建筑上的应用时期是比较晚的，明代的建筑才开始大量用砖，以青砖为材料的装饰方法除了砌筑工艺以外，主要是雕刻，在大户人家及公共建筑上运用砖雕工艺开始兴起。但一般民居无力承担造价高昂的砖雕，故采用砖墙上抹灰，施以彩绘的方式来增强建筑美学效果，这就是墙绘的起源。若称建筑彩画的出现是基于木质结构，则墙绘的出现是基于砖体结构。由于南方地区建筑用砖的时间比北方早，故墙绘的普及程度亦较高。

墙绘的制作简单，即在砖墙上以砂灰打底，纸筋灰罩面，光平粉白以后，绘制彩色或水墨的山水、人物、花鸟等。也有的先制作简单的灰雕，然后上色成图。墙绘的部位主要集中于墙顶上部的墙楣、窗楣、山花、灶台以及装修局部的木板上。

云南大理白族建筑运用墙绘的方法较多，与贴砖镶嵌，成为外檐墙面装饰的重要手段。墙绘主要用于山尖的花饰、照壁四周的边饰、大门门楼的边墙等处。大理地区的墙绘多为水墨勾勒的图案，大多为花鸟虫鱼等怡情纹饰。用在墙楣、照壁边饰及门楼四周的墙绘皆划分为小池子，在池子内绘小品图案，几乎没有连续的纹饰。门楼上还可用彩绘的椽飞及封檐板代替真实的椽子结构。大理建筑的山尖墙绘皆呈菱形，除了卷草花卉以外，喜欢绘制行龙或草龙，皆有黑白勾描。由于当地居民对墙绘的喜爱，也扩展到部分木制板材上，如木制槛墙板、槅扇门窗裙板、木制天花板上皆有绘制小品图案的实例。白族的墙绘经验也传布到附近纳西族的民居建筑上，其墙顶等处亦有绘制的小池子（图3-220~图3-224）。

广东、福建沿海一带建筑亦喜欢用墙绘，并且用在室内及室外。室外用在墙顶上的，也是划分为小池子，

图3-220 云南大理周城白族民居墙楣墙绘

图3-221 云南大理喜州严家院装修彩绘

图3-222 云南大理喜州严家院墙楣墙绘

图3-223 云南大理白族民居入口墙檐墙绘

图3-224 云南大理周城白族民居山墙墙绘

延续成为一条装饰带。广东民居的镬耳山墙上常有三线三肚及楚花的装饰纹样，其来源是从博风板演变而成。其中“肚”即是博风板，在硬山墙上它成为墙绘的主要部位，一般为连续的彩色植物纹样，有些还有简单的浮塑，形成一条华美的装饰带，复杂的山墙可以有三条，称为三肚。墙绘还可画在门窗楣上，重要祠堂的门楣上还配以诗画，以收教化之功。这种门楣墙绘做法一直延续到近代楼房建筑的门窗上，墙绘画在凹廊内或挑阳台的下方等不被雨淋的地方。墙绘手法为以灰砖围护的广府民居内外檐增加了亮丽的色彩感，突出了墙与檐的交接关系，以及某些不被注意的角落。在福建安溪民居的歇山屋面山花上亦进行彩绘，这是比较创新的做法，其他地方很少见到。闽粤地区祠庙大门门扇上的门神也是彩绘的一种，全国各地皆有类似实例，平常百姓之家皆以彩印年画的形式贴在大门上。用在室内的墙绘皆在屋架山面三角处，内容可画大幅山水故事画，也可画植物纹样（图3-225~图3-230）。

江浙一带的民居亦习惯用墙绘手法，其重点是山墙墀头及其内侧面。画题有花鸟人物等，有些是彩色的，在白粉墙的衬托下，十分醒目。这些墙绘皆有画框，可以形成独立的小幅画品。江南传统民居的灶间皆为柴灶，烧火口在背面，灶台上有隔墙，以隔绝火汽，隔墙的格架上放置料瓶、灯具及灶王爷神龛。大户人家的灶台及隔墙上皆有墙绘，不但美化了灶间环境，而

图3-225 台湾宜兰文昌宫正厅山墙墀头墙绘

图3-226 福建安溪民居歇山山花彩绘

图3-227 广东东莞可园山墙博风及山花墙绘

图3-228 广东惠阳矮小镇黄沙洞民居墙绘

图3-229 广西昭平黄姚古镇民居墙楣彩绘

图3-230 福建南安官桥乡漳里村蔡宅墙楣彩绘

图3-231 浙江宁波秦氏支祠墀头彩绘

图3-232 浙江慈城文庙墀头彩绘

且调节了主妇的心情（图3-231~图3-234）。

清代末期在皖南一带的一般民居，无力以磨砖、刻砖装饰门罩，也采用墙绘的办法代替，门头之上除挑出的砖檐及瓦面为砖瓦以外，其他如屋脊、枋木、垂柱、字碑等皆为水墨绘制，并可填描花卉风景。窗上方

图3-233 江苏昆山周庄沈厅柴灶彩绘

图3-234 江南民居柴灶彩绘

亦可水墨彩绘，称为门楣画、窗楣画。

山西、山东及内蒙古呼和浩特市等地民居多盛行炕围画，即在火炕周围的墙壁上，绘制各种花纹及图案，色彩绚丽，美化了室内环境气氛，应亦属墙绘的一种。炕围画的画题多采用年画的图案，具有朴实的民间艺术感。其制作皆为彩色颜料描绘，桐油罩面，便于擦洗（图3-235、图3-236）。炕围画也出现在西北回族民居等地，有的民居以印花纸贴在内墙上，以代彩描，亦有热烈的装饰效果。新疆维吾尔族还喜欢用印花布围在内墙四周下部，称为墙围，美化室内环境。说明寒冷地区的居民希望在室内增加色彩氛围，调节视觉环境，是普遍的美学愿望。

在民族地区的建筑上也有墙绘的做法，因为建筑构造不同，其彩绘部位不是用在墙壁上。如藏族建筑是绘在木制门窗或家具上（图3-237、图3-238）。蒙古族居住的毡包，其木制门扇上亦有彩绘图案（图3-239、图3-240）。与蒙古族类似，维吾尔族民居的

图3-235 内蒙古呼和浩特市归城某宅炕围画

图3-236 山西临县某宅炕围画

图3-237 新疆裕民哈萨克族毡房门板上的彩绘

图3-238 丹巴甲居藏寨藏族家具上的彩绘

图3-239 内蒙古四子王旗蒙古包入口门板彩饰

图3-240 丹巴甲居藏寨藏族民居门窗上的彩绘

图3-241 新疆伊宁阿依墩街维吾尔族民居大门彩绘

图3-242 贵州黎平肇兴大寨侗族鼓楼彩绘

大门上亦有许多实例是绘制彩色图案的（图3-241）。傣族的佛塔是砖构，外部抹灰，其须弥座及佛龛四周亦用墙绘的办法加以装饰，而且可以随时变更颜色及纹样。傣族佛殿的山尖部分也常有彩色图案，这种做法与泰国佛殿的装饰手法类似，不过稍为简略一些。侗族鼓楼是中空结构，没有门窗，居民往往在各层屋檐的封檐板上绘制图案（图3-242）。民族地区的彩绘用色皆十分鲜艳刺激，对比强烈，与汉族墙绘的柔和细腻不同，是民族特性的表现。以上实例也说明，使用颜色美化自己周围的居住环境，是各族人民共同的追求，是人类的天性。

墙绘是一种细部的、补充性的装饰手段，特别适用于民间住宅及公共建筑。墙绘技术在现代建筑中得到很广泛的发展，在室外的公共建筑墙壁上，时尚青年的“涂鸦”已成为大家承认的空间艺术，实际上就是墙绘的一种形式。现代建筑室内的墙壁也开始手绘各种图案，如电视背景墙、卧室背景墙、儿童卧房等处，皆可采用不同风格题材的墙绘。因为它有自由创意、多样选择的优势，故有取代壁纸的趋向。尤其是丙烯颜料应用于墙绘，它具有颜色鲜艳、性能持久、耐老化、可擦洗、可稀释等优点，更促进了墙绘的发展。由于市场上的需求，现在已经出现专营墙绘的制作公司。

四、贴落画

贴落画是指贴裱在室内墙壁或装修以及器物上的书画作品，是清代宫廷建筑上经常应用的一种装饰手法。“贴落”一词原意是一个动词，即将画件粘贴落实在某个建筑部件上的工作过程。从清宫内务府造办处各作活计档案的记载中，在清代早期将这项工序称为“贴在”某处，或称“托贴”在某处，或者说将画件在某处“贴讫”，意思是说这项工作已经完成。直到乾隆初年，在记录上才出现“贴落”字样，并一直沿用到清代末年。同时对这类画件也就顺理成章地称为贴落画。

中国绘画的历史虽然久远，很早就在陶器上绘制图像，以及在岩石上刻划岩画，战国时期的漆画及帛画也有很高的成就，但就绘画与建筑相互结合的创意，则始于秦汉时期的壁画，壁画的应用与发展一直持续到现代。两晋以后，人们发明了纸张，直接影响到绘画与书法艺术的发展。画家可以在任何地方画任意大小的图像，再不受墙壁的束缚，此时进入了卷轴画的时期。卷轴画中的立轴画（又称挂轴、条幅、画条等）虽然可以挂在墙上，但它是可移动的，可撤换的，并没有与建筑结合为一体，属于陈设品。至于纸质书画的其他类型，如手卷、册页、扇面等小件书画，只能作闲时把玩欣赏的收藏品，与建筑没有直接关系。而清代宫廷的贴落画却为绘画的应用开辟了新天地，对建筑的室内装饰提供了新的内容。这些贴落画都是奉旨拟题摹写的画作，形象逼真，画面写实，缺少写意的神情韵致，及笔墨挥洒的趣味，故评家并不欣赏，称贴落画画风为“虽工亦匠”，视为画匠之作。但从创造室内环境审美的角度来评价贴落画，它却有不可替代的美学价值。

建筑室内使用贴落做法始于何时，尚无明文记载。据郭若虚的《图画见闻志》中记载，五代南唐的“江南徐熙辈有于双缣幅素上画丛艳叠石，傍出药苗，杂以禽鸟蜂蝉之妙，乃是供李主宫中挂设之具，谓之铺殿画，次曰装堂画。意在位置端庄，骈罗整肃，多不取生意自然之态”。宋代米芾又称这种画为“装堂画”。这种画的题材多为花鸟虫鱼写实形象，布局规整，左右均齐，写真求实，不尚新奇，贴挂在宫中墙壁上，起到装饰空间的作用，与后代的贴落画的性质类似。但据文献记载宋朝御府所藏的徐熙画作中，有装堂画四种五幅，说明这种画是挂在墙上的立轴画，可以摘走，尚不是贴落画。

宋《营造法式》一书中称平棊吊顶上可“贴络华文”，“贴络”一词也可能是“贴落”的笔误，意思就是说在天花板上贴饰木质装饰小件，当然推想裱贴纸张更无难处。民居建筑中在天花或墙壁上裱糊墙纸具有悠久的传统，尤其在明代，装饰性的壁纸制作已十分精良，有各色及金银印花壁纸，还可制作花纹起凸的纸张，用于室内糊壁。因此，将书画贴于墙上也是可以想见的。明末清初的文人李渔，在其所著的《一家言居室器玩部》中提到厅壁上应有名人字画，但“裱轴不如实贴，轴虑风起动摇，损伤名迹，实贴则无是患，且觉大小咸宜也”，同书中置顶格一节中，也提到在天花侧壁上可裱贴书画，说明贴落已是民间通行的工艺做法。

清代宫廷内使用的贴落画基本上有三类。

一类为小件书画作品，大小皆按部位需要，小不盈尺，大不过二三尺。主要用在室内碧纱橱隔断上纱屉格心的补白，画题多为花鸟和诗词等休闲内容，轻松活泼，诗词与图画间隔使用，极富装饰性。小件贴落画还可用在花罩上方的横披或炕罩上方的横披上。横披分格多为单数，五格或七格，画题亦是间隔采用。这类小件画品还可用在书格的背面。再有，宫廷内的许多建筑内设宝座，座后设有围屏，按围屏框架组合分为五屏、七屏、九屏等不同规格，围屏背面同样按间可贴字画。此外，宫室内的落地的玻璃镜的背面亦有贴落画。总之，众多的小幅的贴落画极大地丰富了空间宏阔的殿堂（图3-243~图3-246）。

图3-243 北京故宫符望阁槅扇心嵌玉石贴落字画（资料来源：故宫博物院．紫禁城宫殿建筑装饰内檐装修图典[M]．北京：紫禁城出版社，2002）

图3-244 北京故宫长春宫内檐屏风贴落画（资料来源：于倬云等著. 故宫建筑图典[M]. 北京：紫禁城出版社，2007）

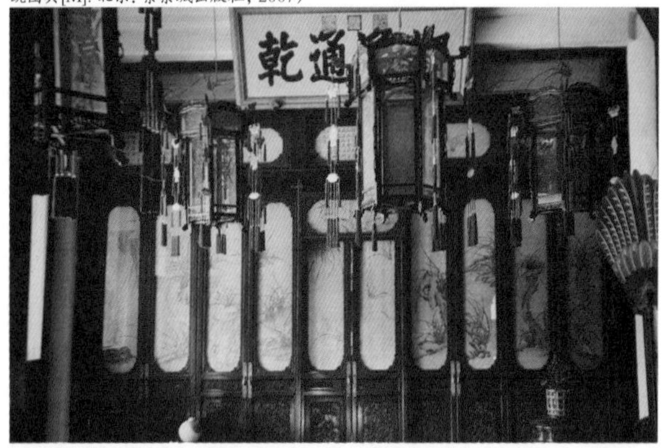

图3-245 北京故宫储秀宫花梨木槅扇槅心画兰花（资料来源：故宫博物院. 紫禁城宫殿建筑装饰内檐装修图典[M]. 北京：紫禁城出版社，2002）

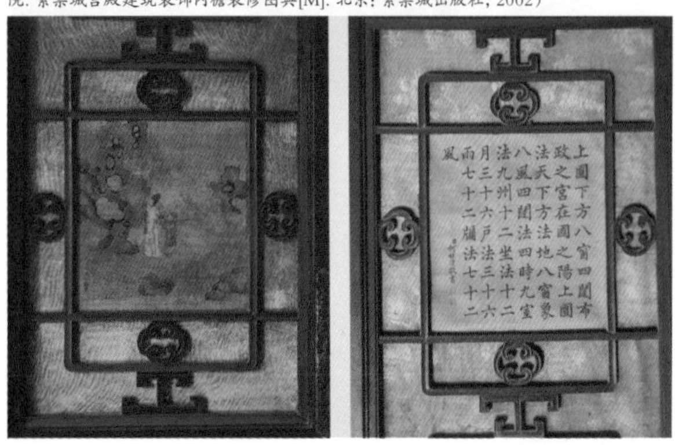

图3-246 北京故宫同道堂楠木灯笼框槅扇贴落字画（资料来源：故宫博物院. 紫禁城宫殿建筑装饰内檐装修图典[M]. 北京：紫禁城出版社，2002）

另一类稍大的画件是用在墙壁边角的空白处，作为补壁之用。如贴在隔间墙门两侧的墙壁、书格上方的墙壁、楼梯两侧的墙壁、窗户上方的横披等处。这种贴落画可以是斗方，也可以是条幅，一般为装饰性的画题。或者为了配合室内环境气氛，往往画一段栏杆或一具多宝格、书架等没有明确画意的装饰图像，作为室内景物的陪衬与衔接。

画幅最大的一类称为通景画，用于大型厅堂宽阔的墙壁上，甚至贴满整间墙壁，还有的连续两三间，将壁柱也包括在内，称通景连柱画。通景画都悬有明确主题的画幅，如《松鹤灵芝图》、《松石牡丹图》、《竹石图》等。有些就是奉旨钦点的历史事件的写实描绘，如贴在承德避暑山庄卷阿胜景殿内的《万树园赐宴图》，就是描述乾隆十九年皇帝在避暑山庄搭设蒙古包召见蒙古各部首领赐宴的场景（图3-247）。另据

图3-247 万树园赐宴图（清乾隆）

乾隆元年十一月十五日如意馆活计档记载："沈源来说，太监毛团传旨，着唐岱、郎世宁、沈源画圆明园图一幅。钦此。于乾隆三年五月十一日，唐岱将画的圆明园图一幅持进，贴在清晖阁讫"。说明《圆明园图》也是一幅贴落画。乾隆十二年又命沈源画长春园全图一张贴在长春园大殿，五十一年又命画师将新建成的如园、鉴园、狮子林等景点补画到长春园全图中，改贴在茜园此中大有佳处楼上。此外，像故宫博物院现存的《万国来朝图》、《乾隆雪景行乐图》等，皆是由通景画揭裱而存下来的作品。

清宫贴落画一般画在宣纸上，也可画在绢上或绫子上，画背须经托裱，稍大的贴落画四周配以一寸宽蓝色绫边，成为一幅完整的画幅。贴画的墙壁上皆事先裱糊一层素色或浅色花纹的壁纸作底。最考究的做法是墙壁或天花上先钉制一层白樘箅子（用细木条搭成方格状的龙骨），上面糊两层麻布及高丽纸，再糊一层较厚的表层纸，然后再糊贴落画。这种做法使贴落画不接触墙壁，免受室内温湿度变化的影响，使贴落画不致于受变形、起皱、干裂等损害。故宫倦勤斋内的贴落画就是这种做法。

贴落画是以装饰室内环境为创作目的的，其形式根据装修部位及陈设品大小而定，量身定制，方圆随宜，形式多样。画件题材为山水、花鸟、人物、动物、界画等，甚至还有模拟建筑的装饰画，如画一段栏杆，或一架书格，或一樘开闭自如的槅扇窗。贴落画的制作皆由内务府造办处承办，雍正时期的画作，乾隆时期的如意馆内皆有许多御用画家，如郎世宁、沈源等人。由于宫内须贴落的地方甚多，所以产生许多专题画家。人物画方面有郎世宁、王致诚、徐扬、姚文翰，山水画方面有沈源、唐岱、周昆、王炳、方琮、袁瑛，花鸟画方面有吴璋、金廷标，界画方面有郎世宁、王幼学、于世烈等人（图3-248）。

图3-248 清代郎世宁绘

从装饰美学角度来评价贴落画，虽然它具有某些先天的局限性，如画题钦定、模拟写实、画幅限定等不利因素，但也有许多可取之处。首先，它在室内空间的装饰效果是突出的，开辟了很多绘画的装饰部位，是壁画艺术的进一步提高。如宁寿宫乾隆花园中的倦勤斋室内周墙上所画的竹篱及篱外的花园景色，天花上的棚架植物等贴落画，完全把小戏台周围的环境变成室外景观，是一个有创意的设计（图3-249、图3-250）。

又如槅扇门用在室内成为碧纱橱以后，进一步的装饰手法除了糊纱，加设雕刻小件以外，格心中装裱贴落画是最有效的装饰手法，具有鲜明的美学效果。这种手法在民居中也大量运用。

其次，在大型的通景画中，画题都是当时发生的历史事件，或是群体建筑的布局图。如《万树园赐宴图》、《避暑山庄全图》、《圆明园全图》、《长春园全图》等。这些图虽然画风呆板，但准确地反映了历史真实，具有重要的历史价值，这是一般文人画所做不到的。

第三，贴落画中还应用了西洋画法，重视透视关系，以正确比例绘制建筑，开发了线法画的新画品。据乾隆三十八年三月初一日如意馆活计档记载："接得郎中李文照押贴内开，二月十五日太监如意传旨，鉴园渌净榭楼上下线法大画二十四张，今画得十五张，余下不必画，将现得十五张另看地方贴落。钦此"。说明乾隆时期描写建筑的线法画大为兴盛，并培养了一批画师。如乾隆晚期的于世烈即专攻线法画。乾隆时期兴起的苏式包袱彩画亦增加了线法画的图案。有些贴落画还以油彩绘制，亦是受西洋画法的影响。

第四，贴落画中出现了人物肖像画。据乾隆三十九年五月二十一日如意馆活计档记载："接得郎中德魁等押贴内开，五月十五日，太监胡世杰传旨，谐奇趣东平台洋漆九屏峰（风）背面，着艾启蒙画西洋各国人脸像，中间上层画康熙、雍正、乾隆年来使，下层画戴进贤、郎世宁、艾启蒙脸像，其余十二幅画西洋各国人脸像。钦此"。中国传统绘画中除帝王及祖宗的影像以外，很少肖像画，但在贴落画中出现了肖像画，甚至是洋人的肖像，包括康雍乾来朝的外国使臣及郎世宁等

图3-249 北京故宫宁寿宫花园倦勤斋室内贴落画（资料来源于：于倬云等著.故宫建筑图［M］.北京：紫禁城出版社，2007）

图3-250 北京故宫宁寿宫倦勤斋天花藤萝花架贴落画（资料来源于：故宫博物院.紫禁城宫殿建筑装饰内檐装修图［M］.北京：紫禁城出版社，2002）

外国画师的肖像。这点也是开中国绘画的先河。

第五，很多大型的贴落画是由皇帝指定，由多位画家共同完成。如《圆明园图》就是由唐岱、郎世宁、沈源三人合画的，是集体创作。

总之，贴落画在清代宫廷中是一项重要的装饰工程，有大批的画师从事制作，是建筑画饰的手段之一。联想到今日的许多广告招贴也应属画饰手法的传承，在现代建筑中贴落画不一定是手工绘制的，但裱糊的手段却仍有生命力。

贴落画在民间亦有充分的表现，其应用部位多在大型厅堂内檐隔断墙的槅扇心、架子床顶帽及侧扇的装饰框内。民居贴落画应用更为灵活，可以分扇独成画幅，亦可六扇合组成一幅通景画，亦可与诗文组合成一画一文的间隔排布。画题以山水为主，但也有花鸟画，还可复制文玩拓片及诗文作为画心之用。近代民居中开始使用玻璃，为贴落画的更换提供了便利条件（图3-251）。

五、刷饰

从世界各国古代建筑角度来观察，中国古代建筑是属于颜色较丰富的一类。其色彩来源表现在几个方面，建筑材料所表现的原始色彩、琉璃砖瓦的色彩、木构件彩画油饰中的色彩、墙面涂刷的灰浆色彩。所以，刷饰在建筑色彩组成中具有重要的分量，而且它是大面积的色彩。刷饰可以刷在木质构件上，但大量的是刷饰在外檐的砖石墙壁上。因此，木构建筑的外檐墙及院墙、影壁墙；砖石承重结构建筑的外墙、女儿

图3-251 江苏苏州网师园内檐槅扇心贴落画

图3-252 西藏拉萨布达拉宫

墙、门窗套等处，成为刷饰的主要部位。刷饰用的主要材料为天然的无机材料，如石灰（碳酸钙）、土朱（氧化铁）、土黄（二氧化硅）、墨黑等，随处可以取得，价格低廉，经久耐用。所以白、红、黄、黑四色是各地刷饰的主色，就不难理解了。宋《营造法式》彩画作中所表述的"丹粉刷饰"，就是这四种颜色的运用。各地区、各民族建筑刷饰颜色的选择是个很复杂、微妙的问题，受到各种因素的影响。其中最主要的是地理环境及思想意识形态因素，尤其是宗教及礼制起到关键作用。在全国范围内具有刷饰特色的地区建筑有四处，即藏族建筑、维吾尔族建筑、江南建筑、皇室建筑，下面分别叙述。

藏族民众居住的是碉房建筑，外墙为原石垒砌，石墙外表用石灰刷成白色，十分鲜明。一般民居及寺院建筑全是白色粉刷。至于佛塔，大部分也是刷成白色的。有些高大的建筑，如拉萨布达拉宫的白宫，在外墙用人工粉刷不便，则在屋顶或窗口将白灰浆沿墙泼下，自然流淌，日久形成高低不平的白色墙面，更显其粗犷之美。藏族人民喜欢白色，是受自然环境的影响。在藏区高原地带气候严寒，仅夏季有绿色植物，其他时候缺少颜色环境，而天上的白云、地上的羊群、冬季的雪景皆为白色。故藏民认为白色是神圣之色，代表纯真、善良、慈悲之意。原始苯教就有白石之信仰，藏传佛教密宗五大元素的地、水、火、风、空中，将大地定为白色（而汉族五行中将土地定为黄色），贡献给尊贵客人的哈达亦为白色，说明白色在藏族人民心中的地位很高。白色建筑与高原上碧蓝的天空亦产生强烈的对比效果，这就是藏族建筑刷白的原因（图3-252、图3-253）。红色也是藏族喜欢的颜色，代表着庄严、决心、威力，所以专用在护法神殿或达赖死后供奉的灵塔殿的外墙面。如布达拉宫的红宫、日喀则扎什伦布寺的强巴佛殿、甘肃拉卜楞寺的寿禧殿等皆是红色外墙。红色尚用在边玛草组成的女儿墙上。边玛草是一种灌木植物，将其束成捆，断面向外，密排在墙顶上，上面覆压短椽及石板形成女儿墙，是藏族高等级建筑的习惯做法。边玛草墙上刷上土朱以后，外观有一种深沉而毛绒的感觉，在其上再装饰镏金铜镜，形成颜色及亮度的极强反差，这种白、红、金的墙面颜色组合是藏族寺庙建筑外观的特色（图3-254、图3-255）。藏传佛教的教派的色彩取向也不相同，格鲁派尚黄、噶举派尚白、宁玛派尚红、萨迦派尚红黄。这种崇尚颜色不仅表现在服饰上，而且建筑物外墙上也不相同。如宁玛派的敏珠林寺主殿外墙为红色，而萨迦派的萨迦寺外墙为蓝色，或者刷红、白、蓝三色的垂直条纹。据教义讲

图3-253 西藏拉萨色拉寺大殿墙面刷饰

图3-254 西藏拉萨哲蚌寺边玛草女儿墙及镏金铜镜

图3-255 西藏日喀则扎什伦布寺墙面刷饰

图3-256 四川康定塔公寺大经堂窗饰

图3-257 西藏萨迦萨迦寺佛殿墙壁刷饰

图3-258 四川丹巴甲居藏寨民居外墙刷饰

图3-259 四川康定折多山藏族民居窗套刷饰

这三色为文殊、观音、金刚手三位菩萨的本色，寓意为善良、智慧与勇敢。三色条纹广泛用于萨迦派寺庙及民居建筑上（图3-256）。藏族建筑中的黑色为小色，黑色代表罪恶、威猛、恐怖，藏族多用于门窗洞口，用以驱邪、避鬼。更主要的原因是在白色的外墙上，以黑色涂刷门窗口，更加凸出门窗口的深邃效果，同时反衬出大红的门板及彩色的门楣、窗檐。这种反复的衬托与对比，表现出了藏族人民运用色彩的大胆与智慧（图3-257）。川西嘉绒藏族建筑外墙基本为原石砌筑，不刷色。但也有的刷白色，不是满刷，而是涂成山形或羊角形，具有图案效果，与白色女儿墙及屋顶的白石，互相穿插相配，十分活泼可爱。由于原石颜色较暗，所以这个地区的窗口不是黑色，而改刷白色，是随机应变的措施（图3-258、图3-259）。总之，藏族建筑外观用色以大色块为主，大胆而细腻、纯净而艳美、质朴而壮丽，特色十分鲜明。

维吾尔族建筑外墙、前廊、横枋、椽头等处常刷饰为蓝色，有时柱体及勒脚也刷蓝色。对这种颜色喜爱缘于宗教信仰中对大自然的崇拜，蓝色的天空是无处不在的。蓝色鲜而不艳，清凉舒爽，给人轻快、沉静之感。维吾尔族建筑中使用绿色粉刷也很多，如绿琉璃砖、柱身、门窗框、门板等处。绿色在伊斯兰教中被视为神圣之色，因为早期信仰伊斯兰教民族多为游牧民族，逐水草而居，绿草是牛羊生存食物的来源，所以绿色为生命之色，是伊斯兰教民族色彩的标志。另外，白色的运用也很多，民居的内外墙粉刷、梁柱、天花等处皆刷白色，白色不仅是因为石灰材料经济易得，而且还有其宗教含义。伊斯兰教发源地为阿拉伯地区，该地区天气炎热，太阳辐射极强，当地人民常用白色石头建房，穿白色长袍，以防辐射，故白色沉淀在他们的民族意识中，延续至今。故蓝、绿、白是维吾尔族常用之色，是偏冷的色调，与气候、习俗（爱洁）、宗教等皆有关联（图3-260~图3-263）。

江南地区泛指长江以南的苏浙皖赣地区，这个地区气候温润，雨量较多，其民间建筑构造为轻屋盖，穿斗屋架，硬山式的空斗砖墙。其建筑外观形成“白墙、灰瓦、马头墙”的地区特色，就是说建筑色彩以黑白灰为主色。黑与白是色彩中的终极色彩，对阳光的全吸收为黑色，全反射为白色，也就是说没有反射出鲜明的色彩。江南地区建筑为什么采用白灰刷墙的原因有诸多推测。一种认为来源于中国传统的五行学说。在木火土金水五种物质元素中，土为黄色（地面），金为白色（白墙），水为黑色（黑瓦）。土可生金，金可生水，水可生木，形成生发循环的过程，所以江南建筑采用了黑白粉刷。一种认为江南地区草木繁茂，鸟语花香，颜

图3-260 新疆喀什高台区喀日克代尔瓦扎路85号维吾尔族民居

图3-261 新疆伊宁果园街四巷8号廊檐

图3-262 新疆伊宁六星街维吾尔族民居

图3-263 新疆喀什艾提卡尔礼拜寺大殿刷饰

图3-264 江苏苏州东山陆巷全景

图3-265 浙江兰溪诸葛村民居外墙粉刷

色众多，因此采用无色的黑白灰可起到反衬的作用。一种认为江南地区气候闷热，采用无色的黑白色可起到降温防暑的作用。还有一种从建筑材料学角度分析，认为江南地区的砖墙皆为空斗墙，雨淋后易受潮，故墙外抹白灰浆以防潮，形成白粉墙（图3-264~图3-267）。总之，地方建筑色彩的形成是诸多因素所造成，相沿成习，成为定式。而江南寺院外墙常刷成黄色，目前尚无明确的解释，可能为了与白墙民居相区别，又不宜用

图3-266 江苏苏州虎丘拥翠山庄外墙粉刷

图3-267 安徽黟县西递村粉墙黛瓦

图3-268 浙江宁波普陀山法雨寺山门外墙粉刷

朱红等热烈颜色，故采用了与僧衣类似的黄色。据传黄色涂料是石灰浆上涂烧碱即可变色，这也是采用黄色的原因之一（图3-268）。

历代王朝遵从礼制，规定人际关系的秩序，在生活的各方面，包括服饰、车舆、建筑等皆制定等级制度，不能逾越。建筑上的等级反映在规模、体量、构造、屋面形式、用瓦、涂色等方面，皆有大小、形制上的区别。宋代宫殿建筑在选色上就有了区别，殿门及前殿柱身油饰用红色，寝殿用黑色，后楼用绿色，红、黑、绿成为等级的次序，并规定民舍不得用朱、黑。明代建造北京宫殿其选色以红黄（包括金）为上品，用于皇室建筑；绿为次品，用于王府、衙署；民居只能用黑色。这种规定延续到清代，整座紫禁城全部为黄色琉璃瓦顶、大红的门窗柱枋及墙面、金色的门钉及饰件，热烈华丽，火红一片。皇室建筑用黄色是因为在五行五色中，黄色代表土，位于中央，象征中央集权，一统天下，表示至尊。选用红色是因为五行五色中，红色代表火，位于南方，火能生土，可拱卫皇权。在数理上“火”

图3-269 北京故宫午门城墙刷饰

图3-270 北京故宫鸟瞰

图3-271 北京故宫养心门宫墙刷饰

数为九，为阳数之最，亦可代表高贵。还有的解释为明代皇室姓朱，朱即是红，故喜欢用红色代表皇权。皇室建筑选用红色刷饰完全是政治因素决定的，并非环境影响（图3-269~图3-271）。

第四章

塑饰

塑饰是指用可塑材料经加工而成的建筑装饰制品，在古代建筑中所用的可塑材料为胶泥与白灰及石膏，它们不仅具有黏性，可塑出各种形态，而且在空气中自然凝结以后，可提高一定的耐压强度。对这些可塑材料的装饰加工有两种方式，一种为塑造以后，在空气中令其干燥，自凝，形成具有强度的制品。自凝制品中有灰塑、石膏花饰、泥塑等。一种是在塑造以后经过焙烧，形成较坚硬的装饰制品，可以有更好的防水性能。焙烧制品中有砖瓦饰件，如屋面脊饰、瓦当、地面墙面上的模印花砖（画像砖）、涂釉的琉璃砖瓦及饰件、屋面上的陶塑制品等。塑饰的各种产品，有的是现场或作坊内用手工塑制；有的是先塑造出原型，经翻模形成模具，然后再大量压模制造更多的产品。总之，都需要塑制的过程，故称为塑饰。

一、模印花砖

中国最早的建筑材料除了木材以外，就是黄土了。对黄土的利用有一个发展过程。首先是用作涂饰材料，距今6000年前的新石器时代的许多建筑遗址中，已发现墙壁是用树木枝条作骨架，两面抹草拌泥做成的木骨泥墙，有的遗址墙壁的内面抹光，还以白灰面粉刷，以示整洁。进至夏商的奴隶制时代，当时已经运用夯土技术来筑城垣、高台，以及房屋的墙壁，还出现了土坯砖，这样黄土就成为建筑的承重材料，并一直沿用了几千年，与木材共同承担着建筑上的各种荷载，所以中国一直以土木工程来表示建筑工程。黏土烧制成陶质砖瓦是我国建筑技术发展中的一件重要事件，它不仅促进了结构上的变革，同样对建筑的外观和使用功能产生着巨大的影响。制陶技术起源甚早，新石器时代即可烧制陶质炊具，只限于数量极少的生活用具。直到距今3000年的周代早期才出现陶瓦，数量较少，尺度较大，用于宗庙等重要建筑上。从瓦面瓦背上有瓦钉及瓦环的现象来推断，当时是固定在草顶屋面的合脊或阴沟上使用，以改善草顶的防水性能。直到东周战国时期全面铺装的瓦屋面才大量出现，筒板瓦逐渐定型，以灰泥铺卧瓦材。此时檐头筒瓦端头并出现了封堵灰泥的半瓦当，还出现了陶质下水管、陶井圈等建筑配件。

陶土砖的使用晚于陶瓦，约开始于战国时期。一般为38厘米×38厘米的方砖，用于铺砌地面。战国晚期出现了较大型的空心砖，用于墓室的地面及墙壁，及地面建筑的台阶砖。陶土砖的使用开辟了模印花砖的装饰技术。

早期方砖与空心砖的花纹皆是模印的几何花纹，是由图案式的木印章，在砖坯未干时印上去的。花纹有斜方格、菱形纹、S纹、回纹、米字纹、卷云纹等，仅是起到对素墙面和地面的美化作用。早期模印花砖以阴文为主，图案较小，排列不甚规整，显然是木章压制成的。秦代的空心砖纹饰出现了龙凤图样，是装饰题材的扩展，而且是用刀在未干的砖面上，刻画出来的手工制作的阴纹图案，为个别的制作，不是大批生产的。这样的砖仅出土于陕西咸阳秦都宫殿一号和二号遗址中，是皇家建筑的特殊制品（图4-1、图4-2）。汉代出现的砖室墓推动了小青砖的发展，同时在小砖的端头及侧面亦有模印的花纹，除几何纹样外，还有人物及动植物图像，如鱼、鹿、马等。也有的在砖面上模印造墓的年月及吉祥文字。横印小砖的纹样多为几何纹或简单的动植物纹样，没有更深刻的社会生活内容的图案，但对地下墓室的空间美化起了很好的效果。汉代铺地方砖除沿用几何纹样外，也出现了吉祥文字图样，如“宜子孙、富繁昌、乐未央”、“人生长寿”等（图4-3~图4-6）。汉代还出现了一种艺术性较高，模印出各种社会生活层面的自由图案的大块方砖，用于墓室墙壁上，代表了模印花砖的时代特色，将模印花砖推向了艺术高峰，史称“画像砖”。画像砖虽然盛行于两汉时期，但其起源时期则更早，上个世纪初考古工作者即发现有战国时代的画像砖，但仅有个别的实例。新中国成立以后的考古发掘发现了大量的汉代画像砖，引起了社会各界的广泛重视与研究。画像砖的出土地区主要集中在河南、四川两省，其他地区有少量发现，说明画像砖的制作是有地域性的。西汉时期画像砖墓大多集中

图4-1 山东临淄齐故城出土铺地砖（资料来源：考古，1961(6)）

图4-2 陕西咸阳秦咸阳宫遗址出土凤纹画像砖

图4-3 汉代木印压制空心砖

图4-4 汉代模压空心砖

图4-5 汉代阶条画像砖

图4-6 汉代模压地面方砖

在河南，且为空心砖墓，模印的花砖用在墓门或墓壁，用小印模压制出图案，图案多有重复。题材内容有菱形纹、几何纹、乳钉纹等，也有仙人、青龙、武士、伎乐等。东汉时期的空心砖墓绝迹，大部分使用实心画像砖建造墓室，使用地区扩展到四川。绝大多数皆为一砖一模，主题鲜明，其艺术水平达到高峰，研究学者最为关注的也是这个时期的画像砖。从各地出土的画像砖实例来看，内容十分广泛，反映了汉代社会生活的各个层面。画像砖与墓室中的画像石刻成为了解包括建筑在内的汉代社会文化的重要线索。画像砖的图样有城阙、庄院、住宅、桥梁、车马、杂技、捕鱼、狩猎等丰富的内容，组成家族宴乐、车马出行、生产劳作、历史故事等多种生活场景，有很重要的历史价值（图4-7~图4-11）。汉代画像砖图案表现出的技法有阴线刻、阳线刻、减地以后凸出形象又加阳线、浅浮雕四种，东汉

图4-7 四川成都出土的汉代车骑画像砖

图4-8 四川成都出土的汉代门阙画像砖

图4-9 四川汉代农作画像砖

图4-10 汉代庄园画像砖

图4-11 汉代大门画像砖

时期的画像砖多为浅浮雕。虽然浅浮雕画像砖压印的深度不大，但景物层次十分明晰，构图舒朗匀称，表现出很高的雕塑水平，也是许多博物馆的重要收藏品。画像砖是用整块木印模压印成的，有一定的技术难度，而且不是为某一特定的墓室制作的，估计画像砖在当地已成为商品化的生产作业。

沿至晋代，仍然继续这个传统，在墓壁上镶嵌画像砖。此时还出现过在整面墓壁砖上统一构图，印出大幅云龙图案，焙烧后再组装上墙，构成画幅，说明预制技术具有相当高的水平。从图案线条来观察，其制作方法是将全体砖坯摆放整齐，用沥粉方法将泥线挤压在砖坯上，形成全部图案，然后入窑烧制而成。晋代也有人物、风景、劳作等画像砖，并且形象逼真，线条流畅，并涂刷颜色，较汉代画像砖有较大的进步（图4-12~图4-14）。

唐代地面的模印花砖则有广泛的发展，几乎宫廷寺庙等大型建筑的室内地面皆用花砖铺地。由于唐代佛教信仰兴盛，莲花纹成为地砖的主要图案，或者是莲花纹与如意纹的组合图案，也有在方砖面上划分为九宫格或毬纹的图案，方砖四周由乳钉纹环绕，几何纹

图4-12 江苏丹阳出土的“羽人戏虎”南朝模印画像砖

图4-13 河南出土的南朝“郭巨埋儿”画像砖

图4-14 河南邓州出土的南朝浮雕画像砖

图4-15 唐代莲花纹铺地砖

则很少见到（图4-15）。中唐以后，生活习惯由席地而坐变为垂足踞坐，高腿家具出现，地面不再铺苫席，故要求地面光洁，便于行走，所以皆用素面方砖铺地。宋《营造法式》记载宋代建筑地面方砖表层须经磨平，四侧面须经砍斜，以保证对缝密合平整。清代宫廷的地面方砖使用质量最好的“金砖”，不仅经过砍磨，而且还要“钻生泼墨”、“打蜡”、“软布擦亮”等工序，使得地面光洁平滑，乌黑油亮。有的殿堂已经开始用黄豆瓣大理石铺地。在宋代以后雕砖技术逐渐兴起，起突的模印地面花砖已不再应用，成为历史遗迹。

但在唐代用于墙壁上的模印花砖却仍存在一个优秀的实例，就是河南安阳修定寺塔塔壁的模印砖雕。该塔建于唐代中叶（758~762年），单层四方形，塔身四面塔壁自檐部开始下垂至地面，皆贴满了砖雕。砖雕为菱形分格，格内为武士、童子、伎乐、胡人、飞天等人像，及龙、狮、象等宗教动物。檐部下垂璎珞，整体

图4-16 河南安阳修定寺塔南壁局部（唐咸通年间，860~874年）（资料来源：河南省文物研究所. 安阳修定寺塔［M］.北京：文物出版社，1983）

图4-18 河南安阳修定寺塔南壁（唐咸通年间，860~874年）（资料来源：河南省文物研究所. 安阳修定寺塔［M］.北京：文物出版社，1983）

图4-17 河南安阳修定寺塔塔檐帐帷刻砖（唐咸通年间，860~874年）（资料来源：河南省文物研究所. 安阳修定寺塔［M］.北京：文物出版社，1983）

如同在塔身上覆盖一幅华丽的大幔帐。砖雕分块制作，共计有图案76种，3775块，分为13层贴制。从艺术角度来看，该塔的砖刻部分的价值甚高，采用高浮雕手法，将人物的动态及衣物细部表现得非常真实、细致、生动。更难得的是该砖刻不是雕制的，而是用泥坯翻模方法制作的。这一点可从图案相同的多块砖雕得以验证，同时在现场考古发掘中也发现了预制砖模的残块，以资证明。在唐代能制作出如此精致的高浮雕模压砖品，说明压模、翻模、脱模技术已达到相当高的水平（图4-16~图4-18）。

宋代的雕砖工艺开始发展，用在佛塔及须弥座上，如现存的许多辽代砖制佛塔的塔身及须弥座上就有不少砖雕作品，宋代杭州六和塔内须弥座上亦有砖雕，因此模印花砖日渐稀少。但在河北定州料敌塔内走廊天花上仍保存着宋代的模印花砖制品，十分难得。这些花砖主要分布在二、三层走廊的天花上，图案有菱形网纹、四方套、毬纹、海棠瓣、圆光、海棠瓣加团窠等十余种设计。压印深度较浅，但其表面涂有色彩，颜色已经漫漶，经辨认为朱红底白线道，兼有黑色

图4-19 河北正定开元寺料敌塔内檐模压砖制天花

缘边或填心，与地宫内遗存的宋代彩画风格类似（图4-19）。在宋《营造法式》窑作制度中没有提到花砖，而在砖作功限一节中提到"事造剜凿"，即雕砖的用工数量，包括地面斗八、龙凤图样、人物、壶门、宝瓶、气眼等处。说明宋代以后，青砖模印技术逐渐被放弃，而代之以更精细、灵活、立体化的雕刻技术。技术永远是新陈代谢，除旧布新。

二、脊饰

中国大部分地区的古代建筑为了防雨皆采用起坡的屋顶，创造了庑殿、歇山、悬山、硬山、攒尖等不同的屋顶形式。这些屋顶的两坡相交处是防雨的薄弱环节，必须重点加固，筑成凸起的"脊"。根据其所在位置的不同，可分为正脊（屋顶最上端的横脊）、垂脊（随坡下垂之脊）、戗脊（歇山屋面转角45°之脊）、围脊（重檐下檐与建筑围合之脊）。早期建筑屋面已经出现了筒板瓦部件，但两坡交界的屋脊尚没有预制的瓦件，正脊多为灰泥砌筑，两端收尾仅稍许抬高作为结束。直到战国时代尚未发现有关屋脊的瓦件。两汉墓葬中大量陶制房屋明器的出现，为我们了解当时屋面的构造提供了例证。汉代屋脊仍是灰砌的，但也有水平线条的直脊，是否为板瓦叠砌的不得而知。北魏时期的重要建筑的正脊应该开始使用板瓦叠砌的方法，从甘肃天水麦积山第43窟（西魏大统六年，540年）及49窟（西魏）石刻外檐的屋面上得到反映。叠瓦脊历经隋唐至宋代，仍是重要建筑的筑脊方法。宋《营造法式》卷十三"瓦作制度·垒屋脊"条中规定，大型殿阁建筑正脊叠瓦为三十一层，最高可达三十七层，随房屋的等级而递减，一般民舍仅为三层。正脊断面呈梯形，两侧各按十分之二收分，中填灰泥，上部以筒瓦合脊结顶。此外，还规定了当沟瓦、线道瓦、合脊筒瓦、白道灰线等的规格及做法，以及垂脊的相应高度，说明宋代叠瓦脊的做法已经很成熟。元代开始出现预制的脊筒子构件，代替了叠瓦脊的做法，并且在脊筒上增加许多花饰，多数为龙、兽、花卉枝叶等。清代南方民居多用板瓦成排立摆的游脊，上边铺设盖头灰一层以防雨，较为简单。稍大型的建筑则用片砖与筒板瓦组合的花脊，这种脊可以做得很高。闽粤一带建筑多用砖瓦加灰塑制成花脊，式样繁多，不胜枚举。随着屋脊做法的演变，脊端及脊身的处理也在变化，并突出了它的装饰性，进一步美化具有东方特色的中国式屋面。脊部装饰重点集中在脊端的吻兽、脊上的走兽及脊身上的花饰等几处。脊饰的各种部件都是在泥坯上塑出形象，然后入窑烧造而成，故为一种塑饰技术。

（一）吻兽

早期的灰塑屋脊的端头往往做成翘起的矩形，或者不作任何处理。也有的在脊端塑出翘起的鸟翅形状或鸟首形状。但常见的是用三块带圆形瓦当的筒瓦，垒砌成山字形作为正脊的结尾。东汉陶楼阁明器及四川雅安高颐阙的屋顶造型皆可证明。此时还出现了在正脊中央饰有类似凤凰的神鸟装饰，估计也是灰塑制品。南北朝时期叠瓦脊出现，脊端安置了上卷如鸟翅般的瓦件，鸟翅的反卷线条与叠瓦脊的线条相衔接，这就是鸱尾的雏形。在甘肃天水麦积山石窟的窟檐上有很

图4-20 甘肃天水麦积山石窟第43窟窟檐屋面鸱尾

图4-21 河南洛阳出土的隋代陶屋

图4-22 陕西西安碑林唐长安九成宫遗址出土的鸱尾

明显的表现（图4-20）。同时，北魏洛阳永宁寺塔遗址中也发现了鸱尾瓦件的残块。《唐会要》中记载："汉柏梁殿灾后，越巫言海中有鱼虬，尾似鸱，激浪即降雨，遂作其象于屋上，以厌火祥。"即是将鸱尾形象置于屋脊上，以避火灾，这是鸱尾一词首见于文献。但唐朝人记载汉朝之事不一定准确，但此时已将脊端饰件称为鸱尾是明确的。鸱是鸟类，归为鹰属；而虬是无角的龙，应属鱼类，它的尾巴像鹰鸟，所以就理解成为多羽片的鸟翅形状。已发现的许多唐代鸱尾实例都证明了这种理解。唐代鸱尾为向上卷起的形象，背部分成两翅，翅羽层叠，呈扇形展开，翅骨前部素平，与叠瓦正脊相接。后期鸱尾在翅羽与翅骨之间增加一串连珠纹，构图更丰富了（图4-21、图4-22）。

唐宋之际鸱尾起了变化，即前端与正脊相接处雕作张口吞脊的兽头，后接短粗微弯的鱼身，身上雕出鱼鳞，身侧排列鱼鳍，因有张口的造型，故改称鸱吻。这种造型与正脊联系更为密切。据唐人撰写的《隋唐嘉话》中称在唐朝中叶已有鸱吻的称呼，但在宋《营造法式》中仍称鸱尾，专门有一节“用鸱尾之制”来规定鸱尾的高度，但没有提及造型的样式。我们从宋徽宗所作的《瑞鹤图》中可以看到宋代鸱尾的大致面貌。另外，从现存的辽代独乐寺山门的鸱尾及大同上华严寺大雄宝殿的鸱尾可以得到印证。从辽宋时期的鸱尾实例来看，其造型确实变成兽头鱼身的模样。其塑制的精细度比唐代的鸱尾要丰富许多，突出的眼睛，张大的口腔，卷曲的须毛，层层的鳞片，增强了鱼的形象，代表了当时的艺术风尚。特别是与辽宋同期的西夏王朝建筑鸱尾，其尾部塑成分岔形的鱼尾，更加接近仿鱼的形态（图4-23～图4-25）。

元代的鸱吻造型又有变化，增加了头角、前腿爪，尾部伸长并反转向外翻，这样的造型更像龙的形状。山西芮城永乐宫三清殿及纯阳殿、洪洞广胜寺毗卢殿等元代龙吻皆是制作精细的佳品。宋《营造法式》鸱尾条中已经提到“龙尾”一词，按文意分析，龙尾是小一号的鸱尾，所以不用安设抢铁和拒鹊。说明宋代已经开始用龙头的形象塑造脊饰，当时是鸱吻与龙吻并存，至元代则龙吻成为大宗，其俗名称作“鳞爪瓦兽”。由于琉璃瓦的普及，元代的脊饰的龙吻、垂兽等亦大量改为琉璃制品（图4-26、图4-27）。

明清时期皇家建筑及寺庙建筑的正吻进一步程式化，尾部向外翻转，造型更趋规整，背上增加了剑

图4-23 宋画《瑞鹤图》表现的宋代宫殿鸱吻

图4-24 辽宁义县奉国寺大殿上的辽代鸱尾（资料来源：建筑文化考察组.义县奉国寺[M].天津：天津大学出版社，2008）

图4-25 宁夏银川西夏王陵出土的吻兽

图4-26 山西朔县崇福寺弥陀殿屋脊金代正吻

图4-27 山西芮城永乐宫三清殿正脊吻兽

把，侧面增加了背兽，大型吻兽的鳞片中塑出小型行龙，整体轮廓呈正方形。并根据屋面琉璃瓦的大小分为八种规格，皆有标准尺寸。明清时期改称为“正吻”、“吻”、“龙吻”，完全改变了鸱尾的造型。北京故宫太和殿的正吻为二号吻兽，高达3.40米，宽达2.68米，计分14块拼接而成，还有剑把及背兽等配件。因此，在吻兽内部须预置扶脊木，内填灰浆加以固定，并且还需有戗铁固定（图4–28、图4–29）。清代垂脊端头的垂兽也变成龙头，尾部代之以细长飘逸的颈上鬣毛，并成为标准式样。有的较次要建筑也可将龙头式的垂兽当做正吻来使用。但民间建筑的吻兽造型继承了元代以来的鱼龙图式，兽头鱼尾，变化灵活，甚至有的建筑完全采用跃鱼的形式，用鱼头吞脊，并非兽头。民居建筑脊端处理更为灵活，不受鱼龙形象的局限，可做成回纹（甘蔗脊）、乱纹（纹头脊）、雏鸡（哺鸡脊）等，以后由于铁件的加固，又产生了高挑的雌毛脊、蝎子尾脊等（图4–30~图4–33）。

正脊脊端的饰件形式，最初为瓦当或塑制的动物，因厌火之故出现鸱鸟的尾翅形式的鸱尾，进而演变为兽头鱼尾的鸱吻，继而为了突出皇权而代之以龙头形状的龙吻。这种由鸟变为鱼，鱼变为龙的做法，代表了不同时期统治阶级思想对装饰主题的影响。

图4–28 北京故宫琉璃正吻

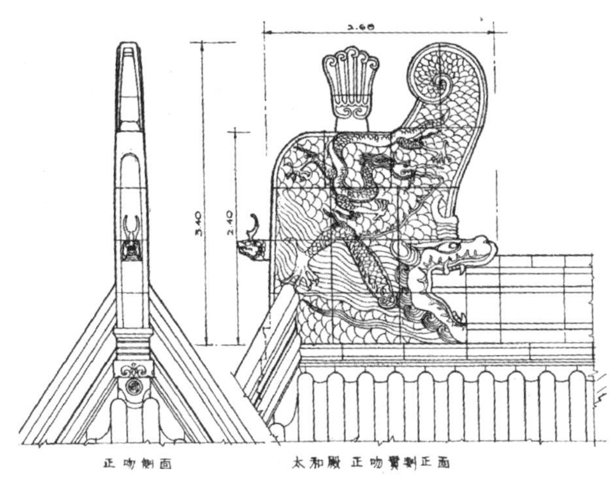

图4–29 北京故宫太和殿正吻

图4–30 辽宁北镇北镇庙正殿清代吻兽

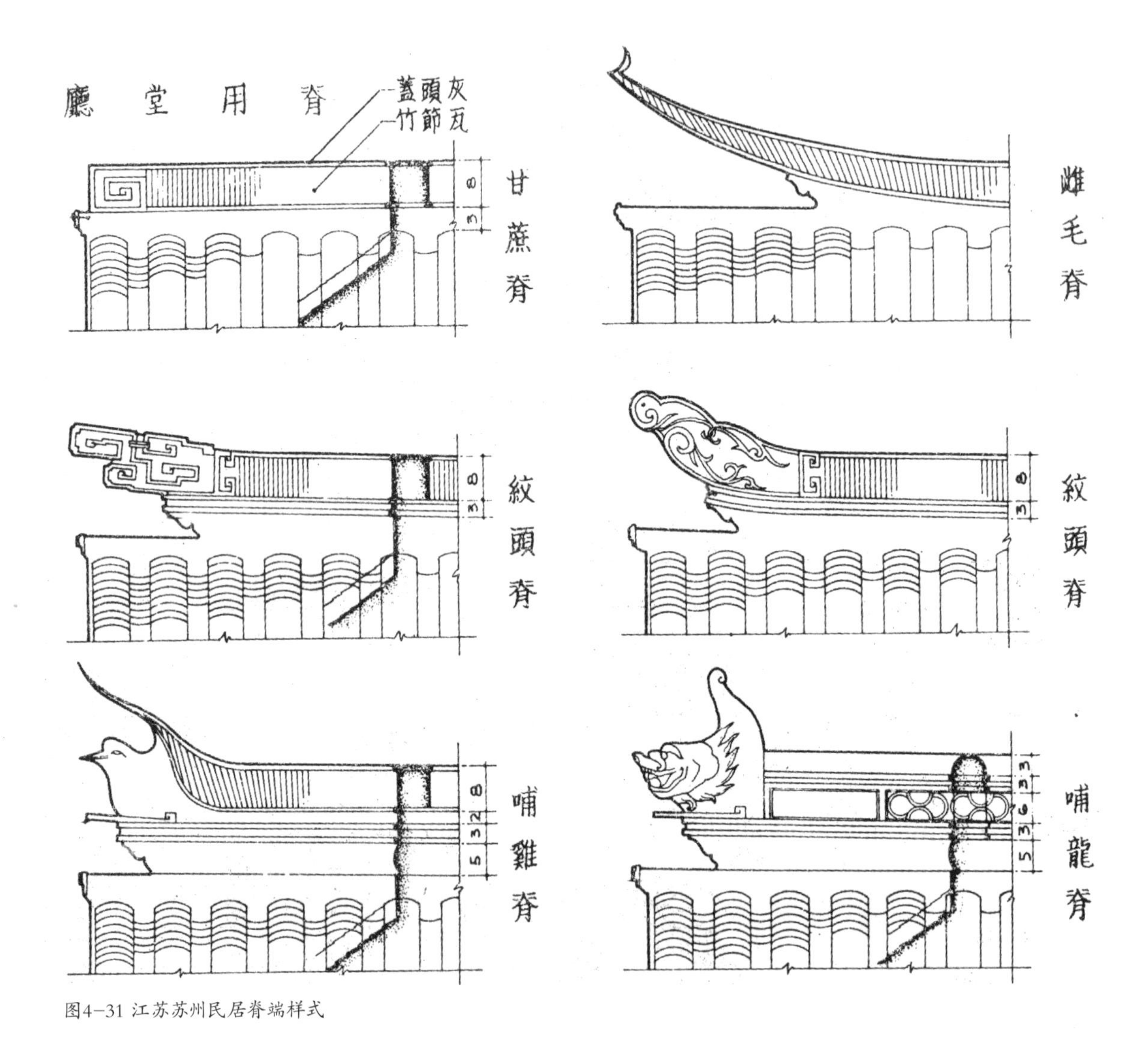

图4-31 江苏苏州民居脊端样式

图4-32 福建南安蔡氏民居脊端塑饰

图4-33 福建南安蔡氏民居脊端饰件

（二）走兽

走兽是一种动物形的装饰瓦件，唐代建筑尚未见使用，宋代开始在殿阁等高级建筑正脊脊身上出现。据《营造法式》记载，走兽有九品：为行龙、飞凤、行狮、天马、海马、飞鱼、押鱼、狻猊、獬豸。走兽塑在正脊顶部的合脊筒瓦上，与筒瓦等长，每隔三至五块筒瓦安置兽瓦一枚。但这种形制的走兽并无实例遗存。佛寺道观正脊当中还装饰有两火焰珠及盘龙。另外，在庑殿或歇山屋顶45° 垂脊兽前，安设嫔伽一枚及蹲兽数枚。蹲兽数量随建筑间数增减，最多八枚，最少一枚。这种规定形成垂脊和戗脊兽前有众多小兽排列的小脊的格式，这种格式一直相沿至明清时期。当时的蹲兽没有留下图样，估计为相同的样式，后来才变为各种兽形。明清时期的皇家建筑或寺庙建筑，在正脊上没有走兽，而在垂脊或戗脊的兽前增加了走兽，又称小兽，最高级的建筑可以用到九枚。最前端的仙人不计在内，最后的行什（猴）也不计在内，它们是龙、凤、狮、天马、海马、狻猊、押鱼、獬豸、斗牛。其品类与宋代大致相似。较低级的建筑可以减少走兽的数目，但必须是单数，行什也可不用。这些走兽与大体量的正吻、垂兽形成对比，在各种兽件之间产生一定的韵律感，是运用屋顶饰件更为成熟的表现（图4-34、图4-35）。关于走兽筒瓦的产生，有一种意见认为是掩盖脊上的加固铁钉，但兽瓦下部并无钉孔，再者脊端也无须如此多的加固钉，故此说不成立。走兽的应用主要起装饰作用，打破脊部单调的线条，增加变化。民间建筑的垂脊脊端的走兽的设计比较灵活，可以代以行龙或狮马，也可做成卷草、回纹、博古文玩等。有的则不饰以走兽，而着意装饰小岔脊，脊尖饰以仙鹤、花草等，脊尖直指上空，强调垂脊轻盈飞腾之状（图4-36、图4-37）。

图4-34 北京故宫太和殿琉璃走兽

图4-35 北京故宫太和殿翼角琉璃走兽

图4-36 山西晋中常家大院祠堂院垂脊及走兽

图4-37 浙江宁波天一阁脊饰

图4-38 山西朔县崇福寺弥陀殿屋脊中心吻兽（金代）

（三）脊身花饰

元代出现预制的脊筒子以后，装饰的走兽则贴塑在脊身上，与正脊一次烧成。纹饰除了龙凤走兽之外，又增加了云纹、花卉植物等，甚至将行龙走兽与云气植物结合在一起，形成名副其实的花脊。现存山西寺庙中许多五彩缤纷的琉璃花脊可作为代表（图4-38）。江南一带则盛行由筒板瓦叠置成的空花脊，除减轻了脊身的重量以外，还增加了视觉的空透感。空花脊上可增加条砖及字碑，标写上“日月增辉”、“国泰民安”、“法轮常转”等祝词。空花脊上也可灰塑出龙、凤、动物形象及回纹图案等，一般设在正脊的中央，成为装饰重点（图4-39~图4-41）。有的寺庙在垂脊头上填塑一组戏曲人物，横置在屋面上，这种做法与屋面构造完全脱离关系，纯为美学欣赏（图4-42）。在闽粤一带的寺庙祠堂建筑上喜欢用实花脊，即在砖砌的脊身上，贴置许多

图4-39 浙江绍兴禹陵午门屋脊

图4-40 江苏无锡惠山寺大殿空花脊

图4-41 四川阆中华光楼脊饰

图4-42 上海豫园垂脊端头塑饰

灰塑或陶塑的人物、佛塔、楼阁、龛橱等，表现出某些故事或戏剧情节，布满全部正脊。脊高可达1.50米，可分为数层图案，等于是屋面上的雕塑展览，十分热烈张扬，代表地域美学欣赏的一种趋向。这类花脊可以广州陈家祠的陶塑花脊为代表之作。陈家祠的花脊主要集中在入口大门、倒座房、行廊及主厅的屋面上，共有11条。大厅聚贤堂屋面的陶塑花脊长27米，高达4.2米。题材有“八仙祝寿”、“加官晋爵”等大型情节性塑品，是最重要的作品（图4-43、图4-44）。此外，在闽粤地区的寺庙祠堂中各式花脊的实例仍有许多，不胜枚举。

总体看来，北方花脊较为务实，以坚固为主；而南方花脊注重艺术表现，设计更加自由。对建筑屋面可以进行后期加工修饰，增加了灰塑与陶塑技法，创造出许多有个性的屋脊装饰。

图4-43 台湾宜兰文昌宫屋面脊屋

图4-44 广东广州陈家祠正厅脊饰

三、瓦当

（一）瓦当的出现与演变

“瓦当”是屋面盖瓦中的檐头筒瓦端头的下垂部分，用以遮挡筒瓦内的灰泥，兼有滴水的作用，是早期建筑外观的装饰手段之一。瓦当俗称“瓦头”，从汉代起就出现了“瓦当”的名称，宋代称“华头”，明清以降称“勾头”。瓦当是在屋瓦应用一段历史时期以后，为了完善其构造才出现的。那么中国古代建筑什么时候才开始用瓦？学术界认为始于西周，因为在陕西扶风县召陈西周晚期建筑群遗址中发现了各类陶瓦，包括筒瓦、板瓦等。而且陶瓦的正面或背面皆有固定瓦的位置的瓦钉和瓦环，说明这些瓦是少量铺设在草顶脊部，需要固定的瓦，而不是全部的瓦屋面。而早于西周的商代尚未发现陶瓦，认为当时建筑仍处于“茅茨土阶”阶段，为茅草屋顶。但是在河南安阳殷墟遗址曾出土过陶制筒形下水管道，甚至还有三通式下水管道，以这样的制陶技术来制造屋面瓦是不成问题的，但苦于没有实证。幸运的是最近在陕西宝鸡龙山文化遗址中出土了原始红陶筒瓦、板瓦的残片，这样就把屋瓦的应用提前到4000年前的夏商时代，虽然那只是少量的标本（图4-45、图4-46）。

早期的筒、板瓦端头没有任何加工，与正身瓦是一样的，筒瓦端头出现瓦当是在西周以后。初现的瓦当是半圆形的，与筒瓦半圆形瓦体是一致的。初始的瓦当表面是素平的，后才出现各种图案。从早期瓦当拓片来观察，其面上的重环纹及弦纹是用刀具在阴干的瓦坯上刻划出的阴纹，粗细并不规则，比较原始，尚未采用模压的技法。后来又出现了方格纹与放射纹，瓦面没有边轮，纹样是用小工具压制的。延至东周时期，群雄并起，各诸侯国的政治、经济、文化都有很大的发展，大量建造宫室殿宇。这时建筑的半瓦当皆是模压制作的，不仅图案精美，花样翻新，而且可以批量生产（图4-47、图4-48）。瓦当所以受到建造者的青睐，有两方面原因。其一，当时生活起居是席地而坐，建筑层高较

图4-45 陕西宝鸡出土龙山文化筒瓦（资料来源：文物，2011（3））

图4-46 洛阳博物馆藏西周瓦当

图4-47 陕西宝鸡出土龙山文化板瓦残片（资料来源：文物，2011（3））

图4-48 山东青州博物馆藏战国齐国半瓦当

矮，对檐头瓦当的观赏视距较近，容易产生装饰效果；其二，东周建筑尚处于土木结构阶段，建筑装饰手段偏重于夯工墙壁上的壁画、刷饰、镶嵌、室内帷帐、毡席等方面，而建筑木雕、石雕较少应用。当时对新兴的建筑瓦材，自然表现出极大的兴趣。包括秦汉以降兴起的铺地花纹砖及画像砖，亦是与对砖材美学加工的热情有关。战国以后出现圆瓦当，半圆形瓦当逐渐减少，以至绝迹。圆瓦当的构图更为完整，变化的样式更丰富，还有一定的滴水作用，所以得到长期的沿用，直到清代。还有一点值得注意的是半圆瓦当没有宽厚的下缘，而且有的圆瓦当是上下半圆图案相对压制的，据此，可以推测半圆瓦当是由圆坯切割后与筒瓦粘结烧制的，最终简化成圆瓦当。

瓦当的面积虽然不大，约为10~12厘米直径的圆形，但匠师在那小小的空间内，充分发挥想象力，创造出奇妙多彩的艺术图案。从这些瓦当图案中可窥知早期社会文化的一部分信息，备受金石、考古、美术各界的重视。早在北宋时期就有学者著录秦汉瓦当，降至清代，金石考据学大盛，有关瓦当的研究及著作更如雨后春笋般地传播开来。参加研究的学者有朱枫、程敦、王福田、翁方纲等人，最有成就的是清末的罗振玉，他曾集录了各家拓本达三千余片，精选成《秦汉瓦当文字》五卷，可称是清代瓦当研究的总结。

瓦当的图案反映出社会文化及建筑审美的变迁，从早期的简素到秦汉时期的富丽，又随着建筑装饰手段的多样化，及建筑体量增高和多檐造型，使瓦当的装饰作用降低，从而又回归成程式化的图案。西周时期的半圆瓦当纹饰简单，有素面、绳纹、弦纹、重环纹等，重环纹明显是受西周青铜器纹饰的影响。春秋战国以后瓦当纹样极大地丰富起来，战国至秦汉之际可称为高峰期，总结当时的图案纹样可分为三大类，即形象类（包括动物、植物、山形等）、图案类、文字类。

（二）战国瓦当

战国时期是半圆瓦当与圆瓦当并存的时期，其图案大部分是形象类图案，包括树木、动物、飞禽。动物中有鹿、獾、马、虎、龙、鱼、蛙、夔凤、雁、龟、甲虫等，为了取得对称效果，多采取成双配置。这些动物图案充分表现了当时社会的狩猎活动的兴盛，是游牧部落之遗风在美学欣赏上的反映（图4–49~图4–51）。而北方的燕国的半圆瓦当多用兽面纹，是由当时青铜器上的饕餮纹转化出来的，亦是表现了社会生活的某个层面（图4–52）。战国时期还有少量的图案类纹样，如云纹、四叶纹、葵纹、网纹等，而文字类纹样尚未出现。此时期瓦当纹饰的图案美主要表现在如何处理好各种动物形体与圆形界面相融合的问题。为此，匠师采取了简化、意象化、变形化的设计方法，形成了团形图案。如延长并弯曲虎豹等动物的身体、采用对称式的或四分格式的构图、采用旋转式的图案等。同时，为了在小面积内明确表达主题，而将对象简化，保留其凸出的特征，如树木简化成一干数枝；山纹简化成凸出的阶级形；鹿纹着意描绘出鹿角；凤纹夸大双翼及凤尾；虎豹纹显示出粗壮的身体及巨口等。纹饰虽简单，但寓

图4–49 陕西凤翔出土的春秋时期圆瓦当

图4-50 战国半瓦当

图4-51 陕西甘泉出土的战国瓦当（资料来源：文物，2005（12））

图4-52 河北燕下都遗址出土的战国饕餮纹瓦当

意十分明确。战国瓦当图案的简练而生动是其重要的美学价值，使观者过目难忘。另外，在辽宁绥中县滨海处的秦碣石宫遗址中还出土了一块巨型的瓦当，为径宽54厘米、高37厘米的多半圆形，瓦当图案为夔纹。估计不会是檐头筒瓦，可能是置于屋脊端头的脊瓦（图4-53）。同样的大瓦当在陕西临潼秦始皇陵的建筑基址及兴平秦宫殿遗址内亦发现过。

图4-53 辽宁绥中秦碣石宫遗址出土的夔纹瓦当

图4-54 战国树木纹及涡卷纹半瓦当

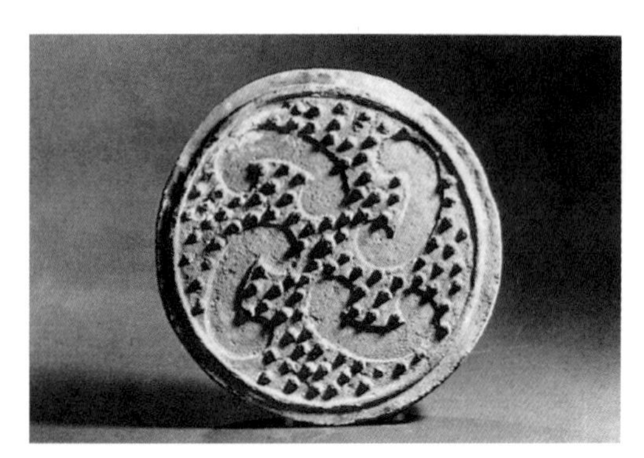

图4-55 河北平山战国中山国王墓出土瓦当（乳丁地阴刻云纹）

战国时期还出现过葵纹、花叶纹等图案类的圆瓦当，但数量较少。葵纹图案是在中央圆圈周围添加八片至十二片旋转的尖叶花瓣，花瓣类似葵花，故名。但也有的专家认为此图案类似尖叶植物或旋云，应称之为尖叶纹或旋云纹；也有的认为像水涡或太阳的辐射光芒，应称为涡纹或辐射纹（图4-54、图4-55）。总之，装饰图案一般皆是对自然界现象的观察、概括、模拟而形成的，折射出人们的思想取向，带有某种想象的意味。

（三）汉代瓦当

汉代瓦当中的动物纹渐少，最著名的是四神瓦当，即青龙、白虎、朱雀、玄武，象征东西南北四个方位，又代表了四季及四种颜色的神兽。四神瓦当是否使用在四个方向的建筑上已不可知。四神图案在汉代画像砖、铜镜、器物、壁画中亦是常用的题材。四神瓦当有数种设计，但大同小异，即在瓦当中心安排圆突的乳钉，将神兽的侧面图像围绕乳钉呈弓形展开，昂首翘尾，虎啸生风，展翅欲飞，龟蛇盘绕，动态十足，是具有浪漫色彩的佳作。四神瓦当皆是配套生产的，是否按照方位分别铺设在建筑物的四面檐头上，就不得而知了（图4-56、图4-57）。

汉代的形象类瓦当日渐稀少，而代之为图案及文字，图案中尤以云纹瓦当最为普遍。云纹图案的产生可能从战国青铜器上的回纹或雷纹演变而来，亦可能是由早期葵纹图案逐渐增加卷曲度而形成，用来表现云朵。汉代云纹瓦当图案可分三种形式：即羊角形云纹、蘑菇形云纹和卷云纹。羊角形云纹为一单线或双线，上面担着一对云卷，类似一对羊角；蘑菇形云纹为一对弧线，上边联缀着一对云卷，类似蘑菇；而卷云纹就一

图4-56 汉代四神瓦当

图4-57 汉代白虎瓦当

双对卷的云朵，下边没有支撑线条。从出土的实例来看，秦代至西汉早中期盛行蘑菇形和羊角形云纹，西汉晚期至东汉则蘑菇形和卷云纹占绝大多数，而且云朵的用线由双线变成单线。云纹图案的中心多为一乳钉或圆形网格，或配以四叶，四周由单线或双线分割成四分区，区内各布置一组云朵，均衡对称，舒展明快，装饰效果鲜明。秦汉时代为什么喜爱云纹，可能与希望长生不老，求仙升天的迷信思想有关，使宫阙楼阁与天穹云宇相结合。亦有学者认为这种涡卷的形态更像是水涡，因为传统木构建筑最怕火灾，水能克火，故采用水涡形状的瓦当。云纹在历代的建筑装饰图案中历久不衰，并丰富其构图，形成多弧线的卷云和飞云等，蘑菇形云纹又演化成如意头纹样（图4-58、图4-59）。

汉代瓦当图案的另一项创新是出现了大量的文字瓦当。这种瓦当都是用来标识建筑物的，包括宫殿、衙署、陵墓、祠堂等类建筑。还有一些为吉祥用语或记事之类。例如"兰池宫当"、"羽阳千岁"、"蕲年宫当"等当为汉长安的"兰池宫"、"羽阳宫"、"蓟年宫"的建筑用瓦；又如"上林"、"甘泉上林"为汉代上林苑、甘泉宫的用瓦；"左空"、"都司空瓦"为汉代"左司空"、"都司空"等掌管工匠事务的官廨建筑用瓦；"卫"字瓦当是掌管防务的"卫尉"官署用瓦；"华仓"、"京师仓当"为粮仓建筑用瓦；"长陵西当"、"长陵西神"为汉高祖刘邦的陵寝"长陵"用瓦。此外，如"千秋万岁"、"长乐未央"、"延年益寿"、"长生无极"、"富贵宜昌"等吉祥用语的瓦当使用最为广泛，可用于各类建筑物上，而且字体有多种变化。在北方内蒙古一带是汉人与匈奴人混居的地区，在这些地方还出土过"单于和亲"、"单于天降"、"四夷咸服"等反映民

图4-58 汉长安城直城门遗址出土的云纹瓦当（资料来源：考古，2009（5））

图4-59 徐州博物馆藏汉代云纹瓦当

图4-60 陕西博物馆藏汉代瓦当集展

图4-61 汉代"万岁"瓦当

图4-62 汉代"单于天降"瓦当

图4-63 汉代"上林"瓦当

图4-64 汉代"富贵万岁"瓦当

族关系的文字瓦当。文字瓦当所用的字体为小篆，虽然汉代已经使用隶书字体，但篆书线条细长婉转，盘曲围绕，随体变化，图案性强，故仍沿用小篆。字数多为四个字，也有两字、单字、多字的，最多可达十二个字。多数瓦当为双线四区分格，中为乳钉，区内文字排列有顺时针式或右左并列式。字体多随圆弧有所变形与简化。汉代文字瓦当不仅可以协助考古工作者确定建筑遗址的性质，而且有极大的书法艺术价值，具有特殊的中国文字之美。汉代以后，文字瓦当逐渐衰落，瓦当图案设计的兴趣转移到其他题材（图4-60～图4-64）。汉代在南方出现了兽面瓦当，巨口多须，又似人脸，又似兽脸。这种瓦当在江苏一带多有出现，并一直延续到北魏时期。到明清时期仍有这种兽面瓦，称为猫头瓦（图4-65）。

图4-65 江苏出土的三国时代兽面纹瓦当

在一些书籍中曾提出汉代以玉璧装饰瓦当的说法，根据出于《史记·司马相如传》中形容离宫别馆建筑的华丽程度，称“华榱璧珰”。韦昭解释为“裁玉为璧，以当榱头”。而司马彪解释为“以璧为瓦当”。以玉璧装饰椽头固然可行，但代价太大，当时玉璧是重要的礼器，不可能草率用之，估计只能用于重要宫室。如《三辅黄图》中称汉武帝建造建章宫正门阊阖门时，“楼屋上椽首薄以璧玉，因曰璧门”。另外，椽头上还可以装饰以铜珰。如班固所撰的《西都赋》中称“雕玉瑱以居楹，裁金璧以饰珰”。魏晋时期还出现了圆形陶珰钉在椽头上，以为装饰。宋代还盛行以小圆木片钉在椽头上，称“椽头盘子”。至于以玉璧为瓦当更不足信，因为瓦当是与檐头筒瓦连烧在一起的，玉璧又如何与筒瓦连接。故依文意可以理解为“以华丽的图案装饰椽子，像玉璧那样制作圆形（玉璧皆是圆形的，璧作形容词用）的瓦当”。玉璧可以装饰梁枋、壁带、椽头，但不会用在瓦当上。

（四）汉代以后的瓦当

北魏时期瓦当纹饰有较大的变化，大量出现的是莲花纹与兽面纹，这两种纹饰与当时的社会状况有极大的关系。东汉时期佛教传入中国以后，至北魏时期大盛，全国佛刹林立，信徒众多，代表佛法的圣花“莲花”成为最尊贵的装饰题材，在建筑上普遍采用。柱础、佛座、佛像背光、花边纹饰等出现了大量莲花图案，瓦当也是其中之一。莲花纹瓦当对后世影响极大，一直传承到封建时代末期。另外，北魏王朝拓跋氏为北方游牧民族鲜卑族的一支，对动物有一种偏爱，所以在瓦当中出现了兽面纹饰，而这种兽面纹多用在规格较高的皇家建筑上，并且影响了南朝的皇家建筑也采用兽面纹。兽面纹可能是后期皇家建筑出现龙纹的先声（图4-66）。北魏时期的莲花纹形制十分丰富。莲瓣有六瓣、八瓣、十二瓣之别，有宝装瓣和单瓣的不同，亦有肥硕与尖窄的瓣形变化，莲心的乳钉后期演变成莲蓬头，这些都说明这一时期的莲花纹饰在不断的创制中，尚未定型。

图4-66 山西大同出土的北魏瓦当

从考古发现来看南朝建筑瓦当纹饰仍以兽面纹和莲花纹占绝大多数。兽面纹多出现在孙吴、东晋等南朝的早期，而且纹饰由北朝瓦当的图案浮雕较厚，高出周边瓦轮的瓦面，向较平的线刻瓦面转化，图案线条亦较简化。南朝继续应用兽面瓦当，可能与人们的“避邪”思想有关，当然也可能是受北朝文化的影响。另外，在东吴时期还出现过人面纹瓦当，数量不多。南朝的莲花纹的应用贯穿了全部六朝时期。纹样由早期的写实化向图案化变化，并出现重瓣及宝装的花瓣，中心为莲房，周围八瓣莲瓣围绕的构图几乎成为定式。南朝佛教信仰亦十分兴盛，东晋的释道安及释慧远等高僧宣扬佛教的“净土”思想，创建“莲社”，自然代表“佛国净土”、“光明世界”的佛教符号“莲花”成为装饰的热门题材，而反映在瓦当上（图4-67、图4-68）。

唐代瓦当仍以莲花纹为主体，构图更加成熟，得到普遍的认同，不仅在黄河流域的中土广为使用，在

图4-67 江苏镇江出土的六朝莲花纹瓦当
（资料来源：考古，2005（3））

图4-68 江苏镇江出土的六朝兽面纹瓦当
（资料来源：考古，2005（3））

新疆、云南等地亦有发现。唐代瓦当多为八瓣或六瓣重瓣莲花，中心分布七颗莲实，花瓣与边轮之间有一圈连珠纹和弦纹，莲瓣突出，肥厚饱满，瓦当整体构图疏密得当，是莲花纹瓦当的最兴盛时期。莲花纹同时也表现在柱础、帐座、天花藻井、地面花砖等图案上，是社会上最常见的符号。

图4-69 陕西西安含元殿遗址出土唐代瓦当（资料来源：考古学报，1997（3））

近年在山东青岛、东营、广东深圳等地宋代遗址中出土了兽面、莲花、文字等纹样的瓦当，而且是民居、衙署等建筑遗址，说明宋代在一般建筑上也开始用筒瓦及瓦当装饰。宋代民间莲花纹瓦当采用花朵侧视图案，有的还带有枝叶，比较自由，带有写生意味，不同于唐代规整的正面莲花图案。此外，还有宝相花图案的瓦当（图4-69~图4-71）。

宋代以后瓦当的装饰作用日减，但皇家建筑上仍然用有纹样的瓦当。宋代官修的《营造法式》卷十三

图4-70 陕西礼泉唐太宗昭陵北司马门出土的莲花纹瓦当

图4-71 唐代莲花纹瓦当

图4-72 湖北武当山出土的明代瓦当

“瓦作制度·结瓦”一节中提到，“其当檐所出华头筒瓦，身内用葱台钉，下入小连檐，勿令透”。即是在檐头筒瓦身上留洞，用大头钉钉在小连檐上，以保证檐头稳定。此瓦称“华头筒瓦”，也就是带瓦当的檐头筒瓦，宋代称瓦当为“华头”。但“华头”是什么样的纹饰，在制度或图样中皆未提及，是否出现了龙纹图案不敢确认。在这个条文中提到檐头筒瓦须用铁钉固定，如何掩盖钉头免得浸雨，清代是用陶制的钉帽扣在上面，而宋代是用火珠扣在上面。《营造法式》卷十三“用兽头之制”中提到“滴当火珠坐于华头筒瓦滴当钉之上”，即是以火珠掩盖铁钉，并有装饰作用，但火珠的形式不详。据此回想起早在战国时代河北平山中山国王墓中出土的带有顶插饰件的檐头筒瓦。汉代墓葬冥器的陶楼模型的檐头筒瓦之上亦插入饰件，并有不同的花样，形成檐口的装饰带，十分华美。

元代以后直到明清瓦当以其形状为弯勾状，改称为“勾头”。宫廷建筑勾头图案多为龙纹；寺庙多为兽面、花卉题材；民居勾头题材更为丰富，花卉居多，还有福寿字、万字、莲花、如意等，以及简单的小兽头，故民间“勾头”瓦又称为“猫头”瓦（图4-72）。由于明清建筑的内外檐装饰因素增多，色彩绚丽，而且柱高加大，檐头增高，对瓦当的视觉减弱，相比之下檐瓦的装饰作用降低，业主不再在勾滴檐瓦上多作追求，而把注意力转向砖雕。民间建筑的瓦当滴水图案有花草、寿字、兽面、团花等，各地瓦厂随意制作，各式并陈，不再有统一的图式。业主对瓦当的选择亦无特殊要求，瓦当塑造艺术大为退步。而且南方一般民居使用干摆的冷摊瓦屋面，阴阳板瓦互扣，更无须勾滴装饰。但在一些大户人家，为了显示建筑的美观，虽然是冷摊瓦屋面，檐头仍然装饰了瓦当滴水，但是瓦当头向上翘起，纯为美观而设。

（五）滴水瓦

与瓦当配套的檐头板瓦边缘也在变化。北魏洛阳永宁寺塔遗址出土的檐头板瓦边缘有用手捏出的类似绳纹的花边，有的瓦缘捏出上下两道花边，故这种檐头板瓦特别加厚至4cm，说明北魏时期人们已经开始注意到檐头板瓦的装饰性（图4-73）。开始加工檐头板瓦边缘应是宋代。在宋《营造法式》中提到有两种形式，即“重唇板瓦”和“垂尖华头板瓦”。重唇板瓦即是在瓦端再贴塑出一片扇形瓦唇，垂直于瓦身，便于更好地滴水。唇上素平，没有花纹。山西五台山佛光寺瓦屋面的檐头瓦即是重唇板瓦，据考定为金代制瓦，此例为我们提供了早期的瓦样。“重唇”的重字有两解，一则发音为zhong，为程度深、分量大的含义；一则发音为chong，为重复的含义，我认为发音应为前者，重唇即加深加重唇边之意。《法式》中提到小型厅堂及廊屋、散屋用散板瓦结顶，即仰瓦、合瓦皆用板瓦者，“至檐头并用重唇板瓦”，即清代民间房屋常用的纯板瓦的合瓦屋面。至于宋代重要建筑的筒瓦屋面檐头板瓦是否用重唇板瓦虽未提及，推测应是普遍采用的。“垂尖华头板瓦”即是在瓦端贴塑出三角形的瓦唇，并有花饰，类似后世的滴水瓦。但《法式》中提到该式瓦仅用在散板瓦结顶的檐头合瓦上，并非后来的滴水瓦。对此可有两种理解：一种是用为合瓦，瓦唇上翘，形成屋面装饰；一种是瓦唇反塑在合瓦上，形成滴水状的勾头瓦，以掩护瓦垄端头。何种为是有待实例证实。在我国南方的民间建筑常用冷摊的合瓦屋面，即阴阳板瓦不用坐灰，干摆在椽条上。为了使檐头更华丽些，往往在阳瓦上端加塑一块向上翘起的方形华头，加厚了檐部感觉，这种做法尚具有古代的遗意。

元代的重唇板瓦已经有了纹饰，多数为连续性花纹，如几何纹、绳纹、连珠纹、锯齿纹等。同时也出现了倒三角形的滴水瓦，图案多为花卉。明清时期皇家建筑用跑龙，寺庙用花卉，民间出现各种图案，已无定式（图4-74~图4-76）。

从装饰作用来看，瓦当的重要性应在瓦屋面形成的早期，即秦汉时期，当时的瓦当内容十分丰富，涉及社会生活的各个方面。它不仅有艺术欣赏价值，而且

图4-73 北魏洛阳永宁寺遗址出土的花边板瓦

图4-74 湖北武当山博物馆藏明代文物

图4-75 浙江民居檐口瓦当滴水

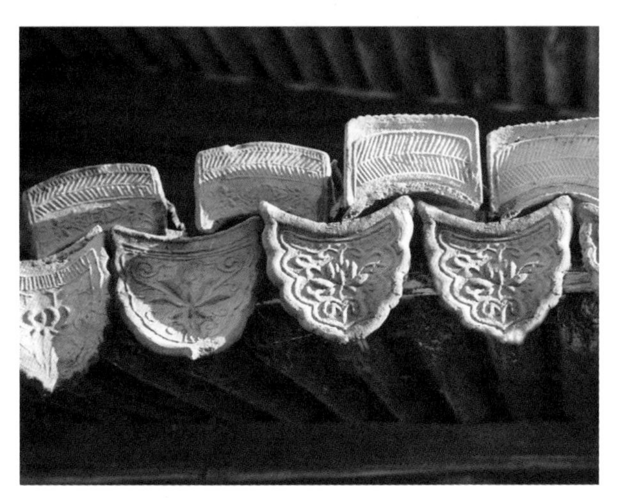

图4-76 浙江永嘉芙蓉村民居檐瓦

有文化考古价值，成为金石考古学家的珍赏之物。但瓦当成为瓦屋面的檐头装饰，持续了上千年，随着屋面防水材料的改进，屋面可以有多种形式，瓦当的装饰作用减低，退居次要地位，这也是装饰发展的规律。瓦当的装饰面积虽小，在历史上却有着广泛的存在，受到人们的重视，其中体现出重要的美学原则，即“适形”的手法。在圆形的图案设计中，通过变形，可以将自然物体、几何形状、甚至兽面、文字等皆可容纳在圆形之中。瓦当图案装饰艺术对我们今天的建筑装饰仍有启发价值。

四、琉璃饰件

在气象万千的中国古代建筑中，给人们留下的突出印象之一就是金碧辉煌、色彩斑斓的琉璃饰件。它是将铜、铁等的氧化物作为助熔剂和呈色剂的釉药，涂在瓦件的胎土上，经过高温烧制后，釉药表面形成玻璃样的光泽，并且有鲜明艳丽的色彩。因为它的外观流光陆离，所以古代文献中又称之为“流离”，或写作“瑠璃”。后期发展并制作了各种琉璃型砖，使建筑外观更加强了色彩的表现力。

（一）琉璃制作

琉璃砖瓦件为釉陶制品，其烧制分为制胎与挂釉两个步骤，并分两次烧成。制胎的材料比较考究，明代南京官府采用安徽太平府（今当涂县）的白泥，清代北京官府采用京郊的页岩石。各地的琉璃砖瓦用料皆需采用砂砾状土质，经碾轧、过筛，形成粗细适度的胎土才可应用。胎土加水成泥，经搅拌、闷泥、晒泥、糅合熟化、制胎成型，阴干20天以后，才可入窑烧制，窑温控制在960℃左右。大型构件要将内部掏空，称为“掏箱”，以便将构件烧透。特大构件还要分割成数块，分件烧制。故宫太和殿二样琉璃正吻，高达3.36m，就是分成十三块烧制的。假如烧制一樘琉璃牌坊或琉璃阁，则需要多达几十种构件，皆需分件制作。素胎烧成后可以进行挂釉，将釉料调制成稀浆状，涂刷在素胎的表面，仅刷瓦材或构件的露明部分，再次入窑烧制。窑温控制在880℃左右。琉璃件的胎土选料严格，是为了保证素胎与釉料的胀缩度接近，以免琉璃件曝晒后表面产生开裂崩瓷的后果。

传统琉璃釉料的配方主要原料为马牙石（即石英石）和铅，即《营造法式》中所称的洛河石与黄丹。洛河石即二氧化硅，是釉料的玻璃质；黄丹为氧化铅，是助熔剂。各色琉璃釉尚需加呈色剂。黄色釉加氧化铁；绿色釉加铜末；翡翠色釉加火硝和铅粉；青色釉中减少铅的含量，加氧化铁和火硝、铅粉及青色颜料；黑色釉加大绿和红赭等颜料；紫色釉加氧化铁、火硝、硼砂和青紫色颜料。由于传统釉料是采用原生矿石，各地矿石所包含的共生化合物成分各不相同，因此每种颜色釉料的配方也不尽相同，色相也有差异，因此产生了地区特色。如山西地区的孔雀蓝、北京地区的正黄色皆较其他地区的颜色更为鲜丽。

玻璃原料与瓷器釉料、琉璃釉料是相近的，其主料皆是二氧化硅，加上不同的助熔剂，使其烧成温度不同。玻璃和瓷釉的烧成温度达1300℃以上，而琉璃釉只需800℃即可，属于软釉类。正因为同是石英石的产品，在古代文献中对玻璃与琉璃的称谓混淆不清，通称为琉璃、流离、瑠璃。至南北朝时出现颇梨（玻璃）与瑠璃、水晶并称。近代以来才将这些石英产品区分开来，不附于任何胎器上的玻璃质物体称“玻璃”，附于瓷胎上的称“瓷釉”，附于陶胎上的称“琉璃”，附于金属胎（铜胎、银胎）上的称“珐琅”或“蓝”。

中国历代王朝建筑宫殿、坛庙、陵寝所需的琉璃瓦件数量庞大，故皆开设御窑烧造。元代建大都城（今北京）设立四个窑场，琉璃厂是其一，烧造素白琉璃，在门头沟琉璃渠村还设有分厂。明初期建南京宫殿，在京郊雨花台西侧的聚宝山设琉璃窑，其所用胎土取自安徽太平府（今当涂县）的白土，取其细密质坚。每座琉璃窑内所装瓦坯数、用工数、用柴数、用色釉斤数，皆有定量。所烧造的屋瓦规定为十样（即大小十种规格），说明清代琉璃瓦的规格在明初已经定型。迁都北京以后，在城南海王村设窑，继续烧造琉璃砖瓦，称琉璃厂，为主管营造工程的五大厂之一。厂内烧造的主要有黄绿两色瓦件，同时也制造一些小器物，如鱼缸、琉璃片、口哨等。清代继续在外城琉璃厂烧造，道光以后因厂地狭小，人员辐辏，改在西郊门头沟琉璃渠村设厂，称为西山窑。清初为建造沈阳宫殿及关外三陵，曾在海城市缸窑岭设御窑烧造琉璃瓦，供沈阳建造之需。由于琉璃釉料全为天然矿物，其配方各有不同，其技术秘不外传，故御窑和各地的窑匠皆为家族世袭，如北京的赵家原籍山西，元代时奉调至大都烧造琉璃，一直到明清时期。介休贾村的侯家，清初被调至沈阳，营造沈阳故宫的御窑。山西阳城东关后则腰村的乔家、太原马庄的苏家、河津东窑头村的吕家等。以上诸家原籍皆为山西人，说明元明清之际山西是琉璃制品的集中地，故在山西所遗存的优秀琉璃建筑也最多。

西亚两河流域早在公元前3000年就发明了琉璃制作技术。著名的实例为后巴比伦王国（公示前6世纪）所建的伊什达城门两侧墙上的琉璃砖装饰，在深蓝色的琉璃砖上浮雕的黄色牛马的形象，它们是分块烧制的，布满了高大的整体城墙，雄伟壮观。但中国的琉璃装饰技术是否由中亚传入，目前尚无明确记载与论述。世界文化的多元，同一技术的多个源头也是常见的现象。

（二）琉璃制品演进

早期文献中所称的琉璃皆为原始玻璃制品，用为装饰品或小器物，虽然发现实物的年代甚早，但并非是在陶胎上釉的釉陶制品，故追溯琉璃砖瓦的起源应从釉陶开始。我国的原始釉陶出现比较早，在河南郑州发掘的公元前1000年的商代城市遗址中，曾有茶色釉

图4-77 广东广州南越国汉宫殿遗址出土的青釉印花小方砖

的陶器出土，战国时代出现了灰绿色釉陶，汉代墓葬中的明器有瓜皮绿色釉，但这些只是器物类。何时釉陶用于建筑屋面，形成琉璃瓦，学术界尚在研究之中，过去认为始于北魏时期，实际可能还要早一些。据唐代成书的《元和郡国志》记载："朔州太平城，后魏穆帝治也，太极殿、琉璃台，瓦及鸱尾悉以琉璃为之"。这是见于文献中有关琉璃瓦的最早记载，以时期推算约在4世纪初，相当于西晋王朝末年。在山西大同北魏故城中曾发现过一些琉璃瓦残片，历史时期约为北魏早期，即公元400余年，距今约1600余年。

广东广州南越国官署遗址出土了不少带青黄色釉的砖瓦，即是俗称的琉璃瓦，历史时期相当于西汉早期（图4-77）。经专家化验分析，这批琉璃瓦的釉料为钠钾含量较高的碱釉，与北方较早出现的以钙为助熔剂的灰釉不同，说明二者之间没有传承关系。南越国砖瓦的琉璃釉却与西亚两河流域及波斯帝国的砖瓦釉料相似，故推测南越国的琉璃技术是通过海路交通接受了西亚的影响而发展的。但南越国的琉璃技术并没有传承下来，而中国的琉璃砖瓦却从北方开始传布开来。

唐代使用琉璃瓦不仅文献记载确凿，而且为考古发掘所证实。在陕西西安唐长安城大明宫遗址中出土了相当数量的绿色琉璃瓦及其他屋面瓦件。同时期黑龙江地区的渤海国宫殿遗址中也曾发现了绿色琉璃瓦鸱尾的实物。根据同一遗址中琉璃瓦及灰瓦数量的比例，可知当时宫殿的脊瓦及檐头瓦为琉璃瓦（图4-78）。其他屋面部分仍用灰瓦，即后代所称的"剪边"做法。从著名的唐三彩陶器考察之，可知当时的琉璃釉药有多种颜色，有深蓝、黄、绿、褐、白等诸多色彩，但建筑上用琉璃瓦仍只有绿色剪边瓦。宋代宫殿的艺术质量进一步提高，表现在其屋面全面铺装绿色琉璃瓦。同时期的辽代及西夏也开始用琉璃瓦装饰屋面，并且也掺入黄色琉璃釉瓦（图4-79～图4-81）。此外，宋代还有褐色瓦用于壁面，如河南开封祐国寺塔（图4-82）。金代开始大量采用金黄色琉璃瓦，此后，金黄色瓦一直成为帝王宫室建筑屋面的专用色彩。元

图4-78 陕西博物馆藏唐代兽面瓦件

图4-79 山西大同上华严寺大殿琉璃鸱尾

图4-80 宁夏银川西夏王陵出土的琉璃共命鸟

图4-81 宁夏银川西夏王陵出土的吻兽

图4-82 河南开封铁塔琉璃面砖

图4-83 西藏日喀则夏鲁寺琉璃砖

图4-84 山西太谷圆智寺明代琉璃正吻

图4-85 山西高平定林寺大殿琉璃脊

代时期除常用的黄绿两色之外，也使用了蓝、白、黑、紫等色，并出现了杂色相配的琉璃瓦屋面。元人尚白，故白色琉璃瓦为宫廷建筑所喜用，如大都城（今北京）宫殿中的兴圣殿为白色瓦屋面，青绿色瓦剪边；延华阁为白色瓦屋面，青瓦剪边，脊中央并有金色宝瓶等装饰品，可以想见其颜色一定非常绚丽。随着元代版图的扩大，琉璃技术也远播到偏远地区，如西藏日喀则夏鲁寺的墙壁上就出现了绿色琉璃砖，塑出轮、伞、金刚、兽面等宗教题材（图4-83）。

明清时期的建筑琉璃饰件得到巨大的发展，不仅颜色增多，而且饰件品种增加，除砖瓦之外各种“法花”（即建筑物上的琉璃装饰品的总称）层出不穷，如花脊、走兽、团龙、金刚、佛龛、飞禽、仙人等（图4-84、图4-85）。使琉璃制品不仅用于屋面，而且用于建筑物的墙身，从而产生了各种琉璃建筑。如著名的洪洞广胜寺飞虹塔及大同九龙壁皆是明代产品。

（三）琉璃屋面

琉璃制品在中国的应用是很广泛的，有祭祀用品，如墓葬中的明器、立俑、动物俑、镇墓兽等，最有广泛影响的是各种三彩釉料的陶俑、陶马等。有生活用具，如缸、盆、盘、钵等上釉的陶器。但用量最大的是建筑上使用的构件及饰件，包括屋面上的砖、瓦、脊饰、墙壁上的花饰等。进而使用各种构件组成各类完整的建筑，如塔、阁、影壁、牌坊、焚帛炉等。现就建筑屋面上用的构件加以叙述。

屋面琉璃构件可分官式与地方两类，略有不同。官式琉璃件用色单一，规格严谨；地方琉璃件五色纷呈，造型各异。宫廷建筑用瓦采用清一色的做法，即所有瓦件皆为一种颜色，威严庄重，效果突出，参观北京紫禁城宫殿时，面对一片金灿灿的黄琉璃瓦的海洋，使人震撼不已，这就是它的艺术魅力所在。使用清一色的琉璃瓦屋面还可区分建筑物的性质及地位。黄色瓦用于宫廷正殿、寝殿等政权象征的建筑，是最高级的建筑，一般建筑不准使用。只有御封敕建的庙宇可以使用黄色瓦；绿色瓦用于宫廷内次要殿座、城门楼、庙宇和王公府第；蓝色瓦用于祭祀建筑，以表示对天穹的崇敬；黑色瓦用于特殊的庙宇。紫色、翡翠色瓦等用于园林和离宫建筑（图4-86~图4-88）。清代也有剪边琉璃屋面，用一种颜色瓦镶边及调脊，用另一种颜色瓦铺设屋面，多用于一般庙宇和园林建筑，以增加缤纷的效果。颜色多为黄瓦绿剪边和黑瓦绿剪边。清代为了控制工程预算，统一工料价格，沿用了明代制定的琉璃瓦规格标准，即按尺寸大小分为十样。《大清会典》中记载"康熙二十年议准，琉璃砖瓦、兽件大小不等，一共分十样"。这个规定将全国琉璃瓦构件尺寸统一

图4-86 北京故宫黄色琉璃瓦屋面

图4-87 北京天坛皇穹宇蓝色琉璃瓦屋面

图4-88 北京颐和园排云殿鸟瞰

图4-89 北京故宫太和殿琉璃正吻

起来，便于采购及施工，规格化是建筑业产业化以后的必然趋势。琉璃瓦虽然分为十样，但一样瓦过大，建筑上从来没有使用过。太和殿是最大的宫廷建筑，其正吻也仅用为二样琉璃瓦。十样瓦过小，琉璃建筑无法使用。故实际使用的为二样瓦至九样瓦等八种规格，常用的为六样、七样瓦。八种规格样瓦的实际尺寸，以正吻为例，其高度为3.36米至0.60米递减；筒瓦长度为0.40米至0.25米递减。按表列八样各式构件数量可达三百余种，但实际应用的也就是六七十种，其他产品仅偶尔一遇。从屋面造型艺术角度观察，清代官式琉璃瓦造型皆已定型。如吻兽、垂兽、套兽皆有固定图案，不可随意更改（图4-89~图4-91）。其创意主要表现在各类屋面的组合及群体艺术上，如重檐、攒尖、盝顶、龟头殿、抱厦等手法穿插在琉璃瓦大屋顶中，形成丰富的外观，北京紫禁城城墙上的角楼就是一项优秀的实例。但在琉璃瓦件中饶有艺术趣味的是垂脊或戗脊端头的走兽，排列整齐，形体各异，成为琉璃瓦屋面的点缀。有关脊上装饰走兽之举始于宋代。宋《营造法式》卷十三“垒屋脊条”称在正脊顶的“合脊瓦上施走兽者，每隔三瓦或五瓦安兽一枚”。并称走兽有九品，

图4-90 北京故宫御花园天一门琉璃屋面

图4-91 北京故宫太和殿翼角琉璃垂兽及走兽

图4-92 北京故宫太和殿最高级别的走兽

为龙、凤、獬豸等。而在庑殿或歇山转角的垂脊或戗脊端头设计有嫔伽与蹲兽。蹲兽为双数，随建筑等级由八枚递减至两枚。蹲兽是否有各种品类，书中未曾说明，估计是相同的造型。另外可注意的是正脊上是走兽，是横向行走之兽，兽长与筒瓦身长相同；而戗脊上是蹲兽，是蹲坐之兽，兽高较矮。明清时代官式琉璃瓦已经不在正脊上加饰兽件，而仅在戗脊头加饰仙人及走兽，走兽有九品，即龙、凤、狮、天马、海马、狻猊、押鱼、獬豸、斗牛，最后还加上一个猴子形的站像，称为行什。前后总计11件，是最高规格的走兽排列，仅在北京故宫太和殿上出现过（图4-92、图4-93）。一般建筑仅设为仙人及走兽，按建筑等级其走兽数量呈单数

图4-93 北京故宫太和殿琉璃走兽

递减。明清走兽显然是继承了宋代的形制，嫔伽改为骑鸡式的仙人，狻狮改为狻猊，飞鱼改为斗牛，其他照旧。九品走兽皆表现出贵为天子的龙、凤、狮、马等的形象，是权力的象征。

地方民间琉璃瓦与官式不同，表现出两个特点，即喜欢混合搭配用色，并且脊饰构件各有不同，没有定制。屋面用色多用剪边做法，黄瓦绿剪边或绿瓦蓝剪边。建筑屋面中部常用异色琉璃瓦组成菱形图案，增加屋面的华丽程度。不仅屋面用瓦相互搭配，而且构件本身也涂刷不同釉色，一般为黄绿两色，正吻等大型瓦件可以刷饰黄、绿、蓝、白等多种颜色（图4–94～图4–96）。因为民间重要建筑使用琉璃瓦，多为主殿或正厅，一般配殿仍用布瓦，很少全部建筑使用琉璃瓦，所以不可能追求群体的气势。为了提高主体建筑的艺

图4–94 河北承德普乐寺大雄宝殿琉璃脊及吻兽

图4–95 山西汾阳关帝殿垂兽（明嘉靖二十四年，1545年）

图4–96 辽宁沈阳故宫崇政殿琉璃剪边屋面

图4-97 山西介休后土庙琉璃屋面

术效果，多在颜色与造型上下功夫，采用多种颜色的琉璃瓦件。民间的瓦件造型更是多姿多彩，特别是山西的琉璃件。因为山西的琉璃制业遍布全省各地，如大同、浑源、太原、介休、平遥、河津、阳城、潞安等地皆产琉璃，而且是家族传承，各有独特的设计，争奇斗巧，迭出新意。以建筑正吻这个大型琉璃件来看，各地几乎没有相同的造型。另外，民间建筑的琉璃正脊也很少是素平的，多塑饰出行龙、凤鸟、花卉、宝珠、宝葫芦、人物、车马等，成为一条复杂缤纷的装饰带，成为地方琉璃屋面的一项特色。同时，琉璃饰件也应用到博风板、悬鱼、惹草等处，而且可以做成起伏甚大的浮雕状，更增加了屋面花饰效果（图4-97~图4-100）。从整体艺术效果来考察，恐有臃肿纷乱的不利影响。这种地方风格甚至也影响到皇家建筑。例如，建于沈阳的故宫建筑，其琉璃屋面设计就带有山西

图4-98 河南浚县碧霞宫琉璃悬鱼

图4-99 山西洪洞广胜上寺毗卢殿正脊琉璃吻和中心脊刹（明弘治十三年，1500年）

图4-100 河南浚县碧霞宫琉璃博风板

图4-101 辽宁沈阳故宫崇政殿琉璃博风砖

风格。硬山墙的垂脊及博风板就满雕行龙，而且为黄、绿、蓝三色混涂。尤其是墀头腿子墙上的蓝底各色雕饰，更是艺术珍品，是独具特色的琉璃构件（图4-101、图4-102）。

图4-102 辽宁沈阳故宫崇政殿戗檐琉璃砖

（四）琉璃建筑

明清时期琉璃制造有了巨大的发展，不仅用于屋面，而且可以装饰建筑整体，形成琉璃建筑，包括塔、阁、影壁、牌坊、墙门、焚帛炉等，由于其华丽的色彩及晶莹的釉面，极大地丰富了建筑环境景观。

琉璃塔大部分位于北方地区。如河南开封祐国寺塔、山西洪洞广胜寺飞虹塔、山西襄陵灵光寺塔、山西阳城寿圣寺塔、山西临汾大云寺塔、北京颐和园多宝琉璃塔、北京香山宗镜大昭庙琉璃塔、河北承德须弥福寿庙万寿琉璃塔等，皆位于华北地区。国内现存最古老的琉璃塔当属河南开封祐国寺塔，该塔建于宋皇祐元年（1049年），距今已达974年。祐国寺塔塔高55.8米，也是现存最高的琉璃塔。因该塔表面为褐色琉璃

图4-103 河南开封祐国寺塔

图4-104 河南开封祐国寺塔琉璃面砖

砖砌成，类似铁色，俗称铁塔。该塔外观为八角十三层仿木构楼阁式的砖塔。外部的琉璃砖皆按木构形式塑出柱子、额枋、斗栱、角梁、瓦檐、平座等建筑构件形象，总计用了28种不同型的砖，相互拼砌构成。塔壁砖还塑出不同的图案，有飞天、行龙、雄狮、坐佛、金刚、宝相花、伎乐、花草等50余种，内容十分丰富生动。祐国寺塔的琉璃砖皆为按图设计，预先烧制，现场装配，反映出宋代在建筑构件标准化方面的技术成就（图4-103、图4-104）。但该塔为单一颜色琉璃砖构成，壁砖雕饰花纹起伏较小，影响了其艺术表现效果，是其不足之处。

最华丽的琉璃塔当属山西洪洞广胜寺飞虹塔。该塔建于明嘉靖六年（1527年），八角十三层仿楼阁式塔。塔的底层有木构回廊，入口处加建歇山十字脊的抱厦。塔身层层收进，外壁的门楣、壁柱、龛室、斗栱皆用黄、绿、蓝色琉璃砖镶砌。壁间还砌筑佛像、力士、龙兽、花卉等琉璃型砖。整体塔身五彩缤纷，流光溢彩，在蓝天白云的衬托下，更觉艳丽非常。飞虹塔的琉璃构件有突出的特色。首先是它的构件种类繁多，其中有表现建筑的饰件，也有纯装饰的艺术饰件；有镶砌的面砖，也有立体的佛像；由于逐层收缩，所以同型的构件尺寸也有不同；相同的构件颜色也不相同，诸多因素使瓦件规格大增。其次，仿木构的形象更加真实，如斗栱、垂莲柱、栏杆、脊兽等构件皆如木构件，尤其斗栱造型不仅斗与栱的分件明确，而且还有45°斜栱及交手栱的构件。再者，该塔的塔壁是用浅黄色未经挂釉的耐火砖砌筑的，因此所有琉璃件是浮塑在塔壁上，色感十分凸出，虽然装饰构件众多，但繁而不乱。这些都是该塔的成功之处（图4-105、图4-106）。

叙述至此，应介绍另一座琉璃塔，即江苏南京大报恩寺琉璃塔。该塔建于明永乐十年（1412年），八角九层砖构仿楼阁式塔，高达78米。该塔全身为白色琉璃贴面，而壁柱、梁枋、瓦檐、拱门等俱为五彩琉璃砖瓦。拱门门框饰有狮子、白象、飞羊等佛教题材的雕刻。塔身悬长明灯140盏，昼夜通明，数十里外即可望见，其斑斓绚丽之姿应当胜过广胜寺的飞虹塔。西方人

图4-105 山西洪洞广胜寺飞虹塔

曾称其为中古世界七大奇观之一。可惜该塔毁于太平天国之役，近年南京市政府拟重建该塔，以恢复历史胜容（图4-107）。

此外，如北京香山昭庙琉璃塔、河北承德须弥福寿庙琉璃塔、北京颐和园多宝琉璃塔、山西阳城寿圣寺塔等都是多层楼阁式塔。只不过有的是全部琉璃砖贴面，有的是部分琉璃砖贴面，所以显出各自的特色（图4-108、图4-109）。

藏传佛教在清代得到很大的发展，作为藏传佛教独特塔形的喇嘛塔亦受到了琉璃制品的影响。琉璃喇嘛塔有两种形态：一种为全身贴砌琉璃砖；一种为部分塔身嵌贴琉璃砖。河北承德普乐寺阇城上的喇嘛塔属于第一种。在普乐寺后半部仿坛城的布局中，中心为两层石坛，第一层石坛四周边上布置了八座琉璃喇嘛塔。四角为白色喇嘛塔，东、南、西、北四正向分别建置了黑、黄、蓝、紫四色的喇嘛塔。代表了坛城主尊与配

图4-106 山西洪洞广胜寺飞虹塔细部

图4-107 江苏南京出土的大报恩寺琉璃券门

图4-108 北京香山昭庙琉璃塔

图4-109 北京颐和园多宝琉璃塔

属的方向颜色。八座塔的造型完全相同，下为五层覆莲的塔基，中为瓶形塔腹，腹前为龛门，上为十三天相轮，相轮四侧为垂带，塔刹已毁。各塔的颜色砖仅在三层莲瓣、塔身及相轮上改变颜色。总体看来既十分统一，又显出明显的差别，为坛城增加了识别因素。承德普宁寺的喇嘛塔属于第二种。四座塔分别坐落在大乘阁的四隅，东南为红塔，西南为绿塔，西北为白塔，东北为黑塔。塔身造型各有不同，颜色完全由粉刷涂料形成，不加琉璃。仅莲瓣座、相轮座、塔身龛室及装饰由黄琉璃砌筑，装饰纹样以莲、剑、轮、杵来区别，可以说是一种半体琉璃的作品（图4-110、图4-111）。

琉璃影壁亦有许多实例，如山西大同代王府前的九龙壁、山西大同善化寺西院的五龙壁、北京故宫宁

图4-110 河北承德普乐寺坛城琉璃塔

图4-111 河北承德普宁寺喇嘛塔

寿宫的九龙壁、北京北海的九龙壁等。至于宫殿门前的八字琉璃影壁则有更多的实例。其中以大同九龙壁年代最早，该壁建于明洪武二十九年（1396年），是代王府门前的照壁。用黄、绿、蓝、紫、黑、白等色琉璃砖砌成，分成壁座、壁身、壁顶三部分，全部用琉璃砖贴面。在长达45.5米的壁身上，塑出九龙飞腾于海天之间的壮丽场景。龙身色彩，当中为黄色，然后依次按白、黄、紫、橙各色向两侧排列。西边三条龙为单龙戏珠，而东边六条龙为双龙戏珠，姿态多变，繁而不乱。壁身背景为孔雀蓝色的海水江崖，卷云盖天的琉璃砖，色调沉着有力，与九龙相衬益彰。龙体为半浮雕状态，有的龙首已出现侧面的形象，立体感强烈。该壁表观出了明初的艺术风格（图4-112~图4-114）。北京紫禁城宁寿宫前的九龙壁亦是琉璃制品的佳作。该壁建于乾隆三十五年（1770年），高4.5米，长约30米，其形制与大同九龙壁略有区别。其壁座改为汉白玉须弥座，其壁顶改为仿木构的琉璃瓦顶，这样更凸显壁身九龙飞跃的姿态。九龙排列的方式以黄龙坐中，其两侧各

图4-112 山西大同九龙琉璃壁

图4-113 山西大同九龙壁第五龙

图4-114 山西大同五龙壁全貌

以蓝、白、紫、黄颜色的龙体顺序排列。以两条龙为一组，彼此以山岩相隔。而且是每条龙配一颗火焰珠，呈单龙戏珠之势。背景下部为海水江崖，上部为艳丽的孔雀蓝色的琉璃砖，而且是在云气之上浮动的流云。从构图、布色、用材、雕塑起伏等方面皆有独到之处，全壁虽为分块烧制，但釉砖的颜色统一，绝无流釉、过火的现象，可以说整体艺术上较大同九龙壁更为成熟（图4-115、图4-116）。约为同期建造的尚有北京北海北岸

图4-115 北京故宫宁寿宫九龙壁细部

图4-116 北京故宫宁寿宫九龙壁

大圆镜智殿前的九龙壁。其设计与宁寿宫类似，但规模略小，其壁座改为琉璃座（图4–117）。北京紫禁城内宫门两侧还出现了许多八字琉璃影壁，其影壁心多为中心四岔式的琉璃件，中心为大团花。乾清宫门影壁的团花最为精彩，花瓶中滋生出九朵西番莲花及十朵小莲苞，均匀分布在花叶之中，构图均衡饱满，繁而不乱（图4–118、图4–119）。承德普陀宗乘庙大红台的壁面上镶嵌一排琉璃小佛龛，起到很好的装饰效果，也算是琉璃壁面的一种形式（图4–120）。

图4–117 北京故宫宁寿宫八字墙琉璃壁

图4–118 北京故宫乾清门八字影壁中心琉璃花饰

图4–119 北京北海九龙壁细部

图4–120 河北承德普陀宗乘庙大红台壁琉璃龛

琉璃阁类的建筑多采用砖拱券结构的无梁殿形式，以便于在墙面上贴琉璃砖，具有代表性的是颐和园的智慧海无梁殿。该殿两层，五开间，壁柱、梁枋、斗栱等俱为仿木构形式的琉璃砖，殿壁镶满小佛龛，故一般称之为万佛楼。除壁面以外，最具装饰性的是屋面。屋面为黄绿两色的菱形图案向两侧层层展开，屋脊是高低起伏的花脊，脊上有行龙、金刚、花卉、瓶式塔等雕塑，花式繁多。该阁所用琉璃仅黄绿两色，但能取得突出的效果，是运用了繁简对比、起伏变化的手法（图4-121）。此外，北京北海西天梵境琉璃阁、北京北海白塔前的善因殿等亦为以佛龛装饰壁面的琉璃阁（图4-122）。河南开封延庆观玉皇阁是另外一种琉璃阁的形式，即采用真实的木构比例，而以琉璃砖代替了木构件。玉皇阁是元代的遗构，建于元太宗五年（1233年）。该阁为砖券穹隆结构，顶上又复加了一个八角双层的小亭，形成下阁上亭的造型。有的专家认为穹隆顶与八角阁的互配，表现出蒙古毡包形式与汉族木构建筑形式的结合。该阁的琉璃砖以绿色为主，间有少量黄色，墙面为红色，颜色比较单一简朴（图4-123）。

琉璃牌坊大部分在北方，如北京北海西天梵境前的华藏界牌坊、北京北海极乐世界的琉璃牌坊、北京香山宗镜大昭之庙琉璃牌坊、北京国子监的寰桥教泽

图4-121 北京颐和园众香界智慧海

图4-122 北京北海永安寺白塔前善因殿

图4-123 河南开封延庆观玉皇阁

琉璃牌坊、河北承德普陀宗乘庙的琉璃牌坊。这些琉璃牌坊的造型类似，皆是在厚墙上留三个券门，墙上贴制三间四柱七楼的琉璃砖饰，中央留出汉白玉石的题名字碑。形成红墙、白券与黄绿琉璃的对比，颜色感十分明确，繁简分布亦很恰当（图4-124～图4-127）。

图4-124 北京北海极乐世界琉璃牌坊

图4-125 北京颐和园众香界琉璃牌坊

图4-126 北京颐和园众香界琉璃牌坊细部

图4-127 北京北海极乐世界琉璃牌坊细部

琉璃门的造型与琉璃牌坊类似，亦是在厚墙上开设一个或三个门洞，墙上部贴砌垂花门式的琉璃件，也可以说琉璃门是由垂花门演变出来的。另一种琉璃门是墙门形式，即由砖墩承横梁，上边加建小屋顶构成。其琉璃件除斗栱、屋瓦之外，重点是墙垛上的花饰。这些花饰与影壁墙心上的花饰类似，可以形成呼应效果（图4-128～图4-130）。

图4-128 北京故宫养心门

图4-129 北京故宫内右门琉璃门

图4-130 河北遵化清东陵定东陵三座门

图4-131 湖北武当山玉虚宫焚帛炉

在宫廷建筑中琉璃件也广泛应用在各种场合，如花坛栏杆、须弥座、花墙漏窗、叠砌栏杆砖、焚帛炉等，甚至祭坛等处（图4-131~图4-133）。明初南京的圜丘坛即为蓝琉璃砖铺地，四周为琉璃栏杆，明清北京圜丘坛仍为蓝琉璃砖砌筑，至乾隆时期才改为汉白玉石的坛面。

在兄弟民族中应用琉璃饰面最多的是新疆的维吾尔族建筑。可能受中亚伊斯兰教建筑的影响，其礼拜寺、唤醒楼、墓地皆贴制琉璃砖。维吾尔族建筑琉璃有几个特点。一是蓝色较多，掺加少量的黄绿色，有些建筑则全用蓝色，十分素雅；二是面砖较多，型砖少见，基本上是靠粘贴施工；三是面砖上可以描花，一般为白地蓝花，花饰图案很多，是用人工手描的，还是印制的，尚不清楚。总之，因为伊斯兰宗教建筑为拱券系统，建筑表面简洁平滑，故其琉璃饰件十分重视统一的大效果，形成整体的和谐，在大效果的基础上掺加变化因素（图4-134~图4-138）。

图4-132 湖北武当山南岩宫焚帛炉琉璃槅扇

图4-133 北京故宫宁寿宫琉璃花台

图4-134 新疆喀什阿巴伙加墓墓祠入口

图4-135 新疆喀什玉素甫墓入口

图4-136 新疆喀什阿巴伙加墓入口贴琉璃砖

图4-137 新疆喀什阿巴伙加墓祠塔楼

图4-138 新疆喀什阿巴伙加墓祠塔楼细部

五、灰塑

（一）灰塑制作

灰塑是以白灰（或贝灰、蛎灰）为原料，经过水化过滤，加砂及纸筋、麻皮、草筋等加固材料，现场塑制出来的各种装饰形体。在广东又称之为“灰批”。为了坚固和易于成型，制作立体的灰塑制品，须先制骨架，较大型的用木架，小型的可用铁条或铁线。型架上缠绕麻绳或麻线，以便粘结固定灰泥。灰泥须分层塑制，底层多用砂筋灰或草筋灰，即在调制好的灰浆中加入适量的细砂及稻草、麻皮等，形成较硬的塑灰，以便塑出饰件的大体形状。中层多用纸筋灰，即灰浆中加入捣烂的纸浆，形成较软的灰泥，以进一步完善饰件形体。表层用灰膏，灰膏是石灰浆水经多次漂洗、过滤、沉淀形成的灰泥，非常细腻，用于饰件表面出细。若须制作彩色的灰塑制品，则在表层灰泥中加入矿物性的颜料即可，但若制作多种颜色的制品，只能采用表面涂饰的方法，其耐久性不如前者。灰塑工具与泥塑工具类似，基本为竹木制品，工具头部呈鞋底形、拇指形、斜三角形，以及菱角形、尖角形、条形等各形式，供压、抹、挑等工序使用。老匠人用的工具许多是按工作需要自制的。此外，还有各种刮刀，供刮、削形体使用。

灰塑技术应该说是继承了泥塑技术。泥塑在中国有着悠久的历史，有实物可证的时代可追溯至南北朝时期，如敦煌石窟及甘肃天水麦积山石窟等皆有不少泥塑佛像。在以后各时代寺庙的佛像仍以泥塑的增胎像为主要类型，并增加了塑壁及悬空塑的手法，与建筑内部空间紧密地结合在一起。但泥塑饰件不耐水浸，转用到外檐以后，为了坚固持久，防雨防晒，而以气凝的石灰为塑形的原料，转化为灰塑。灰塑较早的实例出现在辽宋时代的佛塔上，当时有大量的砖塔出现，为了丰富塔身的宗教内容，增加艺术内涵，而塑造出佛龛、菩萨、金刚力士、动物、云朵、塔幢等形象。当时砖雕虽已应用在佛教建筑上，但由灰塑来完成的饰件表面更为细致，造型更加立体。如宋代河北正定广惠寺花塔塔刹的各种动物及力士为灰塑成型的；又如辽代辽宁辽阳白塔塔身的菩萨像亦为灰塑制作的。这种做法一直延续到明代，如北京的慈寿寺塔仍是灰塑的金刚像（图4-139~图4-141）。灰塑用于民间建筑更开辟了广阔的领域，在屋面、墙壁、小品等各方面，皆可以用灰塑的技法来增加建筑的可读性，进一步丰富了建筑外观。

图4-139 河北正定广惠寺花塔细部灰塑

图4-140 辽宁辽阳白塔细部灰塑

（二）灰塑分类

从表现形式来分类，有立体塑、浮塑、平抹三种。立体塑多用于房屋正脊或垂脊、山墙头等处，有人物、动物、龙凤、鳌鱼、花鸟等。圆雕的内部以铜线铁线为骨架，外敷砂筋灰成型，纸筋灰罩面出细，最后染配颜色。应用灰塑花脊最丰富的地区为闽粤台三地，几乎达到喧宾夺主的地步，成为建筑中最夺目之处。灰塑正脊一般将龙、凤、鳌鱼及卷草、云朵搭配在一起，按中心对称的布置塑造，再加彩色点染，热闹非凡。最华丽的实例为广东潮阳苑氏宗祠大门正脊上的百鸟朝凤灰塑，塑出各类鸟雀，并配以彩花千朵，犹如一条花带堆砌在屋脊上，已经看不出建筑正脊的原本面貌，是灰塑装饰的极致之作，恐怕后现代主义建筑也不可比拟

图4-141 北京海淀慈寿寺永安塔灰塑

（图4–142、图4–143）。有的大型正脊灰塑可以表现出故事情节，如战争、聚会、诸仙等内容，有些细节可以用彩绘加以表现（图4–144～图4–146）。云南景洪地区傣族宗教佛塔建筑大部分为砖砌抹灰构造，其佛龛、栏杆、小品饰件等也是灰塑加彩染制成，造型自由，没有定式，饶有趣味，这也是灰塑工艺的最大优点（图4–147、图4–148）。在江南地区的园林建筑中，往往制作灰塑的漏窗作为景点的手段。其图案采用花鸟立雕

图4–142 福建漳浦甘霖宫脊饰灰塑

图4–143 广东汕头潮阳苑氏宗祠大门屋脊灰塑

图4–144 台湾高雄十八王公庙灰塑脊饰

图4–145 福建南靖书洋乡塔下村张氏家祠德远堂大门屋面塑饰

图4-146 广东三水芦苞镇胥江祖庙山墙灰塑

图4-147 云南景洪曼飞龙佛寺台阶灰塑

图4-148 云南景洪曼飞龙塔护栏塑龙

图4-149 江苏苏州狮子林灰塑花窗

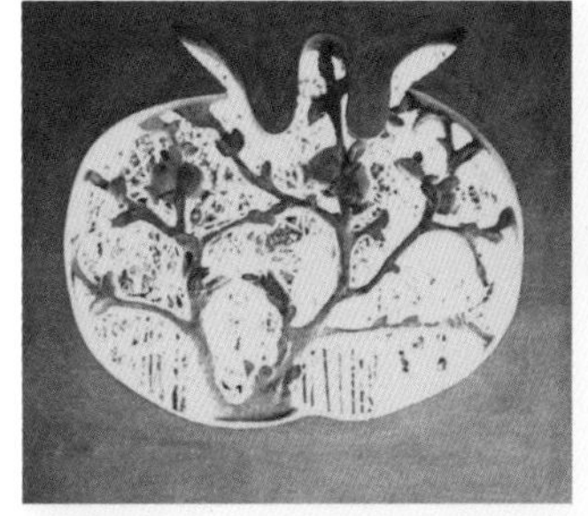
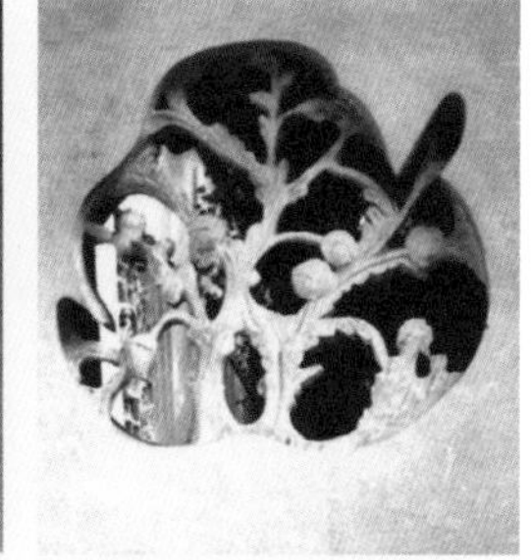
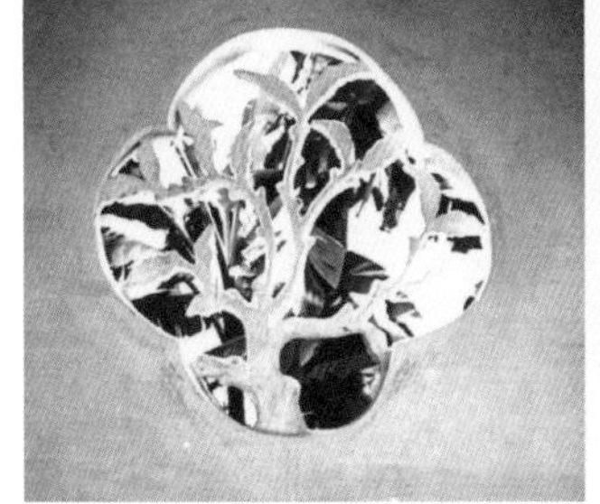
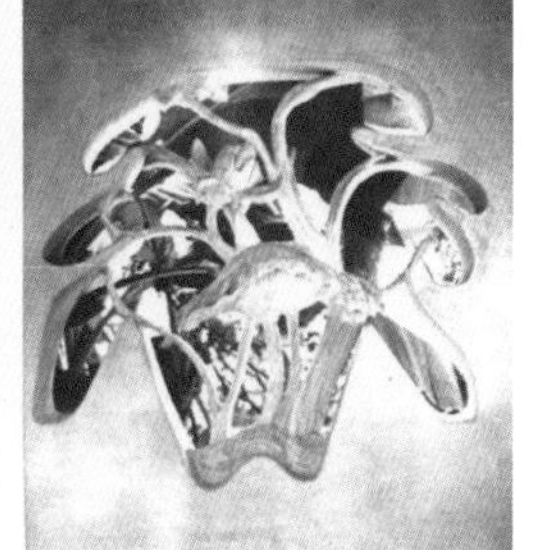
图4-150 江苏苏州沧浪亭灰塑花窗

式者，内部多用铁筋为骨，缠以麻丝，塑造成型；图案为几何纹者，其内部多用木板、片砖、瓦片为骨，外敷麻筋灰泥固定成型。灰塑漏窗在江南园林民居中使用颇丰，花样繁多，但皆为白灰素色，与江南园林风貌相协调（图4-149、图4-150）。灰塑漏窗在岭南园林中亦有应用。

浮塑多用于门楣、山墙两坡、墀头、前檐墙楣或影壁墙心等处。为了坚固，其内部亦须加用铁钉、铁线固定。广东地区的封火墙头的博风带是浮塑的重点，其图案起伏要比砖雕的起伏更深刻，花草动物的题材居多。但也有大型戏曲故事的题材，可以刻画得十分细致入微，甚至栏杆的棂条、漏窗的花纹、帷幕的花穗皆表现出来（图4-151、图4-152）。另外，门窗口上的窗饰用浮塑手法的实例也很多，一直延续到近代建筑还用灰塑装饰门窗（图4-153）。四川地区往往将灰塑的立体人物花鸟镶贴在入口门坊上，形成丰富的外观。如四川忠县石宝寨门坊就有大量的灰塑题材。而贵州黄平月潭寺的入口门坊上更贴满了各式人物塑像，形成一组展示的窗口，增加了入门建筑的可读性（图4-154、图4-155）。北方地区的影壁基本是砖雕作品，但也有用灰塑制作的，这种影壁图案十分完整，没有拼缝，但需注意防水，一般皆刷数道青灰浆。北京一带将灰塑及抹灰的制法称之为“软花活”，是与砖瓦雕凿的“硬花活”对应而言。软花活又可分为“堆活”与“缕活”两种。堆活即灰塑，多用在西洋式门楼顶上及大门两侧山墙心，个别住户也有用灰塑制作影壁心的做法（图4-156、图4-157）。

图4-151 广东三水范湖镇大旗头村民居山墙灰塑

图4-152 广东三水芦苞胥江祖庙脊饰灰塑

图4-153 广东开平宝源坊民居窗楣灰塑

图4-154 四川大邑刘文彩庄园入口灰塑

图4-155 贵州黄平飞云崖月潭寺入口门坊

图4-156 北京四合院某宅廊心墙“堆活”灰塑

图4-157 山西祁县乔家大院一号院灰塑影壁

平抹灰塑即是在某些墙面上平铺一层灰浆，抹平后再剔出花纹的工艺方法。多应用在山墙顶部的悬鱼部位。特别是福建南部的红砖建筑地区，白色的抹灰花饰与红砖底色的对比效果十分鲜明（图4-158、图4-159）。在云南傣族寺庙的瓦屋面上也有用白灰抹出花饰的做法，用在屋面的屋角部分，加强了正脊与垂脊之间的联系（图4-160）。上述北京地区的软花活中的缕活是指在白灰抹面上刷烟子浆一层，然后以竹片按图案进行缕画，显出白灰底色，是一种平抹灰塑的另一种装饰手法，是逆向装饰的意匠。多用在廊心墙及广亮大门屋架的象眼部位（图4-161）。新疆吐鲁番一带的土拱民居，外壁多用草泥或灰泥罩面，在未干的墙面上以木模压出花纹图案，称为印模压花，内容有植物、几何纹、葡萄纹等（图4-162）。印模压花是一项古老的技术，在汉魏两晋墓室的画像砖上即使用过，新疆高昌故城和柏孜克里克千佛洞内均可见到。压花是最经济、便捷的民居装饰方式之一，应该也属于灰浆装饰内容范围。

图4-158 福建南安官桥乡漳里村蔡宅山墙灰塑

图4-159 云南景洪橄榄坝曼苏曼佛寺山门屋面灰塑

图4-160 福建南安官桥镇漳里村蔡宅民居山花

图4-161 北京魏象胡同44号院门象眼“缕活”图案

图4-162 新疆吐鲁番某宅墙面压花

六、陶塑

陶塑是用陶土塑出所需要的立体式的装饰形体以后，入窑烧制硬化，然后以高强胶粘剂粘附在装饰部位上。传统的胶粘剂是以糯米加红糖水熬制而成，近代改用水泥。陶塑制品一般多用在屋脊或墀头上，偶尔也用在花草人物故事等复杂内容的漏窗上。陶塑多通行于闽粤一带。颜色以砖红色为主，亦有灰白色及灰黄色，很少纯灰色。北京的砖雕制品亦有一部分是先塑成型，烧结以后再作精细加工，称为窑作花砖。陶塑是手工成型，形象粗放质朴，细部表现不如砖雕细致入微。但用在屋脊等处，距离观者的视线较远，能表现出题材内容的基本形象已经达到装饰的目的，不必在细微之处苛求。

陶塑饰件有两种：一种为素烧件，即保持陶土烧成后的颜色；一种为涂釉件，即在原坯上涂刷釉料烧成，以增加饰件的光泽及色彩及耐久性。釉色以黄、绿为主，还有蓝、红、白等间色。涂釉件基本上与琉璃饰件类同。近代以来,亦有用外墙涂料来代替釉料的，但耐久性较差。

优秀的陶塑实例大部分集中在广东珠江三角洲一带，如广州、佛山、东莞、三水等地的祠堂庙宇皆喜欢用陶塑装饰建筑。四川、广西也有陶塑的装饰，但应用数量不如广东普遍。陶塑装饰实例以广州的陈家祠堂、佛山祖庙、三水胥江祖庙等最为集中，题材也十分丰富。广东的陶塑饰件除了作一些脊身上的浮塑的半圆雕饰件以外，最擅长的是作各种人物、动物、亭台、楼阁、山石等立体圆雕的饰件，因此可以组织在一起，形成有故事情节的、连续的、大的场景，高大的屋面正脊成为塑造出来的戏曲故事画面的一个载体，成为观赏重点。所表现的题材内容有“三英战吕布”、“郭子仪庆寿”、“刘海戏金蟾”、“水泊梁山”等。这些超长的组图可以延长至整条正脊，华丽缤纷，精彩迭现。为了使观者更完整地看见雕刻画面，多在陶塑下面加高一段脊身，布置一些山水花鸟的浮雕，及透空的孔洞，这样脊高达到1.5米以上。这样的高屋脊加上镬耳墙则成为广府地区祠庙建筑的特色之一。陶塑装饰还有几处技术特色，由于它是单件烧造的，所以它可以前后排列，彼此搭接，分出层次，立体感强烈。不像砖雕、木雕是在平板上雕成，仅靠前后形象斜插来表示层次，欠缺空间感。陶塑中的楼阁建筑比较真实，可以做出一定的体量，而且是立体的，在某些情况下，建筑可以微向前倾，以便观者从下仰视建筑，得到更完整的形象。广东建筑正脊上的陶塑饰件高低、宽窄、尖肥各不相同，所形成的轮廓线亦十分复杂，而且还穿杂一部分铁件，总体观感一反平直脊身的惯用形式。但是其构图仍遵循中心对称原则，中心是装饰重点，仍看出是规律性的设计。由于陶塑是单件烧造，所以布置灵活，可以随意组合，特别是在山墙垂脊上有以安排仙人、鳌鱼、狮子、行龙、童子等的，形成丰富多样的脊饰，各不相同，与北方建筑的垂脊装饰完全异趣。广东地区的陶塑多与灰塑相合，脊身为型砖抹灰，做出线脚、孔洞及简单的花饰，然后粘贴陶塑制件，成为完整的脊饰（图4-163~图4-168）。

在四川等地还有的将仙人、武将等饰件安置在屋面上，与脊饰完全无关，纯粹是附加的装饰品，也算是地方上一种观赏建筑的特殊心理（图4-169、图4-170）。

图4-163 广东广州陈家祠大门

图4-164 广东广州陈家祠正脊陶塑（一）

图4-165 广东广州陈家祠正脊陶塑（二）

图4-166 广东广州陈家祠侧廊入口陶塑

图4-167 广西百色粤东会馆屋脊陶塑

图4-168 四川成都武侯祠屋面陶塑

图4-169 广东佛山祖庙庙门脊饰

图4-170 四川自贡西秦会馆王爷庙戏台脊饰

七、石膏花饰

（一）石膏花饰的应用

石膏花饰是维吾尔族建筑经常使用的装饰手段，石膏花饰约在8世纪，随着伊斯兰教传入新疆，在南疆喀什一带传布开来。新疆各地都盛产石膏，更奠定了它的发展基础。此外，维吾尔族建筑的造型特点也是石膏花饰应用的重要因素。南疆地区炎热少雨，建筑多为平顶房，排除了坡屋面装饰的各种手法。其装饰重点落在室外檐口及室内墙壁、天花上。常用的手段为木雕、贴砖、彩画及石膏花饰等表面装饰加工，尤以石膏花饰最具民族特色。石膏装饰在中东及北非的伊斯兰教国家的建筑装饰上也常应用，估计宗教习俗对新疆维吾尔族建筑的石膏装饰亦有一定影响。

石膏花饰在建筑上的应用部位很多，大量应用在礼拜寺、麻扎（墓地）及民居的内檐装饰上，具体有如下的部位。

圣龛，维吾尔族语称为“米合拉甫”，是一种内凹的立体龛形，可以是平面凹进，也可以是穹隆状凹进。其中布满装饰性雕刻，是礼拜寺中最圣洁的地方，是阿訇讲经布道之处。圣龛朝向西方圣地麦加。礼拜寺和麻扎内的圣龛花饰不仅繁杂细密，而且涂有彩色，形成绚丽的美学效果（图4-171~图4-175）。

图4-172 新疆喀什艾提卡尔礼拜寺外殿圣龛

图4-173 新疆喀什艾提卡尔礼拜寺圣龛石膏花

图4-171 新疆伊宁花儿礼拜寺礼拜殿

图4-174 新疆伊宁花儿礼拜寺圣龛

图4-175 新疆伊宁花儿礼拜寺石膏壁龛

图4-176 新疆伊宁花儿礼拜寺宣谕台

图4-177 新疆喀什维吾尔族民居室内石膏壁龛

壁龛，维吾尔族语称为“娜姆尼亚”，是一种平面形的龛形，位于居室的西墙上，是民居中百姓日常祈祷的中心，龛内亦布满石膏装饰纹样。在民居中还有不少大小不同的立体壁龛，作为储物或陈设工艺品之用。这类小壁龛的雕饰都比较简单，但与娜姆尼亚壁龛十分协调一致，具有浓厚的维吾尔族室内装修特色（图4-176～图4-178）。同时，这种尖拱状的

图4-178 新疆喀什解放路安江库恰宅石膏壁龛

龛形，也可以平面装饰形式塑在墙壁上。龛内装饰着藤蔓式植物，龛外为几何式图案，并且用不同颜色做好底色，两者之间对比强烈，又都统一在白色花纹之中，十分协调（图4-179、图4-180）。

墙顶线脚，维吾尔族语称为“赛热甫”，即在墙顶的圈梁下所雕制的水平线脚，可以有两三条，皆为两方连续图案。另外，壁龛周围的“门”形带状边框亦称为赛热甫，但这类边框线脚两侧有边道夹持。此外，民居中的壁炉亦有石膏装饰（图4-181、图4-182）。

在民居中大量的石膏装饰常用的构图是以边饰分间，分间中央塑制尖拱形的落地平面的壁龛，或者储物用，如大小立体壁龛，龛形周围再辅以边框，甚至有两重边框。龛心、边框、龛肩三角、分间边饰及墙顶边

图4-179 新疆伊宁花儿礼拜寺龛形石膏花饰（一）

图4-180 新疆伊宁花儿礼拜寺龛形石膏花饰（二）

图4-181 新疆喀什艾提卡尔礼拜寺外殿墙顶线脚花饰

图4-182 新疆喀什阿巴伙加墓高礼拜寺墙顶线脚花饰

图4-183 新疆喀什维吾尔族民居室内墙面装饰

图4-184 新疆喀什某宅墙面石膏花饰

饰皆以石膏花饰布满，洁白的满堂花纹有如立体的壁纸，别有风味（图4-183、图4-184）。近代以来的民居开始制作平顶天花，在天花中心亦可塑制圆形、多角形、星形的石膏花饰。

石膏花饰亦可用于室外，可做成临街拱形院门上槛空窗和围墙上的花窗。门上空窗图案多为植物叶蔓花纹，条纹厚实，微有起伏，透空较少，比较坚固。围墙花窗为平板式图案，几何纹居多，棂条粗壮，简单朴实。因这两种石膏制品用于室外，多为预制品，部分棂条内可能尚需加设铁线，与江南园林中应用的灰制花窗的做法类似。

（二）石膏花饰的制作技术

石膏花饰的制作工艺有两种，一为剔刻法，一为模制法。

剔刻方法施工首先须制作底层，即在墙体上抹草拌泥抹平，再以石膏黄泥混合浆找平，再上以纯石膏浆抹平压光，构成底层。底层的颜色可以刷在底层上，也可将颜色拌在底层石膏浆中。然后以厚约0.5厘米、加了缓凝剂的素色石膏浆抹出表层。在表层未凝固硬化以前，将图案纸张覆在须雕花的面层上，沿图案线用针刺出小孔，以木炭粉包拍打，使图案显现在表层上。然后趁表层未硬化之时，将线外石膏剔去，露出底层颜色，完成制作。若为植物花纹图案，尚须用特制的刻刀进行加工，显出凹凸深浅，花叶体量变化。刻花须现场手工制作，费工费时，手艺要求高，所以多用于富裕人家及重点之处。刻花的图案组织非常自由，每幅皆有一定的独创性主题，艺术性较高。剔刻法工艺对于制作线条细长、组织稠密的图案非常有利，可充分表现精确的图案美、制成棱角鲜明、底面光洁、构图完整、没有拼缝的图案。在一些具有凹曲面的建筑部位，如壁龛内的球形拱面、壁炉的外凸部分，用剔刻法制作图案最方便可行。这种办法类似北京的灰泥“镂活”做法。现代壁画制作技术亦有一种壁刻法，即用水泥掺合白垩土、石灰、石英砂及各色颜料，分层抹制，然后逐层剔刻，显露出不同色层，构成具有体积感的彩色壁画，其原理与新疆石膏花的制作技法相同。

模制方法的施工工艺同样须先制作墙面石膏底层（设色或素色），然后用木板刻出模具，模具上涂以油或肥皂水，浇筑石膏成型，凝固后脱模，以石膏浆粘于

图4-185 新疆喀什艾提卡尔礼拜寺外殿带状花蔓图案

图4-186 新疆喀什阿巴伙加墓祠门侧带状花蔓图案

底层上，成为透空或不透空的图案花饰。模制法多用于墙顶、壁面上的两方连续线型图案，或起突较大的花形复杂的图案。特别适用于大面积图案中重复出现的构图中。此外，维吾尔族民居室内墙壁上尚有许多储物或装饰性的小壁龛，龛面多以石膏板刻成伊斯兰教建筑常用的尖拱式样。这些龛面石膏制品亦是用模制法制作的。外檐墙上花窗及门上空窗也是模制品。

（三）新疆石膏花饰图案

根据伊斯兰教《圣训》的指示，禁止教民对任何形式的偶像和图像的崇拜，礼拜殿内不置偶像，仅有坐西向东的圣龛作为教民的礼拜对象。建筑装饰图案中亦没有人和动物的形象，只有植物纹和几何纹。新疆维吾尔族建筑的石膏花饰题材亦本此原则，组成自由花蔓式和几何图案式两大类。在中东、西亚的伊斯兰教建筑中还有图案化的阿拉伯文字作为装饰题材，在新疆的一些麻扎建筑中亦有书法文字装饰，用以表达《古兰经》的经文、名人名言、诗歌片断等。

花蔓式图案的花卉品种有牡丹、荷花、巴达木花、石榴花、葵花、菊花、梅花、玫瑰花等多种，皆是将茎蔓、枝叶、花朵组织在一起，形成两方连续或四方连续的图案，对称均衡，反复相连，推延无限。民居中多用植物花卉纹饰，以表现出活泼的生活气氛。在礼拜寺中植物纹样主要用在圣龛部位（图4-185、图4-186）。

几何图案更是伊斯兰教建筑文化独到的创举，利用几何图形的套叠，直线与几何图形的穿插，无始无终的折线组合，而形成变化无穷的华丽的图形。几何纹样在维吾尔族建筑中应用极多，成就突出，充分表现了其艺术的民族特色。其图案组成以正方与十字交叉为基础，又混入田字、万字、套八方、米字等式样，变幻出复杂的图式。近代以来还出现了以星形、八角形、菱形、扇形等为基础而设计出来的几何式图案，更丰富了装饰的表现力（图4-187~图4-189）。

石膏花饰图案的构图形式主要有三种，即带状图案、尖拱形图案和独立图案。

带状图案主要用于边饰和框饰，是两方连续图案组合。其构图是用重复、并列、波浪、反向的方法构成的，花蔓式与几何式题材皆可应用。有的部位为了加强观感，可以用两重边饰图案并列的组合。

图4-187 新疆几何图案石膏花饰（一）

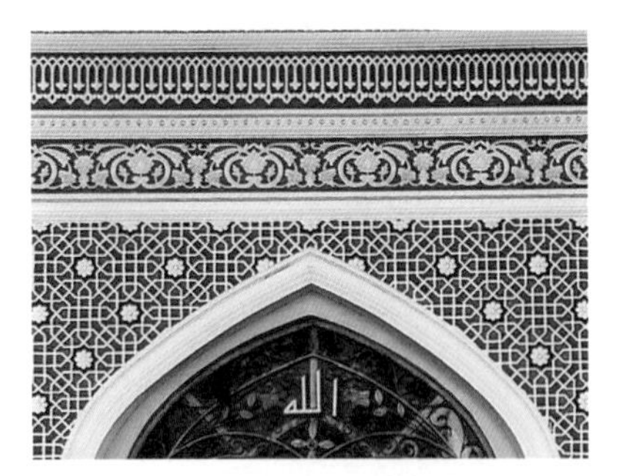
图4-188 新疆几何图案石膏花饰（二）

图4-189 新疆几何图案石膏花饰（三）

图4-190 新疆喀什阿巴伙加墓香妃墓祠门侧独立石膏花饰

尖拱形图案是维吾尔族居民喜欢采用的装饰图案，经常作为室内墙壁的重点装饰。它是由落地的尖拱图形为主体，周围配以一至两圈边框，以及拱与边框之间的拱肩三角图案作为辅助的图案组合体。构图中花蔓与几何纹饰可互用，一般以花卉题材居多。花蔓式尖拱图案是以中轴对称式构图为主，类似汉族的缠枝花的做法。

独立图案多用于天花或廊心墙等处，形状有圆形、多角形、星形等，多采用植物纹装饰题材（图4–190）。

为了丰富石膏花饰图案的美学效果，一般还采用了线体修饰及加用底色的方法。几何纹或枝蔓纹线体的断面可以是素平的，也可做成弧形、尖角形、凹槽形的不同断面，形成光影变化与纹路的体量的错觉，产生不同的光影效果，加强了线型的力度，尽显雕刻刀法及花纹体积的光影之美。新疆石膏花饰有本色与设色两种处理方式，各有不同的美学效果。本色图案可表现出石膏质地洁白细腻的特点，呈现出简素之美。设色图案皆涂在底层，所用颜色以深蓝为主，兼用老绿、米黄，一般皆为单色涂底，也有多色互用的。设色图案突出了花纹脉络，呈现出锦绣般的美感。

总之，维吾尔族石膏花饰组织规矩准确，布置多变，穿插套叠，繁而不乱。而且这些图案皆可适应拱形、尖券、宽窄不同的墙面。图形设计与纹样协调一致，表现出维吾尔族工匠在图案设计方面的高超技艺。

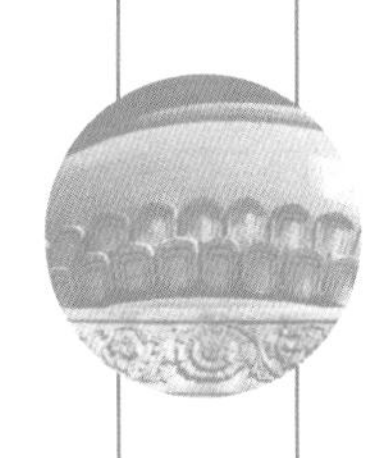

第五章

贴饰

贴饰是指在建筑室内外的墙壁或装修上贴嵌其他美饰材料，以提高建筑的美学欣赏质量的装饰方法。贴饰的应用时期较雕刻、绘画、塑造等传统手法要晚，原因可能是中国建筑长期以来是以土木为主材，石材为副材，无法在这些材料上施展嵌贴工艺。只是到了晚期建筑上的砖墙大量应用，并且出现将高级硬木材料用在内檐装修上，当时的工艺美术制品亦呈现出前所未有的繁荣局面，因此有条件将工艺品技术用在建筑装饰上，产生了嵌贴的装饰手法。在欧洲各国中亦是在18世纪以后的巴洛克时期，在宫廷建筑中开始嵌贴宝石、海贝、丝绸等物，丰富了室内装饰面貌。在中国，应用贴嵌手法的极盛时期为清代的乾隆时期，至今仍保留着大批优秀的实例。贴嵌的材料有玉石、景泰蓝、铜片、贝蚌、砖石、竹片等硬质材料；也有丝绸、织绣、花纸等软质材料。总之，取材不拘贵贱，全在应用合宜。本节拟将贴饰手法按材料分为贴砖、嵌景泰蓝、贴皮、装裱等数种，分别叙述。

一、贴砖

贴砖之法的盛行地区有两处，一为云南大理白族建筑；一为福建晋江的闽南建筑。大理白族建筑的外墙大部分为土坯墙，为了保护墙体免受雨淋的破坏，采取了抹灰与贴砖的办法，并形成极具特色的风貌。贴砖部位用在山墙或入口两侧的前檐墙，由各种图案组成。常用的图案有六方格、席纹格、一封书式的平砌格三种。一封书式样又可分为素平、加一道卧线和加丁头砖的变化。这三种图案格式所用的砖材仅有两种，一为正六方形的片砖，一为长方形的片砖，砖厚约2厘米，长方形片砖可以裁切。白族建筑的贴砖留缝较宽，并以白灰勾缝，与灰砖对比，形成鲜明的图案效果。白族建筑贴砖的另一特色即是与抹灰图案相结合，相互陪衬，显现出活泼的美学效果。如用于山墙上的贴砖，在山尖部分增加了灰塑的华丽的受花（即悬山屋面悬鱼的变体），各种不同的受花增加了山面视觉上的变化。更复杂的山面还要增加博风砖的墨色描画，这种带状的装饰与平面的贴砖相互衬托，更显丰富多变（图5-1~图5-6）。

闽南建筑的红砖贴面完全是为了取得艺术效果而采用的。红砖贴面大多用在民居主入口的墙面上。利用条砖横竖交搭，组成图案、几何纹样或字体，对称式地分列在入口的两侧。贴制方法有两种，一为平贴，一为凸贴。平贴的闽南贴砖几乎不留砖缝，混成一体，其图案的分辨是依靠砖体上成烧时所产生的黑色码砖痕迹来区分。在大片的胭脂红色墙面上，似有似无地显出图案轮廓，其中又掺杂了许多无规律的黑色斜纹，造成一种模糊不定的效果，这是闽南贴砖特有的艺术特色。但组成几何纹样或文字的多用凸贴，将文字凸出1~2厘米，光影显然。因贴砖只能用横竖组合，所以文字要经过变形简化，以适应贴砖的规律，有的文字变得生涩难认，成为完全装饰化的图形。闽南贴砖还

图5-1 云南大理周城民居山墙贴砖

图5-2 云南大理周城民居门楼贴砖（一）

图5-3 云南大理周城民居门楼贴砖（二）

图5-4 云南大理喜州民居山墙贴砖

图5-5 福建南安官桥乡漳里村蔡氏民居贴砖组字

图5-6 云南大理周城白族民居山墙贴砖

图5-7 福建南安蔡氏民居外墙贴砖

图5-8 云南丽江民居照壁贴砖

可采用两种大小不同型号的条砖，分别组成图案，组织在一起，产生出精粗对比的感受（图5-7~图5-10）。

北京四合院的外墙及影壁墙采用的清水磨砖对缝的做法，严格讲不是贴制的，而是砌制的。而影壁心

图5-9 福建泉州杨阿苗宅外墙贴砖（资料来源：陆元鼎，杨谷生主编. 中国美术全集民居卷［M］. 北京：中国建筑出版社，2004）

图5-10 台湾新竹民居外墙贴砖

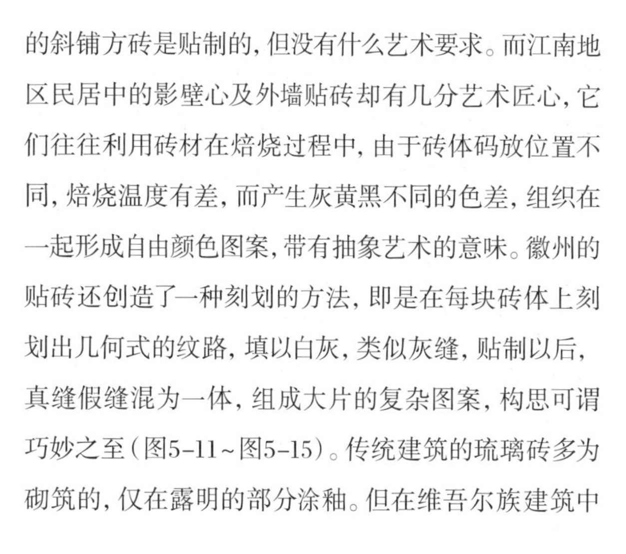

的斜铺方砖是贴制的，但没有什么艺术要求。而江南地区民居中的影壁心及外墙贴砖却有几分艺术匠心，它们往往利用砖材在焙烧过程中，由于砖体码放位置不同，焙烧温度有差，而产生灰黄黑不同的色差，组织在一起形成自由颜色图案，带有抽象艺术的意味。徽州的贴砖还创造了一种刻划的方法，即是在每块砖体上刻划出几何式的纹路，填以白灰，类似灰缝，贴制以后，真缝假缝混为一体，组成大片的复杂图案，构思可谓巧妙之至（图5-11～图5-15）。传统建筑的琉璃砖多为砌筑的，仅在露明的部分涂釉。但在维吾尔族建筑中

图5-11 安徽歙县棠樾鲍氏女祠清懿堂入口贴砖

图5-12 江苏苏州民居内院墙面贴砖

图5-13 江苏扬州汪氏小苑槛墙贴砖

图5-14 安徽歙县呈坎村民居槛墙贴砖

图5-15 江苏扬州个园东路入口门楼贴砖

图5-16 云南大理民居廊间墙大理石贴面

图5-17 云南瑞丽姐勒金塔琉璃贴面砖

图5-18 山东栖霞牟氏庄园彩色拼石墙壁

使用的釉面砖是片砖，是用粘贴方法贴制的。近代以来，傣族的佛塔的表面装饰也有采用琉璃面砖的，较使用涂料的做法更耐久（图5–16）。

说到贴砖可以联想到贴石，但石材厚重，粘结材料强度不够，在古代中国应用较少，仅在云南大理地区用整片花纹大理石砌于廊壁，作为装饰。近代以来，有些地方开始用彩色石片贴砌墙壁，但实例甚少（图5–17、图5–18）。

二、嵌瓷

嵌瓷是指将瓷片嵌贴在建筑构件或家具上，以增加观赏的华美程度。这项技术亦是古代历史晚期的产物，与建筑中的硬木使用有关，它为镶嵌工艺提供了坚实的载体。建筑上的镶嵌工艺不只是嵌瓷片，还可嵌铜片、玉片、景泰蓝件、蚌片等，我们暂以嵌瓷代表之。镶嵌工艺大量用在世界各地的伊斯兰教建筑中，其镶嵌材料不仅有金、银、玉石，还有玻璃、镜片、宝石等物。中国的建筑镶嵌是否受中亚伊斯兰教建筑的影响，尚无明确的事实证明。

闽粤地区民间建筑的嵌瓷工艺多用在脊饰上，如正脊吻兽、翼角及脊身装饰等处，与陶塑、灰塑等技法相结合，形成缤纷多彩的热烈气氛，是地区建筑表现特色的手法之一。但技术质量及精细程度皆比较粗放。嵌瓷工艺是将破损的彩色瓷片，用钳子剪修成所需要的各种形状的小片，嵌入未干的灰泥制成的形体上，拼成彩色的人物、花鸟、动物等的图案或立雕。嵌瓷所用的胶结材料是用红糖水及糯米汁制成，凝结后非常坚固。脊饰嵌瓷的嵌法各有不同，如动物身体为平嵌，龙身鳞片为各片相压的插嵌，花卉则需用曲度较大的瓷片，顺序张开地进行插嵌。近代以来在嵌瓷的瓷片上还可涂刷油漆，以增加颜色的变化。民间嵌瓷工艺是与灰塑密切相关的，其基本的工序与灰塑类似，只是最后一道上色的工作改为嵌瓷，某些不易贴瓷的地方仍须用灰泥抹平上色（图5-19）。在宫廷及高级住宅中，嵌瓷工艺则不用碎瓷片，而是用定烧的有绘画题材内容的瓷板。将瓷板嵌在家具用具上，成为永久的装饰品。例如，辽宁沈阳故宫中就有一架木雕嵌瓷六扇木屏风，中间四扇共嵌方圆瓷板十二块，绘画题材有山水、博古等，精描细绘，与侧面两扇木雕形成鲜明的对比（图5-20～图5-22）。在宫廷建筑中尚有一种浮贴瓷片的工艺，即将线型的连续的瓷片贴在衬地上，形成完整的线型图案，当然这种瓷片是定制的，只有皇家才有条件应用。北京故宫延趣楼就有在竹丝地

图5-19 福建南安官桥镇漳里村蔡氏民居脊花嵌瓷

图5-20 北京故宫延趣楼栏杆罩嵌瓷片
（资料来源：故宫博物院.紫禁城宫殿建筑装饰 内檐装修图典[M]. 北京：紫禁城出版社，2002）

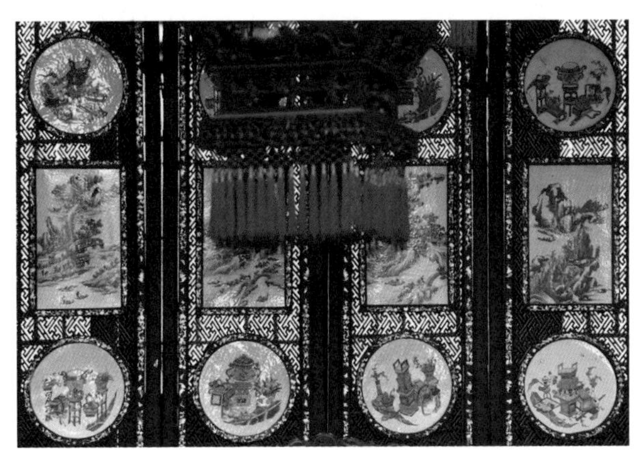

图5-21 辽宁沈阳故宫东所颐和殿嵌瓷木屏风细部

图5-22 辽宁沈阳故宫东所颐和殿嵌瓷木屏风

上贴瓷片的槅扇裙板实例（图5-23）。此外，在大型住宅中的桌椅、挂屏、槅扇等物件上也有嵌镶瓷板的，但从装饰品位上来考察，嵌瓷工艺仅属中等水平，故宫廷建筑中应用得很少（图5-24、图5-25）。

镶嵌工艺进入宫廷建筑以后有了很大的提高与改进，首先其嵌贴材料不再是废旧的陶瓷片，而是经过仔细绘制、磨洗、加工的各种材质的艺术小件，精美异常。其次，不是用于外檐，而是用在室内，配合硬木装修嵌贴修饰，提高装修的华美程度。最有代表性的是乾隆时期在紫禁城宁寿宫建造中大量使用的嵌景泰蓝的工艺，可称达到嵌贴工艺的顶峰时代。景泰蓝又称“铜胎掐丝珐琅”，是始于明代的一种高等级的工艺技术。是在铜制的胎型上（亦可用金胎或银胎），用柔软的扁铜丝，掐成各种花纹线路，将它焊在胎体上，然后把珐琅质的色釉填充在花纹内烧制而成，最后经过打磨、上光，完成华美的器物。因其在明朝景泰年间（1450~1456年）最为盛行，而且制作工艺比较成熟，使用的珐琅釉多以蓝色釉为主色，故而得名为“景泰蓝”。景泰蓝用于宫廷建筑的装修上，与当时皇家器物大量用景泰蓝有关，如缸、盘、碗、壶，以及各种陈设物，如瓶、尊、立鹤、佛塔、供器等。皇家设造办处专司监造一事，所以也影响到装修上大量使用景泰蓝（图5-26）。

图5-23 北京故宫延趣楼槅扇裙板嵌瓷（资料来源：故宫博物院.紫禁城宫殿建筑装饰 内檐装修图典[M]. 北京：紫禁城出版社，2002）

图5-24 江苏常熟翁同龢故居嵌瓷挂屏

图5-25 浙江东阳卢宅嵌瓷靠背椅

图5-26 北京故宫宁寿宫梵华楼（六品佛楼）一室的般若品佛塔

装修上嵌景泰蓝有几种情况。一种是作为配件使用，如槅扇门隔心上的结子花，多采用方形寿字，上下配以蝙蝠，取福寿之意。若卡子花用于槅扇心的中心，亦可在方形寿字的四面配以蝙蝠，成为中心对称图案。也有的花结做成如意形、云形，随槅扇棂条空隙而变化（图5-27~图5-29）。一种是作为独立图案出现的，如槅扇门的裙板、涤环板、楼层间的挂檐板等处。这些图饰比较随意，多为吉祥福寿的含义。如宁寿宫乐寿堂的内檐挂檐板上的“多福献寿”，就是用各种形态的蝙蝠及口衔的饰件来表现的。饰件有祥云、佛手、寿桃、玉璧、花瓶、盘长、鲤鱼等各种吉祥纹饰（图5-30）。裙板上的景泰蓝则设计为“福寿如意”

图5-27 北京故宫宁寿宫乐寿堂嵌福寿景泰蓝槅扇

图5-28 北京故宫符望阁横披夹纱嵌景泰蓝结子（资料来源：故宫博物院.紫禁城宫殿建筑装饰 内檐装修图典[M]. 北京：紫禁城出版社，2002）

图5-29 北京故宫养性殿方窗嵌景泰蓝花结（资料来源：故宫博物院.紫禁城宫殿建筑装饰 内檐装修图典[M]. 北京：紫禁城出版社，2002）

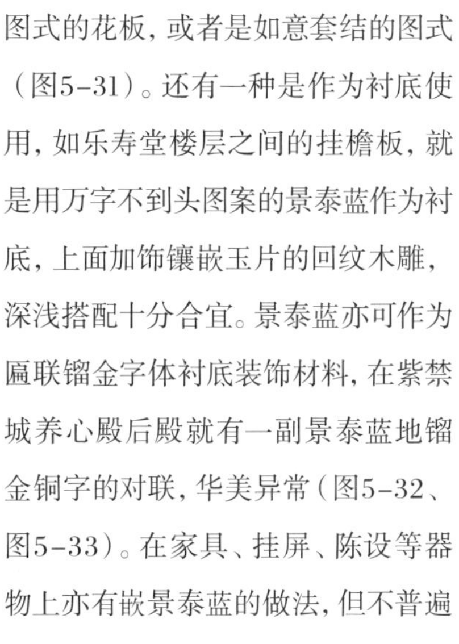

图式的花板，或者是如意套结的图式（图5-31）。还有一种是作为衬底使用，如乐寿堂楼层之间的挂檐板，就是用万字不到头图案的景泰蓝作为衬底，上面加饰镶嵌玉片的回纹木雕，深浅搭配十分合宜。景泰蓝亦可作为匾联镏金字体衬底装饰材料，在紫禁城养心殿后殿就有一副景泰蓝地镏金铜字的对联，华美异常（图5-32、图5-33）。在家具、挂屏、陈设等器物上亦有嵌景泰蓝的做法，但不普遍

图5-30 北京故宫宁寿宫乐寿堂嵌景泰蓝槅扇裙板绦环板

图5-32 北京故宫养心殿后殿景泰蓝地镏金铜字对联

（资料来源：故宫博物院.紫禁城宫殿建筑装饰 内檐装修图典[M]. 北京：紫禁城出版社，2002）

图5-33 北京故宫宁寿宫乐寿堂景泰蓝地木雕嵌玉石挂檐板

图5-31 北京故宫宁寿宫乐寿堂木雕嵌景泰蓝“多福多寿”栏杆

图5-34 江苏徐州民俗博物馆藏嵌景泰蓝扶手椅

（图5-34）。

此外，玉石亦为常用的镶嵌材料，如紫禁城颐和轩炕罩罩顶，即是在用花梨木雕的不断云上嵌“五福捧寿”的白玉石片。宁寿宫三友轩的圆光罩是用竹丝拼花的万字锦作为衬地，圆光洞边缘是用紫檀木雕成的竹筒及松梅树干，整面罩壁上面嵌贴松、竹、梅玉石叶片，组成一幅如诗如画般的内檐装修作品。宁寿宫符望阁的槅扇窗更是一件珍品，六扇窗的图案联为一体，背衬是透绣的白纱，纱上绣的是竹梅图案，槅扇窗内为透雕的花梨木山石、丛草、老树、竹叶等，在木雕中又镶嵌了许多黄玉石的佛手及灵芝。这种多项工艺技术用在同一作品中的做法，是乾隆时期宫廷建筑装修常用的手法，使得当时的建筑装饰艺术花样翻新，出现丰富多彩的面貌。清代晚期玻璃也开始作为镶嵌材料出现在建筑物中，养心殿中就有一副对联的题字是用玻璃制作的（图5-35～图5-39）。

在我国嵌螺壳的技术早就存在，称为“螺钿”。早

图5-38 北京故宫三友轩圆光罩竹丝万字锦地嵌松、竹、梅玉石（资料来源：故宫博物院.紫禁城宫殿建筑装饰 内檐装修图典[M]. 北京：紫禁城出版社，2002）

图5-35 北京故宫颐和轩炕罩罩顶花梨木雕祥云嵌白玉“五福捧寿”

图5-36 北京故宫养心殿后殿铂钑金云龙地玻璃字对联细部（资料来源：故宫博物院.紫禁城宫殿建筑装饰 内檐装修图典[M]. 北京：紫禁城出版社，2002）

图5-37 北京故宫宁寿宫花园符望阁嵌玉透绣槅扇窗（资料来源：于倬云等著. 故宫建筑图典[M]. 北京：紫禁城出版社，2007）

图5-39 北京故宫养心殿后殿铂钑金云龙地玻璃字对联（资料来源：故宫博物院.紫禁城宫殿建筑装饰 内檐装修图典[M]. 北京：紫禁城出版社，2002）

期是嵌在漆器上，西周时朝即已发现嵌螺钿的漆器。螺钿漆器多为杯、盘、碟、匣等小件物品，明代以后硬木家具出现，螺钿开始用在家具的装饰上。宫廷建筑装修不用螺贝、蚌壳可能因为它太普通，不够高贵的原因。镶嵌蚌片的家具又称为“周制”家具，因其发明人为明代嘉靖时期苏州的周翥。周翥所创的嵌贴工艺材料不仅是蚌片，还有金、银、珍珠、碧玉、宝石、水晶、玛瑙、象牙、密蜡、沉香等作为镶嵌物，雕成山水、人物、树木、楼台、花卉、翎毛等，精美异常，故又称之为“百宝嵌”。但目前所见的镶嵌家具多为嵌螺贝的家具。螺钿的嵌法分为平嵌与凸嵌，平嵌是蚌贝片与嵌体取平，最后磨光上蜡，光洁平整如一体。平嵌多用在家具上，取其手感润滑，易于清洁。凸嵌是蚌贝片凸出于嵌体之上，立体感强烈，可以表现山石、建筑、花卉的体积。凸嵌分别用于画屏、屏风、立柜柜门、盆匣小件等陈设观赏之物体（图5-40、图5-41）。

图5-40 天津杨柳青石家大院镶螺钿家具

图5-41 徐州博物馆藏镶蚌片的周制家具

三、装裱

装有打扮装饰之意，裱为裱糊粘贴，装裱为用粘贴裱糊手法进一步装饰建筑实体。具体讲就是将绢布、纸张粘贴在墙壁、天花、门窗槅扇或匾联、屏风之表面，以改善建筑构件和部位的色彩质感，达到美化的目的。在中国装裱技术的起源是从什么时候开始的没有明确的记载，但从两晋以来纸张的普及，和装裱字画的出现，应该说这门技术已经处于萌芽阶段。唐代出现了“装潢匠”工种，即今之裱作，工作范围多局限在小器物和书画方面。装裱用在建筑物上的时间较晚，宋《营造法式》一书中没有提到装裱，明代的宫廷建筑的天花也无装裱顶棚的做法，时至清代才开始提到装裱技术，所以有些专家认为装裱是满族将关外建筑保温的做法带到关内，成为宫廷及华北一带建筑通行的做法。南方地区因为潮湿，所以并不采用装裱方法。清代营造业的八个工种：即瓦、木、土、石、搭材、油漆、彩画、裱糊等八大作，裱作为其中之一。

图5-42 北京故宫宁寿宫镟花裱糊天花（资料来源：故宫博物院.紫禁城宫殿建筑装饰 内檐装修图典[M]. 北京：紫禁城出版社，2002）

装裱在建筑上的使用部位主要是天花与墙壁，以及梁柱构架、室内碧纱橱棂花槅心、外檐门窗槅扇心及扇缝间为防风的博缝、屏风心、匾联心等处。裱糊天花是其主要工作，分为小式与大式。小式是指一般百姓民居裱糊的顶棚，顶棚架子是秫秸秆组成，杆上裹糊纸条，中间以麻绳捆扎，吊挂上顶，两端钉在墙上。裱糊时先用普通纸打底，表面糊大白纸或银花纸成活。假如四周墙壁也糊大白纸的话，称为“四白落地”。大式天花裱糊多用在宫殿或祠庙等重要建筑，其顶棚骨架采用小木方格的箅子，又称白樘箅子。在箅子上糊纸有四层，第一层为“二纸一布”，即用二层纸中间加一层麻布先糊在一起备用，按顶屉分格将二纸一布糊上，四格或八格不等。在木格十字交叉处钉上小铁钉以加固。第二层用高丽纸裁成条状，一条条地糊在顶屉上，要相互压缝，故称为鱼鳞。第三层通糊高丽纸一通，不平处以纸找平。第四层为面层，可以糊各种纸，也可糊锦缎绫绢等高级面层。当用大白纸或素白银花纸裱糊面层时，为了增加观赏性，在每间房屋天花的中间加贴顶花，四角贴岔角。顶花和岔角花是用黑光纸剪出或刻出的花饰，即是剪纸。内务府造办处专有从事此事的工匠，称为镞花匠（图5-42）。

裱糊工作在技术上主要表现在界面平整，粘贴牢固；但在美观上主要表现在各种面层处理上。例如，宫殿建筑中常用的井口天花，须要搭满堂架子，由彩画工在天花井子格上仰首手工描画，费时费力，后期改为裱糊的天花，天花图案在下面画好以后，直接裱糊在顶棚上，依然可以表现出辉煌的气势（图5-43）。在紫禁城后宫殿屋的天花及墙壁大都为裱糊纸张的做法，所用的

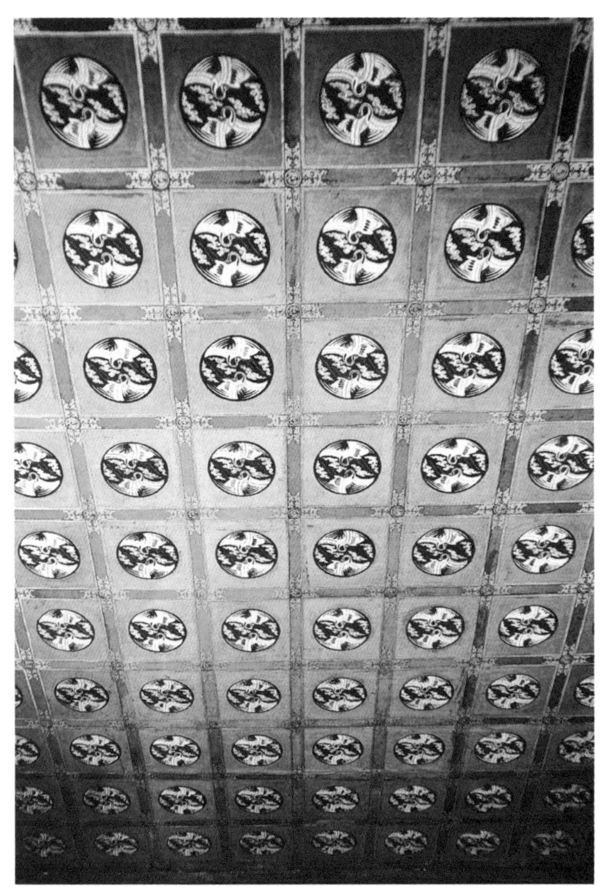

图5-43 北京故宫景阳宫贴落双鹤天花彩画（资料来源：故宫博物院.紫禁城宫殿建筑装饰 内檐装修图典[M]. 北京：紫禁城出版社，2002）

图5-44 北京故宫养心殿银花纸裱糊天花

各种面层纸张品种甚多，如白栾纸、皂青纸、银花纸、各色蜡花纸、各色锦纸等。银花纸就是在大白纸上，用蛤粉模印出各种花纹，阳光照射下可闪烁发光；蜡花纸是在大白纸上，以蜡液模印出花纹，呈半透明状，显出似有似无的模糊状；锦纸就是在纸上，模印出织锦般的花纹，应该是规矩方整的花纹。在乾隆朝时又出现了倭子纸。据史料记载，倭子纸每张大约为45厘米×30厘米的小型纸张，其花纹有蓝地银母花、粉地绿花、银母地绿花、粉地葡萄叶绿花、黄地绿花等不同纹饰，而且在裱糊中需要对花，从而加多了工时，说明这是一种彩色的带有花纹的印刷出来的装饰性纸张，颜色及图案有多种规式，增加了艺术欣赏的多样选择。该种纸型是否是从日本传来，暂无法考证（图5-44、图5-45）。

图5-45 辽宁沈阳故宫衍庆宫花纸裱糊墙壁

裱糊技法也应用在各种装修的细部，内檐中大量的碧纱橱的格子心就采用了纸、绢、纱、绣等各种裱品，清代匠作则例中称之为“集锦格子糊裱各色纸绫绢等”，其裱工加一倍计算。格子心的诗画裱品是常见的形式，但紫禁城宁寿宫倦勤斋内裱糊在装修上的双面绣品是相当珍贵的实例。宫殿明间屏风多用黄绫心，石青缎镶边，配以硬木边框，显示出高贵富丽的气派。此外，交泰殿屏门背后裱糊的缂丝也是全绸类裱品的代表作（图5-46、图5-47）。另外，圆明园等处的内檐匾联有许多是木屉的裱品，称之为“壁子匾”（应为箅子匾），用各种绫绢纸张裱糊而成，亦是裱工的一项工作。另外，藏族建筑的天花亦有用锦缎、丝绸材料悬在天花上的。因其建筑为平顶密肋，故不用装裱，直接钉在木肋上，可谓干裱，但不太平整（图5-48）。

四、贴皮

贴皮是在建筑木构件外部贴上坚固耐潮湿的材料，以增加使用年限。这种贴上的外皮大门，当地称为竹丝门。竹丝门应用在苏州、无锡、常州、湖州等地。具体做法是将竹片削成六分至一寸宽的薄片，按图案组成满铺于门板上，每片竹片两端钉钉，全部钉头就将图案的脉络表观出来。同时竹片大部分是斜铺，方向变化产生光泽的变化，把竹材的细腻光滑

图5-46 北京故宫倦勤斋双面绣槅扇

图5-47 西藏拉萨布达拉宫十三世达赖灵塔殿缂丝吊顶天花（资料来源：故宫博物院.紫禁城宫殿建筑装饰 内檐装修图典[M]. 北京：紫禁城出版社，2002）

图5-48 北京故宫交泰殿屏门背面缂丝装裱（资料来源：故宫博物院.紫禁城宫殿建筑装饰 内檐装修图典[M]. 北京：紫禁城出版社，2002）

图5-49 江苏苏州东山某宅万字图案竹丝大门

图5-50 江苏无锡惠山古镇某宅竹丝门

图5-51 浙江湖州马军巷某宅竹丝门

图5-52 浙江湖州马军巷4号竹丝大门

的特点充分显露出来。竹丝门的图案有万字、方格、条列等，有的还在图案中加线条，以强调图案组成走向。江南竹丝大门一般不加油饰，尽显竹材本色，随着时间的推移，竹色越发深沉古朴，十分可爱。后人曾在其上涂饰黑漆，时久漆皮脱落，斑驳不整，反而不美（图5-49～图5-52）。北方民居大门有时包镶以铁皮，利用压花及泡钉组成图案，用以美化门扇外观（图5-53）。

由贴皮的工艺可以联想到藏族寺庙大殿楹柱的柱衣，柱衣就是以彩色图案的毡毯包裹在柱子上，造成一种毛绒般的感觉，与油饰彩画的效果完全不同。柱衣应该也算是一种贴皮的做法，只不过是没有固定死。柱衣的材质不同，大多采用毛毯，织出各色盘龙或宗教纹饰，下部配以海水江崖，本身就是一幅完整的画品。而西藏拉萨布达拉宫红宫的西大殿的柱衣，却采用了白底蓝花织锦，与红金木构彩绘的色系形成强烈对比，也是一种大胆的尝试。青海湟中塔尔寺大经堂外檐柱的柱衣为蓝色的麻布，并配以红色的柱裙，十分简洁，同样与大经堂的装修相辅相成，互为衬托（图5-54~图5-57）。

图5-53 山西榆次常家大院铁皮大门

蒙古及哈萨克族的毡包是由细的柳木棍撑起的轻骨架结构，它们也有一项贴饰的做法。在毡包的四壁网状墙架之外，在围壁毡之前，先用细长的柔性极强的芨芨草帘包围一层。为了增加美观效果，每根芨芨草上

图5-54 西藏拉萨布达拉宫红宫西大殿柱衣

图5-55 内蒙古呼和浩特大召大经堂内柱柱衣

图5-56 青海湟中塔尔寺大经堂柱衣（一）

图5-57 青海湟中塔尔寺大经堂柱衣（二）

图5-58 新疆布尔津哈萨克族毡包内景

图5-59 新疆布尔津哈萨克族毡包内的芨芨草帘

皆缠绕了彩色毛线，并且有不同颜色的线缠在同一根草上，整个草帘形成一幅彩色图案，与编织地毯的原理是一致的。这种做法多应用在新疆地区的哈萨克族毡包内（图5-58、图5-59）。

五、帐挂

帐挂就是在建筑的室内外悬挂幔帐之类纺织物的做法，严格讲帐挂应不属于建筑本身装饰的范畴，但因对建筑的室内外形象产生着重要影响，所以不能忽视。它并没有实贴在建筑物上，却又依附悬挂在建筑上，故暂列在贴饰上介绍。古代建筑的外檐装修不甚完备，特别是冬季防寒更差，早期建筑的外门为板门，不透光，打开后内外通敞，空气流动，寒气袭人，故室内多设有幔帐、帷幕等悬挂物，以分隔室内空间，并有当风遮寒的作用。《史记·秦始皇本纪》记载，在“咸阳之旁二百里内宫观二百七十……帷帐、钟鼓、美人充之”，说明当时统治者的宫殿中帷帐是很重要的设施。帷帐的使用有两种情况，一是悬挂在建筑梁架上，称为幔帷。按《说文解字》释意，挂在上部顶上的为“幔”；垂在两旁作分隔用的为“帷”，也可称为“幛”。再有一种情况就是用支竿骨架搭成一个小屋，以布帛纱缎包围起来放在室内，成为室内空间内的小空间，为主人休息、待客之处，称之为“帐”，也可称为“幄”。两汉时期帐幄多见于帝王宫室及豪门宅第，用在朝会、听政、宴乐、接待等重要场合，可以显示帝王的威严，所以帐幄皆极为豪华奢丽。不仅围幕为丝绸纱罗等高级织物，而且其帐构（骨架）亦十分精细，杆件交接处皆为铜制鎏金，并有雕饰。帐顶及四角有珠玉珍宝流苏作为装饰，华贵异常。帷幄的使用从先秦一直延续到隋唐五代很长一段时期。宋代以后由于外檐装修保温采光的改进，室内隔断的出现，及彩画、雕刻的完善，帐幄退出历史舞台。尚有部分遗存痕迹的就是简化成华盖，悬于宝座之上，代表了主人的尊贵之意。

悬帐的做法在藏族的佛教建筑上仍在应用。悬挂部位用在外檐檐椽之下，从功能上讲，可能为保护前廊墙上的壁画免受阳光照射而褪色。使用久之，往往变成前檐立面上的重要装饰物。各个寺庙的大经堂的檐帐是最华丽的，所用的织物为白色或黑色毛毡，上边绣出各种纹饰，或者用布条缝出名种图案，其美学上的效果远远超出木构彩画的表现力，由于其面积巨大，在很远的地方就可遥见檐帐的艺术图案。其艺术构图基本分为两类，在白色毛毡上多绣彩色图案，有珠串流苏、六字真言、吉祥福禄、金刚画像、团花等题材，如甘肃夏河拉卜楞寺大经堂、西藏日喀则扎什伦布寺大经堂、西藏拉萨大昭寺达赖颇章金顶布帐等，皆为十分精彩的帐幔设计（图5-60～图5-64）。在黑色毛毡上的图案设计皆为单色，即为白色，图案也大部分为布条缝制的，图案有双鹿吉祥、法轮、盘长、八吉祥等，而且帐布皆为分块制作。西藏寺庙的

图5-60 西藏拉萨大昭寺达赖颇章金顶布幔

图5-61 青海湟中塔尔寺讲经院檐下布幔

图5-62 西藏日喀则扎什伦布寺檐帐

图5-63 西藏拉萨大昭寺檐帐

图5-64 甘肃夏河拉卜楞寺檐帐

图5-65 甘肃夏河拉卜楞寺黑色牦牛毡幔帐

檐帐有做成双层的，也有的檐帐一直垂到地面，将整个前檐遮住（图5-65～图5-67）。西藏寺庙的窗口上尚有一种窗帷，就是由各种彩绸层叠组成，随风飘扬，动感十足，也是藏传佛教建筑的艺术特色之一。藏区寺庙外檐悬挂布帐的原因是与地区高寒少雨、紫外线强烈有关，而中原地区为防晒多用板引檐或支挑的布幔解决，地区自然环境不同，建筑构造的方法也不同。

新疆哈萨克族的毡包内亦喜欢用悬挂的方法增加室内的观赏性，为了适合毡包的特点，他们采用挂毯或悬纱帘的办法。富裕人家的挂毯是围着格栅墙全部

图5-66 西藏拉萨大昭寺黑色牦牛毡幔帐

图5-67 甘肃夏河拉卜楞寺黑白双色檐帐

挂满，有些毛毯是铺在屋顶椽条之上，上边再覆以防水毛毡，在包内可仰望毛毯的花色。挂毯是特制的，具有丰富而鲜艳的花色与图案，是专为悬挂用的（图5-68～图5-71）。新疆维吾尔族的建筑虽为土墙平顶建筑，但其室内除石膏花饰以外，仍然喜欢用挂毯及纱帐，这反映出中东地区民族的共同爱好（图5-72）。

图5-69 新疆霍城果子沟哈萨克族毡包内景

图5-68 新疆乌云鲁木齐天池哈萨克族毡包内景

图5-70 新疆乌鲁木齐天池哈萨克族毡包内饰纱帐

图5-71 新疆乌鲁木齐天池哈萨克族毡包内壁挂

图5-72 新疆伊宁维吾尔族民居室内挂毯

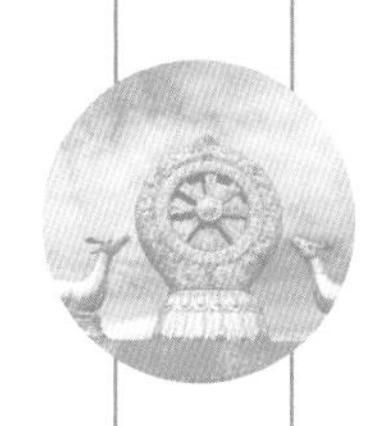

第六章

金饰

一、金饰的应用

黄金是贵金属，色泽明亮，反射度极强，自古就是装饰器物及建筑的最佳的金属材料，全世界皆如此。用金装饰器物和建筑有多种方法，如敷贴金箔（贴金）、撒贴金粉（扫金）、涂金绘饰（泥金）、剔填金线（戗金或错金）、金线织物（织金）等。针对以金为手段装饰织物与器物的做法称之为“销金”。

在甘肃玉门关火烧沟夏代遗址曾出土了一枚金耳环，说明很早时期中国就已经有了金饰物，开发了金的装饰性。陕西咸阳秦始皇陵出土的铜车马的饰件为铜质错金的做法。错金一直是古代帝王装饰日常用具常用的技法，特别是在漆器上，错填金银图案可以获得非常华贵鲜明的艺术效果。春秋战国时期并掌握了鎏金技术。《汉书·外戚传》记载汉长安宫城内为赵飞燕女弟所造的昭阳舍，“其中庭彤朱，而殿上髹漆，切皆铜沓黄金涂，白玉阶，壁带往往黄金釭，函蓝田璧，明珠、翠羽饰之”。按上述记载可知，宫殿的门槛及墙壁上的壁带皆为黄金涂，说明汉代已经广泛应用鎏金技术。关于“金釭”就在夯土墙木质壁带上的装饰物，用在壁带的交叉点和带身中间。陕西凤翔春秋时期秦国雍城遗址中，就出土了一批青铜制的金釭构件，虽然这批铜制金釭构件没有鎏金，但可证明文献记载的黄金釭是存在的（图6-1）。河北满城西汉中山靖王刘胜墓的中室，出土了两套完整的铜制帐构，其地栿、角柱、阑额、

图6-1 陕西凤翔雍城遗址出土的金釭铜质构件（资料来源：徐苹芳等著.中国文明之形成[M]. 北京：新世界出版社，2004）

角梁、圆椽等皆为铜质鎏金构件，十分豪华。此外，在各地的汉代遗址中也出土了许多鎏金的铜铺首（古代作成兽面状的门环）、铜构件、铜的门饰件、铜匣等（图6-2～图6-4）。至于器物上用金装饰更为普遍。衣服上的金线织金技术始于隋代，名匠何稠曾按波斯进口的金线锦袍仿制了一件，其华丽程度胜于原件。唐代的

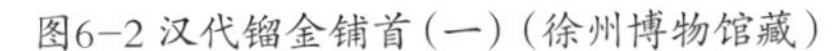

图6-2 汉代鎏金铺首（一）（徐州博物馆藏）

图6-3 汉代鎏金铺首（二）（徐州博物馆藏）

图6-4 汉代鎏金门饰件（徐州博物馆藏）

织金技术进一步发展，成为宫廷中的重要服饰。金线的制作方法是将金箔裱在竹制纸上，研光，切成细丝，即成片金线；将片金线用胶缠在蚕丝线上，即成捻金线。用这两种金线作为纬线，可织成织金锦缎罗纱等织物。

宋代是社会用金的一个转折时期，由帝王贵族垄断消费，转向社会平民消费，导致用金量大增，有司估计，一年将销金十万两之巨。故在宋真宗大中祥符元年（1008年）颁发了销金令，凡用"金银箔线，贴金、销金、泥金、蹙金线，装贴什器、土木、玩用之物，俱为禁断。非命妇不得以为首饰"。八年（1015年）再申，"内廷自中宫以下，并不得销金、贴金、间金、戗金、圈金、解金、剔金、陷金、明金、泥金、楞金、背影金、盘金、织金、金线撚丝着装衣服，并不得以金为饰。其外廷臣庶家，悉皆禁断"。从宋《营造法式》彩画作的彩画类型中没有发现用金的类型，反映当时的政府确实颁布了禁令，但在功限与料例的记述中仍出现过"五彩间金"、"抢金碾玉"、贴金、金漆等名词，说明在宫廷建筑中仍在使用黄金装饰。至于在民间，禁令的效果更加微弱。在以后的元、明、清三代，用金装饰器物、建筑在宫廷及民间广为流行。

涉及用金装饰的手法虽有多种形式，但其中的错金、戗金、剔金、织金等皆适用在小件器物及服饰上。如错金适用于铜器上，在器物表面刻出沟槽，以同样宽度的金线、金丝、金片等按纹样镶嵌其中，随后磨光表面，完成制作（图6-5、图6-6）。戗金为髹漆工艺之一种，适用在漆器上，在器物上作嵌金的花纹。元代陶宗仪之《辍耕录》中称，"凡器用什物，先用黑漆为地，以针刻画……然后用新罗漆。若戗金，则调雌黄……日晒后，角挑挑嵌所刻缝罅，以金箔或银箔，依银匠所用纸糊笼罩，置金银箔在内，逐旋细切取，铺已施漆上，新绵指拭牢实，但着漆者自然粘住，其余金银都在绵上，于熨斗中烧坩埚内熔煅，浑不走失。"在我国南方及东南亚一带制作戗金漆器仍用此法。剔金主

图6-5 汉代鎏金铜匣（徐州博物馆藏）

图6-6 汉代错金铜鼎（洛阳博物馆藏）

要用于木器上，在器物面剔出线路沟槽，填以水胶，其上再嵌金线，磨光成活。织金用于织物上。总之，这些用金技法皆为小巧精细适于微观的装饰手法，而不宜用于建筑构件，故在此不作申述。但在建筑上使用的用金技法主要有四种：即贴金、镏金、泥金、扫金。

二、贴金

贴金工艺大量运用在古代建筑彩画上，包括和玺彩画、金线大点金旋子彩画、墨线大小点金旋子彩画、金琢墨苏式彩画、金线苏画，以及浑金柱、朱红油地片金柱彩画。贴金之前首先须将金块处理成金箔，这项工作由专业厂家制作，所制的金箔厚度仅为0.13毫米，须用竹制的护金纸托住，裁成约10厘米见方的小张备用。计算贴金工料时以张为单位估算。建筑上用的贴金有两种：一为库金，含金量为98%，含银量为２%，色泽纯正，黄中透红，沉稳庄重。一为赤金，含金量为７４%，含银量为２６%，色泽黄中偏青白，颜色偏浅，亦不如库金耐久，时间长久会失去光泽。在彩画中可交互使用，提高金色的差别，更增加金碧辉煌之感。根据长期的经验积累，北方地区彩画贴金工艺分为四步。第一刷金胶油，即在须贴金处刷金胶油，作为胶粘剂。金胶油由光油和豆油熬制而成。在刷金胶油之先，须在贴金处先刷黄胶一道，以免金胶油渗入地仗内，影响贴金。第二贴金，当金胶油将干未干时，将金箔剪成小条，以夹子轻贴在油上，以棉花揉平压实出亮。第三扣油，即是用原色油清理贴金部位周围部分。第四罩油，即是用清油通刷一遍，罩住贴金部位，增加其耐久性。而在民间木器上贴金工艺则不用金胶油，而用广漆代之，可能与建筑木构件上有地仗，而木器上无地仗有关。西方宫廷、教堂内金碧辉煌的贴金工艺的基层，多为木刻或石膏塑体，其胶粘剂亦为朱红的油漆。建筑彩画上贴金往往将轮廓线条沥出粉线，突出线条图案的结构，光影更为鲜明，以增加贴金的立体感，俗称沥粉贴金。沥粉的做法未见于宋《法式》的记载中，但初唐的敦煌壁画中已经出现，宋初壁画的沥粉线条更为圆润光洁，技术已经提高。至于沥粉贴金工艺最早用于彩妆泥塑佛像及装銮上，如山西大同辽代下华严寺薄伽教藏殿的大佛莲座上，就采用了沥粉贴金工艺。以后明清时期又推广应用到建筑彩画工艺上。贴金主要应用在木构架的彩画工艺上，砖墙上的贴金是偶尔用之。木构彩画贴金可区分为彩画贴金、满金贴金和民间木构贴金几种类型。

（一）彩画贴金

北方官式彩画中用贴金的多少来区别彩画的等级，例如旋子彩画的九个等级中，除雅伍墨与雄黄玉没有用金以外，分别按金琢墨石碾玉、烟琢墨石碾玉、金线大点金、墨线大点金、苏画大点金、金线小点金、墨线小点金的次序用金量递减，其贵重程度也递减。旋子彩画的用金处主要在规划线（锦枋线）、箍头、盒子、枋心图案、旋花花瓣、花心、菱角地、栀子花等处。用金方法有单线沥粉贴金、双线沥粉贴金、沥粉点金、龙凤图案大片金等。具体图案在彩画一节中已作介绍，在此不再赘述。

用金量最大的是和玺彩画。和玺彩画又称宫殿彩画，是帝王专用的彩画。用在殿堂、寝宫、坛庙、敕建寺观等处。其种类有金龙和玺、金凤和玺、龙凤和玺、龙草和玺、苏画和玺五种，最高贵的金龙和玺彩画的用金面积达到全部彩画的四分之一至三分之一，十分辉煌灿烂。其之所以用金量大，是因为除和玺彩画的锦枋线须沥粉贴金以外，它的盒子、藻头、枋心内全为龙凤图案，圭线光内亦为瑞草图案，这些全部要沥粉片金贴饰，自然用金甚巨。同样，和玺彩画的檐椽彩画亦十分华丽，不但椽肚沥粉贴金，而望板也须贴金，图案连成一片，锦装绣裹，美轮美奂。为了配合殿堂内的和玺彩画，建筑内的天花、藻井、门窗裙板雕刻等处亦须大量贴金，形成辉煌的整体艺术气氛（图6-7~图6-10）。

试观中国木构建筑彩画的用金特点，是将金箔作为点缀加饰的手段。黄金也是一种颜色，是最亮的颜色，以金线、点金和小片金的形状出现在彩画构图中，用它来烘托彩色图案的装饰效果。金线可以强调构图轮廓；点金分散各处，有如繁星点点；片金可勾画出重点装饰花纹的体量。故彩画用金是金与彩相结合的产物。故文章中常用“金碧”二字形容传统建筑彩画的艺术表现。

图6-7 北京故宫太和门金龙和玺彩画

图6-8 北京故宫太和殿金龙和玺彩画

图6-9 北京故宫太和殿檐椽和玺彩画

图6-10 北京故宫太和殿槅扇贴金裙板

（二）满金贴金

满金又可称为浑金，即木构件上全部贴金，不掺杂其他颜色，是最高贵的装饰手法。按工艺分类它应属于油漆作。北京紫禁城太和殿是使用满金工艺的典型代表。殿中六根盘龙金柱、天花上的蟠龙藻井、殿廷上的盘龙扶手宝座、七扇雕龙大屏风、四件高腿香几、两梢间门上的毗卢帽门罩皆是满金贴金，加上内檐构架的金龙和玺彩画，构成金光闪耀、满堂生辉的华贵氛围，充分表现出东方木构建筑的美学特色（图6-11、图6-12）。

图6-11 北京故宫太和殿宝座

图6-12 北京故宫太和殿内景

满金的藻井又称龙井，因为藻井中心皆雕有蟠龙，龙头下垂，龙口衔着一颗硕大的宝珠。紫禁城中现存最早的龙井为明代建造的南薰殿内的龙井。该龙井构造尚较简单，方井缩为八角井以后，雕一圈云纹，再以一圈斗栱托住中心蟠龙，龙体肥硕，表现出明代雕刻的特色。因年代久远，云纹圈的金色已经泛绿，光泽大减，可能云纹是用赤金贴制的，显示明代已经用两色金箔贴金（图6-13）。清代紫禁城内宫殿保留的龙井实例留有多座，除太和殿外，还有交泰殿、皇极殿、养心殿、养性殿、斋宫等（图6-14~图6-18）。京外承德外

图6-13 北京故宫太和殿藻井（资料来源：《中国建筑艺术全集》编委会. 中国建筑艺术全集·宫殿建筑（一）[M]. 北京：中国建筑工业出版社，2003）

图6-14 北京故宫南薰殿明代浑金蟠龙藻井

图6-15 北京故宫斋宫藻井

图6-16 北京故宫皇极殿浑金蟠龙藻井

图6-17 北京故宫养性殿浑金蟠龙藻井

图6-18 北京故宫交泰殿藻井（资料来源：《中国建筑艺术全集》编委会. 中国建筑艺术全集·宫殿建筑（一）[M]. 北京：中国建筑工业出版社，2003）

图6-19 承德普乐寺旭光阁满金藻井

八庙中亦有许多殿宇建造了满金龙井，如普乐寺的旭光阁、普陀宗乘庙的万法归一殿、须弥福寿庙的妙高庄严殿等，这些龙井皆建于乾隆时期，显示出当时大清帝国国势隆盛、经济充裕的国情（图6-19）。清代龙井较明代的规模增大，一般是在方井四角抹角，形成八角井，再用两个转角方井重叠形成收缩的八角井，其上再叠八角云井、圆形斗栱井，中托蟠龙宝珠。因此，在中心井的周围出现十二个三角井，及八个菱形井，形成众井围护之势。在太和殿的藻井中菱形井中雕龙，三角井中雕凤，井体与雕刻相适配。紫禁城中最华丽的龙井为交泰殿的龙井，它不仅是龙井深邃，套层较多，各层井周边的斗栱繁密，雕刻精细，而且库金、赤金搭配使用，辉煌中又显出变化，是非常成功的实例。紫禁城养性殿及斋宫的龙井有所变化，第二层的转角方井变为八角星状，直接上托两层圆井及蟠龙，构图更为简洁集中。河北承德普乐寺旭光阁的圆形满金藻井是唯一的特例。它不能用方井转八角井，再转圆井的构造方式，而是直接在放射式的井口天花中心，托起两层斗栱圆井及蟠龙宝珠。井口天花及龙井全部贴金，金色灿烂，繁简分明，与周围的青绿彩画对比强烈，是满金贴金的另一种表现方式。

满金柱也称为浑金柱，是帝王宫殿的专用，仅用于太和殿和帝王陵寝。浑金抱龙柱的主要纹饰为升龙，缠绕整个柱身，龙口衔珠，底衬云纹，柱根画海水江崖。全部纹饰沥粉。龙身、云纹、海水江崖贴库金，其余空余地方贴赤金，用以衬托出主体纹饰的辉煌。满金柱又可以不画龙纹，改画缠枝西番莲，整朵莲花在柱子的四个方向相对回环出现，贴金方法同金龙柱。金莲柱一般用在陵寝的隆恩殿内（图6-20～图6-22）。

图6-20 北京故宫太和殿浑金柱

图6-21 河北遵化清东陵孝陵隆恩殿金柱

图6-22 河北遵化清东陵景陵隆恩殿金柱

属于满金贴金工艺的尚有殿堂内的宝座、屏风、毗卢帽门罩等处。这些地方的贴金全用库金一色金，以显华贵。在西藏拉萨的达赖宫室中也有用满金装饰斗栱的例子，不过它的装饰方法是用满金做地，上面又描绘彩色的小朵花卉，却也清新可爱（图6-23～图6-26）。

比满金柱更降一级的是朱红油地片金柱。主题纹饰为西番莲，柱根为海水江崖。纹饰贴库金，纹饰以外的空地做朱红油地，实例见北京牛街清真寺大殿。西藏建筑中

图6-23 北京故宫惇本殿贴金如意云龙毗卢帽

图6-24 北京故宫乾清宫镏金屏风及宝座

图6-25 北京故宫太和殿鎏金屏风及宝座（资料来源：于倬云等著. 故宫建筑图典[M]. 北京：紫禁城出版社，2007）

图6-26 北京故宫乾清宫镏金宝座（资料来源：于倬云等著. 故宫建筑图典[M]. 北京：紫禁城出版社，2007）

也应用贴金技术，如佛像、佛座、门框线脚等处，但木构件表层贴金甚少。在拉萨布达拉宫五世达赖灵塔殿的柱头斗栱曾用满金贴饰，并在其上绘制彩色花纹图案，是少见的做法（图6–27、图6–28）。

图6–27 北京牛街清真寺礼拜殿柱身西番莲贴金彩画

图6–28 西藏拉萨布达拉宫五世达赖灵塔殿满金柱头斗栱

满金贴金的另一特例就是河北遵化清东陵的定东陵（慈禧陵）的楠木片金装饰。该陵的隆恩殿及配殿全部为楠木构造，清水油饰，在楠木地上大量粘贴片金，全部覆盖，反映了慈禧太后的骄奢淫逸的贪婪本性。额枋、檩垫枋三件及斗栱全为金龙和玺彩画的构图；承重的三架、五架、七架梁因为是帮拼构件，梁表有铁箍，所以改为分格式的构图，以升降龙及福寿万字锦相互间绘；殿柱是赤金贴饰的行龙，缠于柱身，特别处是龙尾在上，龙头在下，可能象征真龙行地；该殿室内的后檐墙及山墙皆为清水磨砖，砖面刻出“万字不到头”纹饰，并且全部赤金贴面，成为一面金墙。清东陵定东陵之慈禧陵隆恩殿的金饰可以说是空前的，用金量甚至超过紫禁城一般宫殿。但这种原色楠木地片金贴饰的做法也是过去没有出现过的新手法，具有一定的开创性（图6–29～图6–34）。

图6–29 河北遵化清东陵菩陀峪定东陵枋木横披窗满金彩画

图6–30 河北遵化清东陵菩陀峪定东陵墙壁雕砖贴金

图6-31 河北遵化清东陵菩陀峪定东陵梁架满金彩画(一)

图6-32 河北遵化清东陵菩陀峪定东陵檩枋满金和玺彩画

图6-33 河北遵化清东陵菩陀峪定东陵梁架满金彩画（二）

图6-34 河北遵化清东陵菩陀峪定东陵满金龙柱彩画

（三）木构贴金

民间建筑在一般木构件（如栏杆、撑木、民间斗栱、大梁、弯梁、龛橱等）上亦可用贴金办法增加华丽富贵的装饰效果。因为没有地仗，所以可以用漆代替金胶油。纹路的起伏是依木雕来完成，不是平面沥粉产生的效果（图6-35~图6-39）。贴金的程序与彩画贴金是类似的。因为金箔昂贵，则出现以银箔或铜箔代替金箔的做法。银箔的颜色偏白，故表面上需要涂漆，漆

图6-35 浙江宁波秦氏支祠梁枋贴金（一）

图6-36 上海豫园点春堂梁枋贴金

图6-37 浙江宁波秦氏支祠梁枋贴金（二）

图6-38 浙江宁波秦氏宗祠檐部斗栱贴金

图6-39 浙江杭州胡庆余堂前檐撑木贴金

图6-40 青海互助佑宁寺经堂大门金饰

中添加黄色染料，使之更接近金箔的颜色。铜箔虽然有金箔的颜色与光泽，但极易氧化变黑，所以表面仍需涂以透明的漆料作为防护，但保持时限仍不及金箔。现存民间木构贴金用金箔的为数极少，大量是铜箔贴制的。藏传佛教寺庙内的斗栱、梁枋及大门门扇的贴金仍是用金箔贴饰的，表现了信徒对宗教的虔诚（图6-40）。

三、鎏金

鎏金是将金和水银合成金汞齐，涂在铜器表面，然后加热使水银蒸发，金就附着在器面不脱。春秋战国时期即已出现鎏金技法，汉代称为“金涂”或“黄涂”。鎏金工艺可分为四步。第一杀金，就是将3：7重量比的黄金与水银，放入烧红的坩埚内，搅动溶解，倒入冷水盆内，冷却成泥，称为“金泥”。第二抹金，用特制的鎏金棍将金泥抹在铜器上，再用油漆刷沾硝酸液将金泥刷匀。第三开金，即用盛有炭火的铁笼子反复烘烤铜件，使水银蒸发，黄金留在表面。第四压光，用玉石或玛瑙反复多次碾压出光。因鎏金需要用炭火烘烤，所以只适用于金属胎的物件，一般为铜制物件。而且蒸发的水银气体有毒性，所以操作鎏金工艺须有空气通畅的场地，并要加强对工匠的防护措施。鎏金工艺可以形成金光闪烁、熠熠生辉的华美效果，是其他色彩和金属质感所不可比拟的，而且价格昂贵，所以只适用于高等级的建筑中，如皇家宫殿、敕建寺庙及藏传佛教建筑等特殊建筑。

（一）宫廷建筑鎏金

宫廷中的金属构件与小品建筑主要有宫门上的门环、门钉、角叶，防火用的铁缸及铜缸，宫门显示威仪的铜狮，殿前陈设的铜龟、铜鹤、铜香炉、铜行龙等小品。这些宫廷小品绝大多数是青铜制作，工艺精良，模范细致，温润光洁，都是工艺精品（图6-41~图6-46）。但在这些铜制品中仅有小部分是进行鎏金工艺的，是在特定的场合下强调其装饰的重要性与严肃性。如在紫禁城内的二百余口防火水缸中，仅有太和殿和乾清门前的铜缸是鎏金的。在众多的铜狮、铜鹤、铜龟中，仅有乾清门前的铜狮，及御花园中的铜獬豸是鎏金的。太和殿前的铜香炉等皆为青铜制的，仅将殿西的江山社稷表征物上的铜亭作成鎏金制品，表示对国家政权的重视。以上情况说明宫廷中室外装饰用金是非常谨慎的，因为室外用金所需的数量太多，经风吹日晒，保存时间不长久，故鎏金饰件数量不多。宫廷建筑的宫门五金很多是鎏金饰件，如门环、门钉、角叶等金属件是鎏金的。这些鎏金饰件与朱红色大门门板形成强烈的对比，是中国宫殿建筑的艺术特色之一，与中国宫殿的棂花槅扇花心上加饰小金钉的作用是一致的。皇家建筑的塔庙及攒尖建筑的顶也有作鎏金处理的，如天坛祈年殿、北海白塔、紫禁城雨花阁、钦安殿正脊饰等，但数量不多。

图6-41 北京故宫乾清门鎏金铜狮

图6-42 北京故宫御花园鎏金铜獬豸

图6-43 北京故宫乾清宫、坤宁宫鎏金铜香炉

图6-44 北京故宫乾清宫江山社稷鎏金铜亭

图6-45 北京故宫太和门鎏金铜门环

图6-46 北京故宫太和门鎏金铜钉及角叶

（二）寺庙建筑镏金

寺庙建筑镏金可以举出两个最著名的建筑实例，也是具有特殊意义的实例。首先指出的是河北承德外八庙的普陀宗乘庙及须弥福寿庙皆大量使用镏金铜构件。普陀宗乘庙万法归一殿屋面是用的镏金鱼鳞铜板瓦，垂脊脊身雕刻有回纹图案，垂兽为夔龙龙头，皆为镏金铜件，宝顶为方形底座，上托覆钵及覆钟，亦为全体镏金，整个屋面金灿明亮，耀眼增光，而且带有藏族建筑的风格特色。同样的镏金设计也用于该庙西北角上的吉祥法喜殿的金顶上（图6-47~图6-50）。须弥福寿庙的妙高庄严殿的金顶又有创新变化。除仍用镏金鱼鳞板瓦以外，其垂脊上安设立体的行龙，跳跃飞舞，垂脊脊身改为层层海浪，表现出龙跃海波的构思，宝顶亦为覆钟形式，全体构件镏金。该庙的金顶不仅有藏族建筑意味，而且有汉族建筑传统符号，表现出汉藏混合交融的形式（图6-51~图6-53）。这两座寺庙镏金铜顶的设计有其社会历史原因。其一是敕建寺庙，皇家工程，造价充裕，不计成本；其二是政治需求，建庙是怀柔西藏，尽量采用藏族建筑的金顶形式，并要显示

图6-47 河北承德普陀宗乘庙万法归一殿望六角亭镏金顶

图6-48 河北承德普陀宗乘庙万法归一殿镏金铜宝顶

图6-49 河北承德普陀宗乘庙万法归一殿镏金铜垂兽

图6-50 河北承德普陀宗乘庙万法归一殿镏金铜瓦顶

图6-51 河北承德须弥福寿庙妙高庄严殿鎏金铜垂脊及垂兽

图6-52 河北承德须弥福寿庙妙高庄严殿鎏金铜行龙

图6-53 河北承德须弥福寿庙妙高庄严殿鎏金铜垂兽

清廷的皇家气魄，辉煌壮观远胜于西藏建筑。从鎏金建筑的角度来评价，这两座建筑可称为划时代的精品。

山西五台山寺庙是采用鎏金铜构件比较集中的建筑，五台山鎏金建筑大多应用在佛塔上，以显通寺最为集中，各式鎏金宝塔有四座，其形制有三层八角鼓式塔、多层密檐塔、藏式喇嘛塔等式样。做工精细，体形新颖，为寺院添彩增辉（图6-54~图6-56）。显通寺邻轴线的最高处尚建有鎏金铜阁一座。全国虽有号称金殿的铜制楼阁多处，如湖北十堰武当山金殿、云南昆明太和宫金殿，还有北京万寿山颐和园的宝云阁等，但是皆为青铜铸就的铜阁，而铜阁全部鎏金的实例，仅有峨眉山上的金殿及五台山显通寺的金殿两座，十分难能可贵（图6-57、图6-58）。此外，五台山菩萨顶真容院内尚有一座全部鎏金的金塔，虽为近年制作，但工艺精良，雕制细致，亦是上佳的工艺品（图6-59）。

图6-54 山西五台山显通寺鎏金铜塔（一）

图6-55 山西五台山显通寺鎏金铜塔（二）

图6-56 山西五台山显通寺鎏金铜塔（三）

图6-57 山西五台山显通寺金殿

图6-58 山西五台山显通寺金殿细部

图6-59 山西五台山菩萨顶真容院金塔

（三）藏族建筑镏金

藏族的宫殿、庙宇建筑中使用镏金的构件是国内最多的，其中包括塔幢、脊饰、檐饰、门饰、墙饰、供具、佛像等皆应用了许多镏金的工艺技术。自五世达赖以后，西藏地区的镏金技术得到迅速的发展，其工艺特点是，设备简易，镀层牢固，厚薄可控，光泽鲜明，至今内地许多地区作镏金工艺仍然聘请藏族工匠师傅操作。

藏族宫殿庙宇最显著的特征之一就是金顶，它是一座装饰用的歇山式屋顶，藏族建筑皆是平顶建筑，为了强调部分建筑的特殊重要性，而在平顶之上又加建了一座金顶，如寺庙的大佛殿、布达拉宫内各代达赖喇嘛的灵塔殿等。这类金顶仅为一座屋顶，没有柱身，是由斗栱及简单的木屋架构成，上铺望板，屋面为镏金铜板，重量较轻。金顶除了金光闪耀的屋面以外，其装饰的脊饰及檐饰亦十分华美，极大地增强了金顶的艺术感染力。正脊上的“金端”是西藏特有的脊饰，它是由瓜形盘、覆钟、相轮组成的刹体，置于正脊上。一般为三座，脊端两座较小，脊中央一座较大，大型的金端两侧尚有镏金力士拽拉稳固。金端下部的瓜形盘与印度早期佛塔塔刹的“阿摩罗果”的造型极为相似，极可能是受外来文化的影响。金顶不设垂脊及戗脊，但脊头套有较大的龙头形套兽，卷唇、双角、长须、巨口、吐舌，形象威猛可怖。雕饰最精细的是其檐口板，因为金顶屋面是铜板制作，没有瓦作的勾头与滴水瓦，感观上显得单薄无力，故在檐头虚吊一圈檐口板。檐口板较宽，上边雕有坐佛、佛八宝、云纹、兽头、梵文等，花饰繁多，有时叠作两层，繁细的檐口板使金顶的轮廓更为清晰可见，使藏式金顶更显民族特色（图6-60~图6-66）。

鎏金的佛塔及灵塔在西藏亦有多座。在拉萨布达拉宫红宫内作为各代达赖遗体存放处的灵塔共有八座，每座不仅整体鎏金，且多宝庄严，华丽异常。其中，最高大的是五世及十三世达赖的灵塔，皆高12m以上。据记载，建造五世达赖的灵塔共用黄金12万两，珠宝价值折银8万两，说明其豪华程度不逊于清朝帝室。灵塔因放在室内，所以为木质骨架外包鎏金铜皮，再镶嵌珠宝，

图6-61 西藏拉萨大昭寺金顶

图6-62 西藏拉萨布达拉宫八世达赖灵塔殿金顶饰金端瓶

图6-60 西藏拉萨布达拉宫红宫金顶

图6-63 西藏拉萨大昭寺脊饰法轮吉祥

图6-64 西藏拉萨大昭寺金顶套兽及挂檐板

图6-65 西藏拉萨布达拉宫八世达赖灵塔殿金顶套兽

图6-66 西藏拉萨布达拉宫红宫鎏金铜狮

这样可以减轻楼板的荷载重量。其形制为喇嘛塔式样，达赖的遗体即安置在覆钵式的塔肚内。做工最精细处为塔肚前方的塔门及塔座的束腰部分。塔门为卵叶形，叶缘宽大，上边雕有六灵图案，即大鹏鸟、龙女、摩羯、孩童、狮、象。塔门中间设棂子格网封护，棂子上嵌有各种宝石等。塔座束腰四面正中雕护法神像，神像两侧雕

图6-67 西藏拉萨布达拉宫五世达赖灵塔

图6-68 西藏拉萨布达拉宫七世达赖灵塔正面塔门

图6-69 西藏拉萨布达拉宫七世达赖灵塔须弥座

图6-70 青海循化文都寺灵塔殿金塔

五方佛的坐骑，另外还有卷草、莲瓣纹饰及宝石等（图6-67~图6-70）。在各地藏区寺庙中为活佛所建的灵塔与达赖灵塔形制类似，但多为银塔主体，部分镶金，做工也显得简素些。用在室外的鎏金佛塔当属甘肃夏河拉卜楞寺的贡唐宝塔最为雄伟。该塔又称菩提塔，因位于贡仓院内，故称贡唐宝塔，塔座为三层方形建筑，逐层

图6-71 甘肃夏河拉卜楞寺贡唐宝塔

收缩，顶部建镏金圆桶形喇嘛塔，上部以相轮塔刹结顶，塔身周雕佛菩萨站像。该塔体积巨大，在很远处便可望见，是拉卜楞寺的标志性建筑（图6-71）。

金幢是寺庙中常用的饰物，用在平顶建筑物四角的女儿墙上。藏族寺庙中的经幢有两种，一种为毡幢，轴木支起一木制圆桶，桶上裹以黑色牦牛毡，毡上以蓝白布条制成圆环及垂带，轴上书写六字真言，顶部竖立金属叉状物。毡幢又称为“纛”（dou），词义为古代军队中的大旗，毡幢的造型即是从军旗转化而来。毡幢多用在次要建筑的平顶上。另一种为金幢，呈镏金圆筒状，筒上雕刻有兽面、宝珠、流苏璎珞等装饰花纹数层，也可以将每层突出，相互叠压，幢顶设莲花宝珠结顶。金幢亦有六角形和八角形的。幢为一种伞状物，是表现威势的仪仗，在西藏转化为宗教装饰以后，仅保留了幢顶，并加以镏金装饰，成为金幢。金幢多置于重要殿堂屋顶的四角。金幢的应用使藏族平顶建筑增加了轮廓的变化，与金顶相呼应，丰富了建筑

图6-72 西藏拉萨布达拉宫红宫金幢

图6-73 西藏拉萨布达拉宫红宫鎏金宝幢

艺术造型（图6-72、图6-73）。

西藏建筑的墙饰主要是嵌在边玛草女儿墙上的鎏金饰件，图案内容有梵文、法轮、大鹏、龙、狮、佛塔、万字、伞盖、吉祥八宝等，象征世间万物围绕在须弥山周围之意。饰件形状大部为圆形或叶形。这些鎏金饰件嵌在紫红色的边玛墙上十分鲜明，对比强烈，从色彩、亮度、质感上相互衬托，取得很好的艺术效果。边玛墙及鎏金饰件仅能用于佛殿及达赖、班禅、摄政王、呼图克图等宗教领袖的建筑物上，说明这种装

图6-74 西藏拉萨哲蚌寺下扎仓鎏金墙饰

图6-75 甘肃夏河拉卜楞寺鎏金墙饰

饰手法的珍贵价值（图6–74、图6–75）。

西藏建筑入口大门的铜质构件亦为镏金件，包括门环、铰链、穿带、气窗棂条等，将朱红色门板装饰得十分华贵（图6–76~图6–79）。

图6–76 西藏拉萨大昭寺镏金门钹

图6–77 西藏拉萨布达拉宫德阳厦柱身镏金装饰

图6–78 西藏拉萨布达拉宫殿门镏金门饰

图6–79 西藏拉萨布达拉宫五世达赖灵塔殿殿门镏金门钹

四、泥金

泥金是用金箔碾细，揉成金粉，和以胶水制成金色颜料，用于书画和笺纸的装饰。若用于木质器物或佛像，则须调和在油漆中使用，并罩以清漆保护。泥金的用金量十分巨大，俗称有“一贴、三扫、九泥金”的说法，即同样面积的泥金用金量为贴金的九倍。因此，为了节约造价，市场上以铜金粉代替金粉。铜金粉是铜、锌、铝的黄铜合金，经研磨、抛光而成。与油漆调合以后又称金漆，但色泽及保持年限均不理想。其施工工艺为基底清理光洁，涂两遍红色底漆，刷两遍金漆，罩清漆，完成作业。欧洲许多宫廷内的金色装修也是用金漆涂饰的。国内民间的许多家具、屏风、佛龛等都是金漆制品（图6-80~图6-82）。江西省乐平市浒淹村的戏台不仅雕刻十分精美，而且全部涂以金漆，更加华丽，是民间戏台不可多得的佳作。乐平人民热爱戏剧，该市保存有三百余座戏台，几乎村村有台，浒淹村戏台修建得如此

图6-80 福建泉州杨宅厅堂金漆木雕槅扇

图6-81 广东广州陈家祠金漆木雕屏风局部

图6-82 广东开平自力村铭石楼金漆祖龛

图6-83 江西乐平浒淹村戏台金漆木雕

图6-84 台湾南投文武庙金漆圣龛

图6-85 云南潞西风平大佛寺涂金佛塔

华丽，是争相斗艳的结果（图6-83）。台湾地区民间寺庙亦大量使用金漆，是继承了闽南建筑华丽风格的传统，如台湾南投文武庙的武庙正殿圣龛，就是用金漆满涂的，金灿灿的，耀眼夺目（图6-84）。此外，在民族地区建筑的木制装修上也用金漆。云南西双版纳傣族寺庙的佛塔大部分是白灰涂刷的白色塔，但也有的是仿效缅甸金塔的实例，采用金漆涂饰，如景洪曼春满佛塔、潞西风平大佛寺塔等，但金漆质量皆较一般，光亮度较差（图6-85）。

五、扫金

扫金，是将金箔用特制的金筒子揉成金粉，在需要上金的木质器物上刷笼罩漆（也可用金胶油），然后将金粉撒在漆上，厚薄要均匀一致，再用棉花揉压，使金粉粘结牢固，后将浮金粉扫净回收。扫金又分为筛扫和戳扫两种手法，筛扫是将金粉通过筛子撒在器物上，一般金层较厚；戳扫是用刷子、羊毛笔一类的工具将金粉布在器物上，一般金层较薄，用金量为筛扫的三分之二。扫金的用工用料数量随扫金对象而不同，大致分为三类：即玲珑（立体透雕）、雕花（平面浮雕）、平面。用金量可以相差六倍之巨。扫金大量地用在平面构件上，如匾额的底板，但用金量大，匾额扫金也仅用在皇家工程上。民间使用多用金粉（铜合金）代替，但真正用扫金方法制作匾额的实例也甚稀少。在此借机介绍另一种方法，即匾额上用筛扫的工艺多为扫青（扫群青）和扫绿（扫石绿）。在基底打磨光洁以后，涂两遍光油，将颜料用细箩撒在油面上，静置一日，待光油干后将余粉刷掉成活。扫颜色的匾额表面呈毛茸茸的感觉，无笔痕，无光泽，产生异样效果。北京宫殿寺庙匾额地子多为扫青地。同样的方法也可以扫蒙金石（一种带云母颗粒的石粉）、扫玻璃碴、扫铜粉、扫煤渣等，皆可产生绒面效果。

第七章

文字装饰是中国特有的一种装饰元素，与其他国家普遍使用的拼音字不同，中国文字是由象形文字逐渐简化、整形而成的单个字体，一音可有多种字形。中国文字的点画、结构及形体与外国文字不同，它是以各式线条组合为特征的一种文字，其变化微妙，形态不一，意趣迥异。它通过点画线条的强弱、浓淡、粗细等丰富变化，字形、字距和行间的分布，以及书写者的感情思绪的起伏变化，构成优美的章法布局，表现出雕琢、突起、秀丽、豪放等艺术性的意境，所以具有极高的美学价值。一页书法碑帖，就是一幅抽象的画，散发着无穷的艺术魅力。中国文字具有这种感染力，源于几项因素。首先，它的历史悠久，有数千年的发展历史，经历变革，形成不同的书体，从甲骨文、古籀文、大小篆文、隶书、楷书、行书，到草书，一脉相承，同音同字写法不同，增加许多变化趣味。第二，中国传统是用毛笔写字，笔法的变化可从下笔的轻重、用笔的粗细、行笔的疾徐中，产生温润娴雅、秀丽飘逸、平正严谨、尚意抒情等各种艺术表现。 加之，笔锋软硬，间架摆布，繁简对比，每人写来各不相同，特别是历代已经出现了得到肯定的众多书法家，如欧柳颜赵、苏黄米蔡等，更是大家欣赏的楷模。好的书法就是一件艺术品，人人都有欣赏的欲望。第三，中国文字是方块字，一字一音一义，从文章文句的构图来讲，比较自由。可横排、竖排、回环排、放射排、对联排。这种自由特点，对于中国文字用于建筑上很重要，可适应各个建筑部位的要求。第四，中国文字的音韵的平仄及字义的对仗更是拼音文字所没有的，由此引发了诗词文化，进而促进了联句的兴起，对联用于对称布局的中国建筑上是再合适不过的，可以说是珠联璧合。综上所述，中国建筑中反映出的文字装饰性，是顺理成章的现象，也可以说中国建筑空间内不可以没有文字。

文字装饰在建筑美学上的作用不可忽视。它可以增加建筑的内涵，在宣扬教化、传承家风、取美扬善诸方面发挥作用；它可以加强“观赏”与“联想”之间的互动，特别是在园林建筑中，景色与建筑是无言的，文字诗词是有意的，两者互补，相得益彰；它可以突出建筑空间的性质，以殿、堂、楼、馆等堂号，强调出建筑的使用功能；它可以文字书法之美营造出有别于其他手法的装饰之美。这就是在传统建筑中文字装饰的妙用。

传统建筑上的文字装饰表现在三个方面：匾联、壁刻文字、文字棂格。

一、匾联

匾联是指匾额与对联的通称，因二者经常配合应用，故称匾联，但很多情况是单独使用的。横者为匾（也有竖匾），竖者成对为联。

（一）匾额

文字装饰在民居建筑中的应用有几种表现形式。首先就是匾额。匾额是悬在屋檐下或室内正厅上方的书名木板，标示建筑物的名号，或者阐明建筑的文化价值。匾额可以这样理解，板上文字属于表达义理、情感方面的称为“匾”，园林建筑中常用；板上文字反映建筑物名称、功用或性质的称为“额”，宫殿、庙宇中常用。通称为匾额。在古代城乡中凡是有一定规模与文化水平的建筑物内皆悬挂匾额，匾额是集书法、文学、雕刻、漆艺于一体的建筑装饰艺术，是中华民族建筑文化的重要特征之一。

1. 匾额的形制分类

按匾额文字内容分类，可以有，殿堂匾，如“祈年殿”、“斋宫”；堂号匾，如“肃雍堂”、“承志堂”；功名匾，如“文魁”、“惠及桑梓”；园林匾，如“竹外一枝轩”、“玲珑馆”；教化匾，如“谦受益”、“知所止”等。

但从建筑装饰角度，更重视其形式与色彩的表现，可以迭出新意。总括下来匾额的形制有如下数种。

（1）斗子匾 匾额四周边框呈向外倾斜状，其形似斗，框边外缘不是平口，边口有弯曲状如意形纹线，故又称金线如意斗子匾。上匾边左右出头，左右匾边下端出头，下匾边不出头，组合形状类似“风”字，故又称之为风字匾。匾心多为群青色或用扫青方法涂饰，匾边为银朱红色，没有雕饰，边口装饰线为金线，匾心字为铜胎金字，镏金或贴金。该类匾风格庄重大方，古朴典雅，用于宫殿、宫门、城楼等处，是常用的标准型匾额（图7–1～图7–3）。

（2）雕龙匾 基本形状同斗子匾。匾心为群青

图7–1 北京颐和园仁寿殿斗子匾

图7-2 北京北海阐福寺斗子匾

图7-3 河南洛阳潞泽会馆藏斗子匾

色或扫青，镏金铜字。区别在匾边上雕有云龙，五、六、七、九条不等，重要建筑多雕九条龙，边框厚重，浮雕贴金，衬地部分可贴金，也可用银朱红色。风格高贵华丽，珍奇精致。多用在宫廷内主要宫殿的檐下，一般建筑不能使用。雕龙匾也可以不采用斗子匾形制，而用框档匾式样。其边框较宽厚，雕饰贴金的朵云行龙。匾心仍为扫青地金字，多用在宫廷中的次要殿宇及敕建寺庙上（图7-4~图7-9）。

图7-4 河南开封山陕甘会馆雕龙匾

图7-5 北京天坛祈年殿雕龙斗子匾

图7-6 辽宁沈阳故宫崇政殿雕龙框档匾

图7-7 山东曲阜孔庙大成殿内檐雕龙框档匾

图7-8 河北承德普宁寺大乘阁雕龙框档匾

图7-9 北京故宫雕龙框档匾

（3）一块玉匾 只一块平板，无边框，字体突出，地子有阴刻的花饰，匾的表面为黑地金字或金地黑字，落款同字色，印章为红色。风格简朴清晰，秀美典雅，富丽堂皇。属于高贵性质的匾额，用于皇家或寺庙、祠堂、商铺等较重要的建筑场合。但民间建筑中所用的一块玉匾式平板无华，没有雕刻，匾面油饰各种色漆，可称木胎油漆匾，或油木匾。匾地颜色以白色、黑色和蓝色居多，亦有局部装金者。字体为阴刻，或泥鳅背式阴刻。在北方地区一块玉式匾亦有作灰麻地仗的，这种匾可以刻出阴字，亦可用堆灰方法堆出阳字（图7-10～图7-16）。

图7-10 浙江兰溪诸葛村丞相祠堂匾额

图7-11 北京故宫宁寿宫乐寿堂堂匾

图7-12 浙江武义郭洞村何氏宗祠匾额

图7-13 江苏苏州虎丘二山门门匾

图7-14 江苏苏州拙政园匾额

图7-15 北京故宫宁寿宫乐寿堂“太和充满”匾

图7-16 河北承德避暑山庄澹泊敬诚殿御匾

（4）**清色匾**　为刷清油透木纹的平面匾，无边框，匾底木质有深浅之分。匾面多进行烫蜡，增加光洁度，充分显示木材的品质。匾字的颜色有多种，金、蓝、绿、白等色皆有。风格高雅清秀，古朴怡神，具有文人雅士的气质。多用于园林建筑或住宅书斋、客厅等处（图7-17~图7-21）。清色匾进入宫廷以后，其用材质量大为提升。根据文献记载，皇家园林中的清色匾有柏木地紫檀木边填青刻字或墨石凸字、黄杨木地紫檀木边青字、乌木地棕竹边斗接棕竹字、乌木地花梨木边嵌紫檀字等多种匾式，装饰构思极为丰富，简约之中又透出豪华尊贵之气概。

图7-17 江苏无锡薛福成故居堂匾

图7-18 广东广州陈家祠聚贤堂匾

图7-19 江苏扬州个园清颂堂匾联

图7-20 江苏苏州狮子林清色匾（一）

图7-21 江苏苏州狮子林清色匾（二）

图7-22 北京故宫乾清宫正大光明御匾

（5）**框档匾**　匾心为平面，四周凸起边框，框上刻整齐的凹起图案花纹，如回纹、万字等，图案大多贴金。匾心为黑色、绿色不等，匾字为金色或红色。风格清秀华美，简素大方。适用于皇家的次要建筑及社会上的各类建筑。以上各类匾额皆为木质材料制作，可用于室内外（图7-22～图7-28）。

图7-23 北京颐和园排云殿门匾

图7-24 河南开封朱仙镇清真寺大殿匾额

图7-25 江苏常熟翁同龢故居门匾

图7-26 山西平遥市楼匾额

图7-27 河北承德关帝庙崇圣殿匾

图7-28 北京颐和园廓如亭乾隆御匾

图7-29 北京故宫乾清宫御题壁子匾

图7-30 河北承德避暑山庄延薰山馆壁子匾

图7-31 北京故宫漱芳斋虬龙匾额

图7-32 北京颐和园长廊福寿匾

图7-33 北京故宫翔坤宫书卷匾

（6）壁子匾　又称箅子匾，是将纸或绢裱糊在白樘箅子上而成，多为帝王或名人的书法真迹裱糊上匾。匾边可用不同颜色的绢绫糊成，也可加用细木条框。风格典雅简素，有浓厚的书卷气质。这种匾的重量较轻，但不耐潮湿，故局限用于室内。据史料记载，北京圆明园各景点中大量使用的是纸绢匾，并且多为乾隆御笔书写（图7-29、图7-30）。

（7）花式匾　为一种外形不是长方形的不规则的匾，如书卷形、册页形、扇面形、套环形、蝙蝠形等。匾框的花式、油饰的颜色、字体的用材皆有不同，以色相对比、光泽突出为准，是匾的美学表现所在（图7-31~图7-36）。这种匾的匾形设计往往与建筑物的使用功

图7–34 山西祁县渠家大院南院正厅荷叶匾

图7–35 北京颐和园宜芸馆套环匾

图7–36 北京颐和园仁寿殿书卷匾

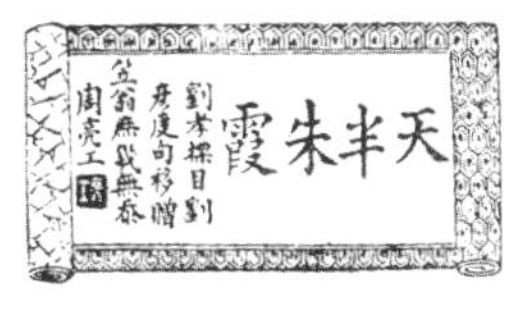

图7–37 李渔《一家言》所录花式匾

能相联系，有一定的情趣，多用于园林建筑中。如清代李渔所著的《一家言》中就记载了他所设计的几块花式匾，如手卷匾、册页匾、虚白匾、秋叶匾等。其中的虚白匾更是独有创意，将一块薄板贴字于上，镂空字体，两面相通，板面髹黑，背衬白绵纸，置于内暗外明之处，白字呈闪烁变化，别有情趣（图7–37）。

2. 匾额的制作

木胎匾额的匾心修饰主要为涂光油或色漆，但有几项细部加工值得注意，这也是中国传统制匾工艺的特长之处，就是筛扫、烫蜡、磨退。

筛扫工艺具有特殊的装饰效果，它色彩均匀，保持颜料本色，无反射光泽，形成绒面一样的质感。筛扫分扫青、扫绿、扫金、扫蒙金石、扫玻璃碴等数种，但原理是一样的，即利用油漆的黏性，将干粉颜料或碴体粘到匾面上。首先在筛扫部位涂刷两道光油作为底油，涂第三遍光油后，及时将群青或石绿粉放入箩内，在匾面上徐徐摆动，使颜料落在油面上，应有一定厚度，静置一日，干后将余粉扫掉成活。扫蒙金石、扫玻璃碴同此工序，扫金略有不同。扫金之先要把金箔剪成小块，在箩金筒内轻揉轻擦成金粉。在匾面上刷金胶油或大漆金胶，俟其将干之时开始扫金。将金粉倒在匾的一侧，用细毛刷轻轻将金粉推扫到匾的另一侧，不可触摸，晾干后将余粉收回成活。斗子匾、雕龙匾、框档匾皆可用筛扫工艺。

烫蜡工艺多施用在显示木材质地的清色匾上。首先将匾面清扫打磨光洁，即以蜡末均匀撒于板上，以炭烘烤融化，趁热涂刷均匀，凉后用牛角板刮除余蜡，用硬棕刷打擦抛光而成。经烫蜡后，匾面光可鉴人，温润脱俗。

磨退工艺多用在有地仗的一块玉匾或框档匾上。地仗完工后，满刮灰浆和腻子，打磨光滑，刷头道漆，用细砂纸打磨平整，然后刷二道漆打磨，刷三道漆及四道漆，干后用砂蜡打磨、擦净，用光蜡出亮成活。磨退后的匾面平整、光亮，没有刷痕，质感细腻温滑。

匾额的艺术形象除了匾形、颜色与质地以外，匾字的制作亦十分重要。匾字除了写在纸绢上的名人法书，可以直接上匾以外，皆须工匠制作。总计有四种做法；即铜字、木刻字、灰刻字、堆灰字。铜字是由宫廷内务府的铜作制造，雕切镀金而成。遇有笔画不连接处，其背面尚有铜带相连，铜带低于铜字，可卧于木板内，涂饰油漆后可掩盖不见；木刻字是在清色匾的基层上直接刻出，断面呈半圆形凹陷，是为阴刻。若将笔画的两侧刻下浅槽，中间留出平面，则称为阳刻。民间的斗子匾或框档匾亦有用单独的突起木刻字粘贴在匾心上的，匾字可以涂漆或贴金；灰刻字是在地仗灰上刻出字形，因地仗灰较薄，不可能深刻，多在笔画的两侧刻浅槽，以突出字形，称为"圈阳字"；堆灰字是用地仗灰直接堆出字形，笔画断面为突起的半圆形，字迹饱满，立体感强。

匾字成形的材料除铜、木、灰、漆之外，尚可有多种变化，如泥金字、树根字、银母字、墨石字、假汉玉字、紫檀字、棕竹字、煤渣字、槟榔字、万年子字等。依靠材质的变化增加匾额艺术形式的多样化。

3. 匾额的演进

匾额的历史很久远，据《后汉书·百官志》记载当时的乡官"三老"掌教化，"凡有孝子顺孙、贞女义妇、让财救患，及学士为民法式者，皆匾表其门，以兴善行"。说明汉代已有匾额出现，当时纸张尚未出现，匾材估计是木匾。早期的匾额皆为官方用匾，用于宫殿、衙署、寺庙、城门、坊门等处，至唐代末年随着城市里坊制的消除，家家皆可临街设门，百姓门厅亦可悬匾，匾额走向民间。据宋《营造法式》卷八记载，宋代称匾额为"牌"，底面为牌面，四周为华带，上带称牌首，左右带称牌带，下带称牌舌。牌首左右出头，牌带下部垂下，牌舌不出头，这完全是斗子匾的形制。并且华带上已经出现雕刻，雕刻图案有神仙、化生、凤凰、狮子等混作雕刻（圆雕），也可雕海石榴花、宝牙花、宝相花等起突的浮雕。如牌地为御书，则两边带在起突花卉之上加雕升龙，这已经类似明清时期的雕龙匾了（图7-38）。宋代最大的匾额可以作到八尺高，约为2.50米，相当巨大了。宋代还有一种牌首不出头的风字匾，但在后代很少出现。由于匾额是悬挂在檐下，可以移动，也可不断更新，因此真正古老的木匾实例已经很难见到。山西朔县崇福寺弥陀殿的殿匾为金代实物，已属难得（图7-39）。遗存的明代实例尚有多处，如山西应县释迦塔上数块明匾、大同上华严寺大雄宝殿匾、五台佛光寺大殿匾等。这些匾大部分为斗子匾，比例、尺度、用料上各有不同，并无定制（图7-40～图7-42）。

清代宫廷及民间建筑匾额是大发展时期，存量甚多，但形制亦在不断地变化。按《内务府造办处各作成做活计清档》记载，宫廷用匾在雍正至乾隆初年盛行

图7-38 山西太原晋祠圣母殿匾额

7-39 山西应县释迦塔匾额（明永乐、正德）

图7-40 山西朔县崇福寺弥陀殿殿匾（金大定四年，1164年）

图7-41 山西应县释迦塔匾额（明）

图7-42 山西大同上华严寺大雄宝殿匾（明万历）

黑地镀金铜字匾。如雍正三年十月为圆明园九州清宴殿所作的御笔“洞天日月多佳景”匾，为黑漆地泥金番花铜镀金字匾，御笔“会心处”匾，为石青地画金云夔龙洋金字匾；玄庙宫御笔“寿国寿民”匾，为雕九龙扫金边石青地铜镀金字匾。乾隆元年御笔“长春仙馆”匾为黑漆地一块玉铜镀金字匾。乾隆二年“春晖堂”匾为黑漆地铜镀金字匾。乾隆时期开始制作绫边壁子匾，最早出现的是乾隆三年为“奉三无私”殿做的“正大光明”壁子匾。以后用于室内的御笔匾额大部分为纸绢类的壁子匾。这类匾制作简易，成活较快，匾字不经拓转，直接反映笔者的法书原状，故风行一时。至乾隆中期以后，时尚有所转移，多用木胎黑漆金字一块玉匾，以及粉油地蓝字一块玉匾。同治、光绪以后，除上述各种匾式以外，各种花式匾又应运而生，大量应用在官私园林之中。花式匾虽然形式丰富多变，意趣横生，但庄重威严的建筑皆不宜采用，故建造实例并不普遍。乾隆时期比较欣赏西洋文化，在匾式上也有表现。如乾隆十一年所作长春园“履信思顺”匾，即为紫檀木地嵌玻璃绦环边的一块玉匾。乾隆四十六年长春园西洋楼远瀛观建成，御批制作西洋花边玻璃心匾一面，玻璃心用有锡玻璃，即是镜子，西洋花边要仿照该殿内部的彩漆花边样式，即是洋卷草式样，做成后该匾通长2.50米。匾字没有说明，估计为贴金木字，这块匾的形象一定非常耀眼生辉。随着圆明园的焚毁，这些有意思的匾额也消失不见了。

（二）对联

对联又称楹联，因其常悬挂在厅堂的楹柱上，故名。对联是一种对偶文学，两句字数相同，但词意相对，相辅相成，是利用汉字特征撰写的一种文学体裁，是汉字特有的形式。2005年已列入国家非物质文化遗产名录。

楹联最早起源于古代春节时在门上悬挂桃符，以驱鬼压邪。桃符为两块桃木板，上写降鬼大神“神荼”、“郁垒”的名字，以镇妖邪。西晋时出现讲究合律的对句，五代在春节时将喜庆的对句写在桃木板上，出现了春联。五代后蜀主孟昶所作的“新年纳余庆，嘉节号半春”是最早出现的一副春联。史称明太祖朱元璋大力提倡民间悬贴春联，成为时尚。至清代不仅春节张挂，平日喜庆婚丧皆可赠对联，建筑中也出现固定的对联，题在门板上、外檐柱上、正厅的明间左右内柱上及厅壁上，制作也日益精致。

对联的字数不拘多少，但定要字数相同，结构相同，对偶语句，对仗工整，平仄协调，词意相通。言简意深，可称是中文语言独特的艺术形式。一副好的对联必须上下联的词意有关联，字句对仗准确，末字平仄声合乎规律等，尤其是对仗工夫，必须是动词对动词，名词对名词，形容词对形容词，词组字数要相同。有些对联还要把建筑环境、治家箴言皆准确地表达出来，如福建永定县振成楼厅内对联为“振乃家声，好就孝悌一边做去；成些事业，端从勤俭二字得来”，联头二字为振成。江西九江柏山村的对联为“秀山青雨青山秀，香柏古风古柏香”，不仅把柏山村景描写出来，而且正念倒念皆同。所以，创作对联是一项很艰苦的文字工作。

对联的形式有平板式和抱月式（按圆柱外形做的半弧形），有边框或无边框之分。其制作用材与匾额用材类似，但一般皆为木胎，没有纸绢壁子的做法。因对联狭窄而竖长，故边框极少雕刻，以不同的线脚装饰木质边框。有些就是一块玉式样，没有边框。

对联的种类甚多，如春联（春节用）、贺联（寿诞、生子、婚嫁、乔迁用）、挽联（丧事用）、言志联（颂扬、勉励用）、行业联（门店内用）等，但这些大部分是纸制的、临时用的。从建筑装饰角度讲，更重视那些在建筑上永久存在或悬挂的对联，属于此类的有楹联、中堂联和门联。

1. 楹联

楹联是挂在明间外檐柱上，宫殿、庙宇、祠堂、园林、大宅正厅等处皆可，有的寺庙大殿的前金柱，衙署、大宅、园林的大门前檐柱亦挂楹联。南方四水归堂的民居，其大门内侧，面向正厅也挂一副对联，这样坐在正厅亦可望见对联词句，成为很好的装饰品。紫禁城内的戏台前檐柱也挂楹联，所以说楹联是应用最多的对联。楹联内容多为与建筑性质有关的词句。如雍正帝为圆明园内的九州清宴殿题写的对联为“天恩春浩荡，文治日光华”，反映出该建筑是为听政使用的。如“八面开金莲庄严清凉世界，四方瞻宝相引发菩提心华”联句用于佛寺。如“雄笔振清词追赏得烟云之趣，佳辰逢胜景乘闲采丘壑之奇”联句用于园林。皆是联句密切结合建筑性质的佳作。当建筑物上有殿名、堂名的匾额时，联与匾的用色用材上应有一定的联系，形成和谐的整体。这种和谐可以是匾联用相同的制式，如避暑山庄的“月色江声”匾联皆为扫青地描金边金字的框档匾式样。也可在匾联用色上反向使用，如无锡薛福成故居大门，匾为黑地白字，联为白地黑字，也较统一。近年由于建筑材料工业的发展，楹联也可用新材料制作，如山西五台山龙泉寺即用仿金的电解铝制作对联，并有暗花装饰，金色灿烂，效果不错（图7-43~图7-50）。

图7-43 北京故宫漱芳斋戏台匾联

图7-44 河北承德避暑山庄松鹤斋宫匾联

图7-45 辽宁沈阳张作霖帅府二门门对

图7-46 四川成都杜甫草堂柴门对联

图7-47 江苏无锡薛福成故居大门匾联

图7-48 山西灵石静升镇王家大院正房柱联

图7-49 安徽黟县宏村承志堂倒座匾联

图7-50 山西五台山龙泉寺新材料对联

2. 中堂联

中堂联挂在厅堂内后檐屏门两侧的柱上或屏门上，北方建筑则挂在后檐壁上。中堂联内容多为从政、治家、修身、赏景、言志等词句。宫廷用的中堂联多有框边，目的是与堂匾相配套,有些尚雕刻贴金。联地为帝王御笔的绢文，上裱在木胎上，地子上有暗花。而民间的中堂联皆为清油或彩油的一块玉式对联，无边框，用色简单，为黑、白、石青、石绿等色，与中堂匾或屏门木刻相匹配。有些民居还将多幅堂联一并挂在一起，表示主人结交文人雅士之广泛（图7-51～图

图7-51 河北承德避暑山庄烟波致爽殿中堂联

图7-52 辽宁沈阳故宫西所继思斋中堂联

图7-53 北京颐和园乐寿堂中堂联

图7-54 安徽黟县宏村承志堂中堂联

图7-55 江苏苏州网师园中堂联

图7–56 江苏苏州怡园藕香榭中堂联

7–56)。其中有木胎联也有纸质联，不拘一格。由于纸质堂联造价低廉，易于更新，却可数联并挂，所以广大的民居厅堂多悬挂纸联，用量比木胎联要大得多。纸联多与中堂画或题字相配属，作为正厅堂壁的悬挂装饰物。如喜堂挂喜字，寿堂挂寿字，一般客厅挂山水画等。纸联的美学价值除了书法艺术之外，全靠装裱技艺的发挥。但纸联只能挂在屏门或墙壁上，不能挂在楹柱上（图7–57~图7–59）。对联还可设计在佛龛、祖龛等龛橱上，称为龛联，以加深对信仰的理解与崇拜，与佛寺悬挂楹联的作用是一样的。在中国伊斯兰教清真寺的圣龛上，也仿照汉族匾联的形式，用阿拉伯文字组成联匾，以示崇圣礼拜之情（图7–60、图7–61）。

图7–57 江苏苏州东山杨湾明善堂纸联

图7–58 江苏淮安周恩来故居书房纸联

图7–59 山西祁县乔家堡民俗博物馆喜堂喜联

图7–60 广东台山民居中的龛联

图7–61 河南开封清真东大寺圣龛龛联

3. 门联

此外，北方民居的大门门扇上常刻有门联。门联又称门对，是刻在大门门扇上的对联，内容多为治家格言、吉祥用语。古代民居大门因制度限制皆油黑色，故门联皆为红底黑字。书写“忠厚传家久，诗书继世长”、“芝兰君子性，松柏古人心”等传家遗风的词句。有的地区门联不是刻在门扇上，而是刻在左右门框上，或左右墙壁上，同样亦属门联的一种形式。另外，民间百姓在新春所贴的梅红纸质春联，一般皆附有横批，对联贴在左右门框，横批贴在上槛。例如，对联称“丹凤呈祥龙献瑞，红桃贺岁杏迎春”，横批称“福满人间”等吉祥福庆的词句（图7-62～图7-65）。

图7-62 广东梅州承德楼门对

图7-63 山东栖霞牟氏庄园纸门对

图7-64 北京民居随墙门上门对

图7-65 山西灵石静升村红门堡民居入口门对

二、壁刻文字

壁刻即是将诗文、堂记、匾文、庙号等文字刻于木板壁、砖壁或石材上。中国很早就有文字题刻的传统，不仅帝王对名山大川册封题刻，一般文人雅士亦对风景名胜吟咏赞赏抒怀，而题字摹石。对重要的有纪念意义的建筑或事件，亦会著文刻碑作为永久的纪念。所以很多庙宇、祠堂皆有碑亭或碑廊的设置。中国是以文字为主题的纪念碑设计；而国外的纪念碑是以形象雕刻为主题的设计，如战功纪念柱、鼠疫纪念柱、伟人纪念碑等，这是中外文化的不同之处。传统建筑室内的字画装饰主要以装裱形式出现，可装裱成立轴、中堂、联对、屏条等悬挂在厅堂、斋室内。这些都是可移动、可撤换的装饰品，而与建筑物俱存的文字装饰应为壁刻文字。文字镌刻在木、砖、石的壁面上，可永久保存。壁刻主要应用在木板壁、门楼榜题、牌坊匾额、影壁心图案、装修的裱贴件等处。

木板壁题刻在太湖地区民居多用于厅堂屏门之上，室内的整间屏壁和分扇的屏门皆可题诗著文，采用清油素板，石青石绿填字，古朴典雅，成为厅堂的视觉主题。内容多为园记、古诗、石赞等题咏，如“重修狮子林记”、“冠云峰赞”等，整篇华文立刻为厅堂增加了书卷气氛（图7-66~图7-69）。有的将题记刻在木板，悬挂于屏门上，也是一种方法。最有震撼力的是紫禁城宁寿宫乐寿堂两侧壁上整幅的乾隆御题“西师诗”与“开惑论”两篇长文，论述了西征准噶尔的始

图7-66 江苏苏州狮子林燕誉堂屏门板刻

图7-67 江苏常熟翁同龢故居后厅屏门板刻

图7-68 江苏无锡薛福成故居惠然堂屏门板刻

图7-69 浙江嘉善西塘种福堂屏门文字装饰

图7-70 北京故宫宁寿宫乐寿堂侧壁文字板刻

末缘由。全文刻在楠木底板上，粉白字，十分醒目。全文长达十余米，这种大面积的文字装饰烘托出殿堂空间的宏大开阔，是一种创新的装饰方法（图7-70）。在回族清真寺礼拜殿中也有用阿拉伯文字装饰圣龛的实例，说明汉文化的影响（图7-71）。

图7-71 广西桂林崇善路清真寺圣龛阿拉伯文字装饰

门榜一词始于唐代，为表示业主的身份及姓氏源流而写在户门上方的文字。这种传统尚流行于南方各地，尤其是客家人居住的地区。如广东梅县多为平安祈福之意的户名“宇安庐”、“人境庐”。梅县客家人多取迁居以前祖居之地为名，如“荥阳堂”（潘姓）、“上谷堂”（侯姓）。闽南客家人为楼居，取名吉祥之意，如“福裕楼”、“振成楼”。而赣南客家人的围子则多取四字门匾，如“尼山流芳”（孔姓）、“乌衣世泽”（谢姓）、“江夏渊源”（黄姓）、“颍川世第”（陈姓）等。表示自己的族群是来自中原地区（图7–72、图7–73）。苏州一带的民居大户中的砖雕石库门上亦书门榜，称为“字碑”。苏州石库门字碑的文字反映了文人气质、精神理想、处世原则等。如表现进一步发展的“藻耀高翔”、“凤羽展辉”等，如表现为善遗后的“燕翼贻谋”、“贻厥孙谋”等，如表现士人品德的“刚健中正”、“恭俭唯德”等，如企望家族兴盛的“竹苞松茂”、“桂韵兰香”等，其他如“春晖朗照”、“麐翔凤游”、“舍和履中”、“迪前裕后”、“聿修厥德”等皆是常用的词句（图7–74、图7–75）。门榜也用于庙宇，以增加信仰的崇敬心理。北方民居的二门也有榜书，表示治家的理念及祈福的愿望（图7–76、图7–77）。

牌坊的匾心亦是题刻的重要之处，石牌坊、木牌坊、琉璃牌坊等各种牌坊皆有题刻，以示立坊的意义所在。牌坊的题刻往往伴随着丰富而复杂的边饰雕刻，以衬托简素大方的楷书字体，繁简对比是构图的基本规律。最复杂的匾心牌坊是山西阳城皇城村陈氏牌坊。皇城村是康熙皇帝的老师，曾为《康熙字典》主编的陈廷敬的家乡。这座四柱三间的石牌坊用了六道横枋，划分出十七块题刻匾额，将陈家历代有功名的先祖，一一列出。好像是一篇功名家谱，是国内已知的唯一题刻最多的牌坊（图7–78～图7–80）。

影壁也是重要的小品建筑，是划分围合空间的手段之一。影壁心的装饰除了镌刻花饰以外，亦可雕饰

图7–72 浙江仙居县某宅门楼

图7–73 贵州镇远青龙洞江西会馆入口牌坊门

图7-74 江苏苏州网师园石库门字碑

图7-75 江苏苏州同里静思园石库门字碑

图7-76 北京故宫漱芳斋入口屏门门榜

图7-77 山西祁县渠家大院牌楼院二门门榜

图7-78 山西阳城皇城村陈氏牌坊

图7-79 北京颐和园众香界琉璃牌坊字榜

图7-80 湖北武当山玄岳坊

吉祥文字，如“迎祥”、“戬谷”、“鸿禧”之类，这种手法在北京四合院的靠山影壁上经常应用。影壁中用的“百寿图”、“百福图”就是用一百个不同字体的寿字或福字组成的。这也是汉字的妙用，只有中国的方块字经过几千年的积累，才会产生如此众多的异体字，利用它组成文字图案。这种文字百寿图也可写成中堂画轴，悬挂在室内。南方建筑的影壁心多用四字题刻，词句出于典故，文化气息较浓厚（图7-81~图7-84）。至于佛寺的影壁上写“法轮常转”、“利乐国土”等是常

图7-81 江苏常熟曾赵园照壁

图7-82 北京四合院靠山影壁砖雕字榜

图7-83 山西榆次常家大院百寿影壁详图

图7-84 河南开封山陕甘会馆关帝庙照壁

用的题材。

木装修上的裱贴件亦有许多装饰性的文字书法。如碧纱橱的槅扇心、横批窗的窗心、槅扇门的心板等处。这些小幅的作品很多是名家手笔，在紫禁城内则为如意馆或当朝官吏书写而成，皆有一定价值。清代宫廷内用于装饰墙壁的贴落画，其中有一部分就是近臣所书写的颂扬文字，裱贴后上墙的，还可定期更换。这种装饰方法是宫廷所特有的（图7-85～图7-87）。

图7-85 山东曲阜孔府内檐装裱字幅

图7-86 江苏无锡薛福成故居惠然堂槅扇装裱书法文字

图7-87 北京颐和园排云殿装修装裱书法文字

三、文字棂格

建筑的槅扇心、窗棂格、栏杆格等由小木作组成的图案上往往也融进了文字组成的图案。这种文字多经变形棂条相互联络，以求坚固，并且棂条粗细应该一致，故多用篆体字。棂格文字出现在民国初年，是在玻璃门窗大量应用以后，棂格的实用功能减退，为了追求美学效果而采用的一种设计新构思。由于这种棂格制作复杂，故实例不多。已发现的实例仅在苏州、湖州一带。

图7-88 陕西出土的汉代文字瓦当

使用篆书文字作装饰图案应始于汉代的建筑瓦当，文字瓦当占有很大的比例（图7-88）。一字、两字、四字的瓦当皆有，用以表示宫殿、衙署、苑囿之名称，如上林、卫、长乐未央、华仓等；也有吉祥用语，如千秋万岁、天降单于、与天无极等。在以后的时期，篆字多用在印章的雕刻，而建筑装修装饰上极少使用。

图7-89 浙江南浔小莲庄文字窗格

门窗棂格图案文字有长寿、吉祥、式保子孙、万年宝用、永宜子孙、受祉延年、花好月圆人寿、大吉昌等吉祥祈福的用语。也有用于建筑堂名的，如浙江南浔的嘉业堂（以藏书著称于国内）。其构图皆按字分格，格内篆书，以增加其牢固性，也有用圆形构图的（图7-89～图7-91）。

由文字组成的棂格图案的剪影效果非常好，黑白分明，线条挺拔，打破了规整几何图案的定式。整面装修剪影呈现曲直、疏密、正斜的线条变化，形成大面积的自由网状图案效果，这是过去门窗楹格所未见的图式。在浙江湖州南浔镇的小莲庄宅园中有一副长窗，棂格文字为“绿天”，屋外院中广种芭蕉，绿荫蔽天，满目青翠，棂格文字与空间环境相互结合，相得益彰（图7-92）。民国以后，民间开始用铸铁作为装修材料，有些花格、栏杆、围墙改为铁制，文字图案则更易实现，材料对装饰设计的影响是显而易见的，也是客观规律。

图7-90 浙江南浔崇德堂篆文窗格

图7-91 浙江南浔小莲庄篆文窗格

图7-92 浙江湖州南浔小莲庄绿天窗格

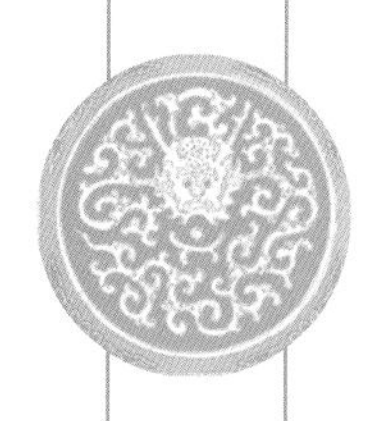

第八章

建筑装饰图案

图案设计是一项具有广泛内容的艺术设计，顾名思义，“图案”就是图形的设计方案。它广泛用于织品、陶瓷、衣服、首饰、鞋帽、家具，以及建筑物上，是人们接触最多的一项美学设计。图案是以常见的花纹与图形，以具象或抽象的表现形式组成设计方案，用在日用品上，增加物品的美学观赏性。它与绘画不同，不具备深刻的思想内涵，而更多的是在形式美方面的装饰考虑。图案专家雷圭元先生认为图案可包括图形与纹样两部分，图形是立体的，而纹样是平面的。图案的准确释义并不统一，美术界、工业界、建筑界各有称法，在日常讨论的文章中会出现图案、图样、图形、纹样等各种称谓，实际上都是指的装饰性的图形设计方案，即图案。图案可分为抽象的与具象的两类。抽象的是指几何类的图形，多为点、线、面、体的排列变化，反映了自然界的形体规律。具象的是指表现自然与社会的具体事物，如植物、动物、人物、器物、故事、场景等，这种表现可以用直接的写生式的真实描绘，也可用程式化的经过整理、加工、变形后的图形。就建筑装饰图案而言，这两种形式皆存在。抽象的几何式图案多用在门窗栏杆棂格、铺地、增面花饰、贴砖、花窗、彩画边饰等处；具象的图案应用最为广泛，如柱头、瓦件、内檐装修、小品建筑、砖木石雕、彩画墙绘等处，是传统建筑图案的主体，这些具象图案除了美化建筑的功能以外，也兼有一定的思想教化作用，成为中国传统建筑美学的重要特色之一。这些建筑装饰图案还具有反映时代特点、民族特点及群众喜好等社会因素的作用。

一、历史演变

人类的审美要求来源于生活，装饰图案亦如此，随着社会生活及物质条件的变化而改变。原始社会人类过着渔猎的生活，居住状况受自然条件的支配，所以人们把鱼形、蛙形画在陶器上，将水形、网形及日月之形画在土壁上。商周时期的奴隶制确立以后，统治者为了增进权威，出现了自然崇拜的思想，铜器上出现了饕餮纹、夔龙纹、雷纹、回纹等，同时在新出现的瓦材上塑出卷云、鸟兽、山字等纹饰，地砖上也有圆圈纹、菱形纹、S纹等。

汉代的社会生活有了极大的进步，帝王及封建领主的生活内容丰富而多样，这些内容皆以图案的形式表现在建筑上，建筑装饰图案开始丰富起来。汉代建筑图案题材可分为四类，即花纹、神鬼祥瑞、历史故事、社会生活场景。花纹中有涡旋纹、乳钉纹、雷纹、卷云纹、网格纹、三角纹等，皆用在瓦当、地砖或墙面边饰上（图8-1）；神鬼祥瑞方面的龙凤、四神、西王母、神荼、郁垒等图样，历史故事中的荆轲刺秦、泗水升鼎、完璧归赵等，皆用于画像砖石的图案设计（图8-2）。社会生活中如庭院、门阙、饮宴、伎乐、生产、出行、战争等场景的图案，多用在画像砖石及壁画上（图8-3）。与建筑有直接关系的装饰图案也已出现，除瓦当、脊饰以外，如门板上有彩绘人物，天花藻井上有莲荷图案以厌火盛，木梁及椽桷上可雕刻龙蛇、云气、花纹等，而且室内装饰有珠帘、帷幔，亦绘

图8-1 河南密县打虎亭东汉墓墓门石刻

图8-2 汉代四神瓦当中的朱雀

图8-3 东汉水榭人物画像石

出锦绣花纹。总之，汉代建筑装饰已经初具雏形。

南北朝时期的建筑装饰图案基本延续了汉代的模式，但随着佛教在中国的传播，引用了不少异域的装饰图案。最有影响的是莲花纹、卷草纹、忍冬纹、飞天、瓔珞纹及连珠等图样。尤其是莲花与卷草成为传统建筑装饰中长盛不衰的图案（图8-4~图8-6）。

唐代的建筑装饰图案除了壁画以外，皆向程式化、规则化方向发展，绝少自由写生式图案，其装饰意味更加浓厚。其中应用较普通的有连珠纹、卷草纹、莲花与团花。卷草纹的进一步的发展为后来的缠枝图案奠定了基础。团花也成为各类花卉图案变形的范本。最有影响力的是莲花图案（图8-7），通过花瓣的变形与丰富，排

图8-4 河北磁县响堂山石窟洞口忍冬纹饰

图8-5 河北响堂山石窟第三洞口忍冬纹边饰

图8-6 河南巩义市石窟飞天图案

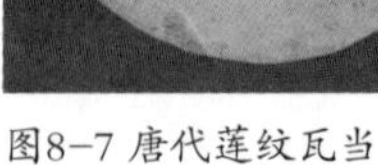

图8-7 唐代莲纹瓦当

列的仰覆等变体，成为历代瓦当、柱础、须弥座、各种台座、石刻边饰的常用图案，这种状况一直持续到清代。

宋代是装饰发展时期，商业的发达带动了市民消费欲望的释放，思想上儒释道并重，引入了更多的装饰图案。而且各种题材皆有多面的发展，例如团花在莲花及牡丹花的基础上，发展出宝相花、宝牙花、太平花、海石榴花等数种；格子门心的几何式的棂格图案，在方格眼及毬纹的基础上，发展出套方、龟背、十字花、睒电式等多种图样；宋代纺织用品制造业的繁荣，更使建筑装饰上使用的锦纹图案不断翻新，层出不穷。以杭州六和塔内砖雕为例，其题材有团花、缠枝花、卷草、狮子、孔雀、飞天、朵云等各种内容，说明宋代装饰题材扩展到各个方面（图8-8、图8-9）。

清代的建筑已经走向全面装饰的时期，特别是乾隆朝国家财富积累增多，官私建筑讲求美学质量，雕刻、彩画大发展，用金量较前朝亦增加许多，建筑面貌呈美轮美奂的场景。虽然历史上有些建筑装饰题材，随着社会生活内涵的变化而逐渐消退，如忍冬草、火焰券、饕餮纹、雷纹、飞天纹，以及彩绘中的网目纹等不再使用。但这一时期的建筑装饰题材有了巨大的扩展，不仅传统的花卉、动物、人物、锦纹继续传承，而且又增加了许多涉及故事、风景及器物等的社会生活内容。虽然鬼神题材减少，但龙凤题材在官式及敕建的建筑物中大量增加。总之，清代装饰题材更加人性化，贴近生活内涵。清代建筑装饰图案的另一特色就是吉祥图案的广泛应用。民间百姓祈求生活美满、平安

图8-8 浙江杭州六和塔内檐须弥座宋代砖雕图案

图8-9 北京房山云居寺辽残幢重瓣莲花幢座

欢乐是普遍的心理要求，将福禄寿喜的愿望用图案形式表现出来，就形成了吉祥图案。吉祥图案不仅用于建筑装饰，在民间年画、剪纸、工艺品、纺织品、印染品上皆有反映，故吉祥图案是民俗的产物，具有普世的价值。清代的建筑装饰材料及技法上皆有极大的提高，有雕绘贴塑及构造组合等各种手段，有些就是从当时日用品的工艺技术直接引用的。由于制造技法的不同，所以同一装饰题材在不同部位的造型也不同，形成装饰效果的多样性。历史上形成的各种图案，有些随着时代的推移而衰落消失，但总的讲图案题材日益繁多是大趋势。

二、构成规律

作为形式美学的图案学，其构成规律一定要符合形式美学的规律。即其形体构成要兼顾对称与均衡，有序与变化，协调与对比，一致与差异等构图上的要求，也就是要符合自然界的普遍的形式规律，即对立与统一规律。一个图案必须是均衡平稳的、排列有序的、纹路一致的、颜色和谐的，这样才能产生永久实在的感觉，即统一原理的作用。而一个图案又必须在线路上、布局上、形体上、颜色上有对比、变化、差异，这样才能显得有生机活泼向前发展的感觉，这就是变化原理的作用。至于统一与变化原则在图案设计中孰轻孰重，要视部位、环境、时代、习惯等多方面的条件而定，并无一定之规。尤其是在对比变化方面手段甚多，如虚实、长短、大小、高下、繁简、曲直、深浅、轻重、粗细等皆是对比变化的考虑因素。所以，一项图案设计的成功与否，往往决定于设计者在掌握变化方面的功力。

对于建筑装饰图案设计除了要符合自然形式美规律之外，还特别要强调“适形”、“连续”、“组合”的构图规律。

（一）适形图案

适形图案是指图案四周有界定范围的单独图案，其构图须与界定的范围相适应，如圆形、方形、菱形、三角形、梯形、柿蒂形等。在建筑上的应用部位如藻井中心的莲花、井口天花的圆光、栱眼壁的彩画图案、影壁中心的团花、槅扇门裙板的团龙、山墙尖的顶花、悬山顶的悬鱼、唐宋以来的铺地花砖、瓦当图案等。尤其是一些形体固定的构件，如檐下的撑木、牛腿、垂柱端头等的雕饰图形更需符合形体特点，否则会伤及构件的力学性能。设计优秀的适形图案可以做到构图饱满、主题鲜明、线条生动、疏密得宜，当然需要下一番功夫。在古代建筑中往往把优秀的适形图案标准化，供大家采用，这种现象在欧洲古典建筑中也是屡见不鲜的，如五种柱头式样。

（二）连续图案

连续图案是指图案呈标准单元形式，可以向不同方向连续重复展开，可分为两方连续图案和多方连续图案。两方连续图案可以沿左右或上下两个方向呈条状伸延，而无穷尽的纹样。多适用于长条形的构件或图案的边饰，如窄的梁枋、平板枋、椽身、须弥座上下枋、门框、窗梃、墙垣边饰、雕刻边饰，以及圆形或八角形的柱身等处。两方连续图案的标准单元有两种：一为独立图形，如圆形、方形、菱形、三角形、多角形等，将这些图形作散点式规则的排列，或邻者相互套接，即可形成条状纹样，如套环、方胜等纹样。假如是三角形等异形单元，亦可正倒相续排列，顺序成条状。另一种标准单元左右是有头尾的，将相邻单元头尾相接，即可形成条状纹样，如卷草纹、拐子纹、长流水等纹样。

多方连续图案是沿标准单元的周边连续安排同形单元，无限扩大，形成大面积的图案。按单元的形式可有四方连续、六方连续、八方连续等不同。个别纹样尚有三方连续的，如琐子纹。标准单元多为几何式的，绝少自由式纹样。多方连续图案往往会形成织锦的效果，故在建筑上常称之为锦纹。多方连续图案多应用在面积较大的梁枋彩画、门窗棂格构图、铺地、瓦花墙及贴砖图案等处。多方连续图案的组成可采用边与边的平接或隔缝接，也可套接，如毬纹、龟背锦、银锭纹、簟纹等。甚至可用两组连续纹样叠压在一起，形成更为复杂的纹样，如罗地龟纹等。

（三）组合图案

组合图案是将不同图案单元组合在一起，形成更为丰富的图样。如梁枋彩画即是将箍头图案与藻头图案、枋心图案组合在一起的，形成条形图案。作为独立画幅的墙面装饰构图多取中心四岔式，以取得中正平衡的效果，如影壁墙、廊心墙、扇面墙、大花窗等部位。井口天花亦是将圆光图案与岔角图案组合在一起的中心四岔式。清代后期的门窗棂格图案更为复杂化，往往将两种棂格图案套叠在一起，形成复式图案，这也是一种叠合的组合方式。有的棂格图案的套叠是内外分开的，形成内外不同的图案形式，具有时空变幻的效果。还有一种组合方式是用不同材料的装饰件组合在一起，如紫禁城宁寿宫的乐寿堂内檐装修，即将玉石、景泰蓝等装饰件组合到木装修的图案中。中国传统组合图案另有一个特色就配套图案。中国木构建筑的标准化程度较高，如槅扇门窗、屏门、屏风等皆四六成双成对，为了使装饰图案既统一又有变化，在这些门窗上往往将图案配成类似有关的一套，如梅兰竹菊四君子、春夏秋冬四季花等。配套形式有多种，如一主两从模式，多用于中堂；或规制雷同，但细部变化模式；或统一构图，在屏门上均等分割模式等。再加上题材、漆色、材料、字体、位置等的不同，可造成各种变异的感觉，如江南园林建筑中内檐隔断屏门的装饰手法可达数十种。总之，建筑是一种空间广阔、变化丰富的物质产品，其图案的应用与变化较一般小型的日用品更加多样，应该说建筑装饰图案是最丰富多彩的图案。

三、图案题材

从古至今建筑装饰图案题材不下千百种，都是反映当时社会思想及审美情趣的产物，即图案皆有寓意性质。随着时代的演进，有的图案不再应用，有的图案演化出各种变体，同时还出现了新的图案。而且，同一图案由于使用部位及工艺技法的不同，也会呈现出不同的风格，增加了装饰图案的多样性。写实的写生式图案变化更多，并无一定规律，将在下节的吉祥图案中进行讨论。今将常用的程式化的图案简介如下。

龙纹　龙纹是中国传统装饰图案中最富贵的一种。龙是一种能走、能飞、能游，富于变化、兴云作雨、有利万物的全能动物。它的形象也是由诸多动物特点聚合而成，头似牛，角似鹿，眼似龟，耳似象，项似狮，腹似蛇，鳞似鱼，爪似凤，掌似虎，形成人们理想中的动物。从原始社会的玉龙、商周时代的夔龙，逐渐变化丰富，至唐代才形成"九似"的图形，并成为帝王的代表符号，进一步扩充为民族的象征。建筑中的龙纹图案多用在皇家和敕建寺庙建筑装饰上，成为天子的象征，民间禁用，但在个别祭祀建筑上也有出现。紫禁城内的官式建筑彩画中单有以龙凤纹为主题的和玺彩画，此外在木装修的裙板、影壁、石栏杆、御路陛石、宝座、屏风、藻井、天花、台座、小品建筑等处皆有龙纹图案，可以说是龙的世界。由于装饰部位不同，可以有升龙、降龙、行龙、盘龙、坐龙、垂龙等不同形态。还可变形为图案化的夔龙（又称草龙、拐子龙），用于木装修中的雕刻图案。以龙的构思为主体，按"龙生九子"的传说，衍生出囚牛、睚眦、嘲风、蒲牢、狻猊、赑屃、狴犴、负屃、螭吻等类似龙的动物形象，作为屋面的装饰部件。民间建筑还可做成龙脊、龙墙、盘龙柱等多种表现形式（图8-10～图8-14）。

图8-10 木雕制品的龙纹

图8-11 彩画中的龙纹

图8-12 变形的夔龙纹

图8-13 石刻龙纹

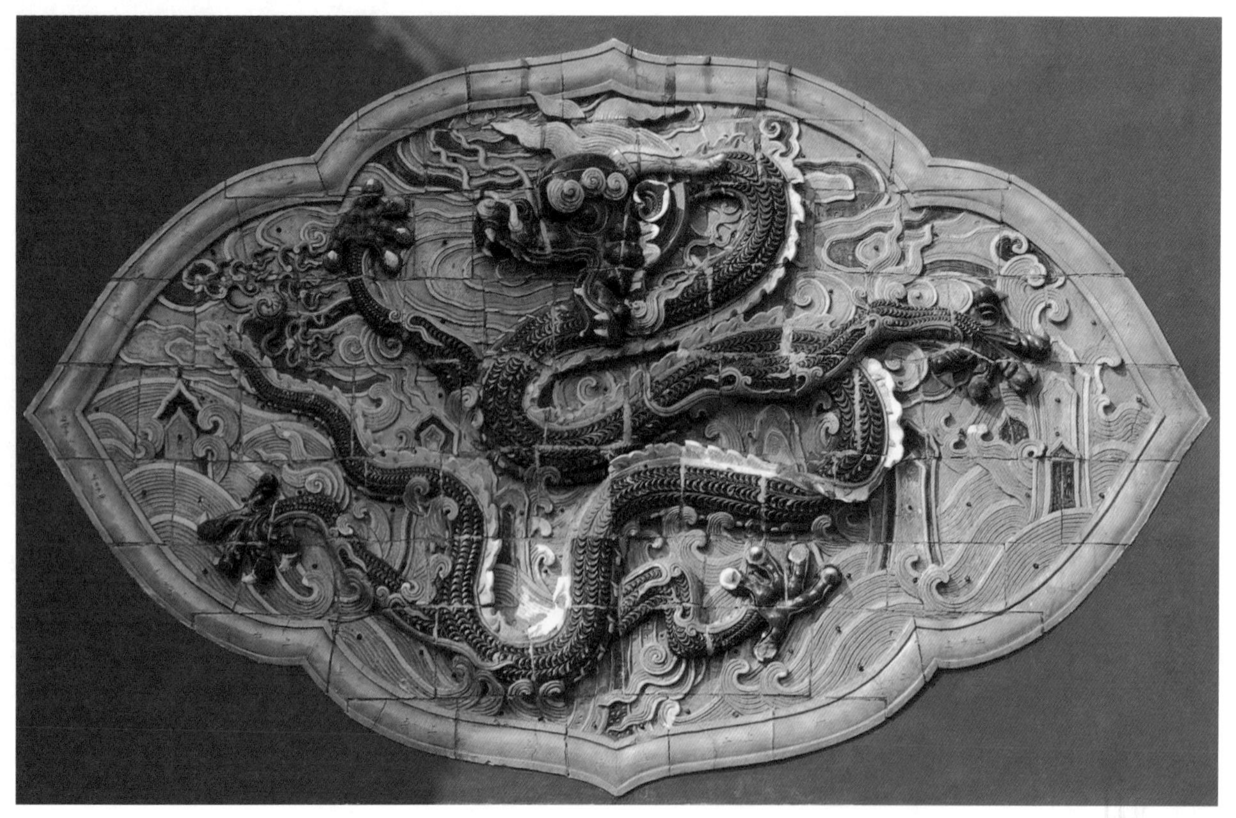
图8-14 琉璃制品的龙纹

图8-15 彩画中的凤纹

图8-16 天花圆光的凤纹

凤纹 凤的本义为凤凰，雄者为凤，雌者为凰，为传说中的神鸟，即百鸟之王。常用来象征祥瑞，后专用于代表皇后之意。龙为神兽，凤为神鸟，龙凤相配，代表统治天下的帝王夫妇。其形象亦取诸鸟之特点汇聚而成。如其头似鸡，身如鸳鸯，大鹏之翅，仙鹤之腿，鹦鹉之嘴，孔雀之尾，五色齐备，实际为想象的鸟类。在建筑装饰上除用于彩画图案以外，还可用于陛石、屏风、木雕等处（图8–15、图8–16）。

狮子 在中国传统建筑石刻中经常有狮子形象，特别是放在各类建筑大门前威武的石狮，更是不可缺少的装饰物。中国境内并无野生的狮群，如何能获得狮子的具体形象，据传是从西域以供品形式传入中国。佛教兴盛以后，狮子又作为神话中的灵兽得到人们的崇敬。雕刻中的狮子形象完全中国化了，卷毛、巨口、腿短、体肥、四爪尖锐，与狮子的原型拉开了距离。作为门口守卫的石狮还区分雄雌，雄狮脚踩绣球，雌狮脚下有幼狮嬉戏。中国南北方的石狮也有风格上的差异，北方的头大身壮，比较雄伟；南方的头小身长，比较灵巧。石狮作为门兽是应用最普遍的题材，也有作为栏杆望柱柱头及柱础的。木雕狮子多用在檐下撑木牛腿上。在吉祥图案中“狮”“师”同音，以母狮与幼狮象征太师少师，表示功名富贵，常用在砖雕或裙板木雕中（图8–17、图8–18）。

图8-17 江苏无锡薛福成故居入口门枕石

图8-18 山西灵石静升村王家大院敦厚宅门枕石

莲花　莲花即荷花，以其“出淤泥而不染，濯清涟而不妖”的特点，被赋予高洁之品性，史称君子花。“荷”与“合”、“和”音同，又广泛用于吉祥图案。在佛教传说中，释迦佛出生时，向四方各行七步，步步生莲花，因此佛像台座设为莲花座，代表庄严妙法，以示不染、不死、不灭之意。随佛教传入中国的莲座又发展成须弥座，并有仰覆莲及重瓣莲花之别，莲瓣雕刻日益复杂，莲瓣上加饰云纹与宝珠，形成宝装莲花的形式，更加华美。莲瓣用于柱础石雕由来已久，南北朝时已盛行，一直延续到清代。莲花纹还可以束莲的形式用于柱身。此外，早期建筑藻井中心及井口天花多用莲花图案，以表示以水制火之意。唐代的铺地方砖及瓦当纹饰采用莲花图案者居多。莲花是建筑中常用的图案，它可以从侧视（即立视），有仰莲、覆莲、仰覆莲、单瓣莲、重瓣莲等的变化；也可以从顶视（即平视），有八瓣莲、十瓣莲等的不同。从不同角度组织各种图案，表现出极大的灵活性，它已经完全走出宗教含义（图8-19~图8-22）。

图8-20 河北赵县陀罗尼经幢仰莲座

图8-21 山西大同云冈石窟第25窟重瓣莲花天花

图8-19 河北邯郸响堂山石窟束莲石刻

图8-22 山东曲阜孔庙大成殿覆莲柱础石

图8-23 河北邯郸响堂山石窟洞口边饰忍冬纹

卷草　佛教自汉朝传入中国以后，忍冬纹及莲纹这两种宗教纹样就在中国盛行开来。忍冬纹是一种植物变形纹样，其特点是在一片细长的叶子上有三瓣卷曲，将这简单的纹样通过顺排、对排、接续排、加枝蔓等组织方法，可以形成单叶纹、双叶纹、桃形纹、波状纹、锁链纹、藤蔓纹等不同的两方连续图案，成为边饰、椽枋的常用图案。南北朝时期最为盛行，一直延续到唐代。因为忍冬纹是有自由度的纹样，在保证三瓣叶片的造型基础上，宽窄、长短、曲度皆可变化，适应不同装饰要求，可以说是中国条形植物装饰图案的基本图形（图8-23）。

卷草纹为一种在忍冬纹基础上变化出的图案，呈S形波状曲线排列，以曲卷圆润的花草造型为母题。它与忍冬纹的区别在于，忍冬纹叶形尖长，而卷草纹叶形卷曲圆和。因其盛行于唐代，故又称为唐草。卷草图案有单片花叶、双片花叶或三片花叶之分，呈左右排列在曲枝两侧。卷草纹在唐代广泛推广，成为边饰的主要图案。卷草叶并不是哪一种植物树叶的原型，而是随曲就势创造出的装饰叶型。大小、肥瘦、曲度并无定则，自由度较大，展现出流畅、华丽、富有生机的艺术风格。卷草纹中还可增加花卉造型，形成缠枝花，花卉品种可选莲花、牡丹、菊花等大朵的花卉，更丰富了卷草纹的多样性（图8-24~图8-28）。在建筑装饰上卷草纹是边饰图案的重要选项。在清代官式彩画中单独的卷草纹又称之为吉祥草，又可与宝珠结合组成三宝珠吉祥草。若将两个卷草纹相对联束在一起，又称把子草，常用为彩画中的分隔图案（图8-29）。

图8-24 陕西西安碑林圣教序碑边石刻卷草纹样（唐代）

图8-25 山西高平开化寺壁画卷草图案（金代）

图8-26 辽宁沈阳北陵须弥座卷草纹样（清初）

图8-27 北京故宫宁寿宫乐寿堂木雕卷草天花

图8-28 清代彩画卷草图案

图8-29 清代彩画把子草图案

团花　团花为圆形的花卉图案，一般并非某种花卉的原型，而是加以艺术化、程式化、综合化以后的图案。常用在各种日用品及织品的装饰上，在剪纸工艺上利用折叠的特点，可创作出各种多向对称的团花图案。建筑上最早应用在天花板上始于唐代，在敦煌石窟中存在许多实例。当时天花上的团花有莲花瓣、如意瓣、牡丹花瓣等不同形式（图8-30、图8-31）。宋代平棊上仍用团花做成“贴”花，钉在板上，称作圜花（图8-32）。元代的如意头图案比较盛行，明清之际，如意头与宝相花图案相互糅合演变，构成旋花图案，并以这种团花为母题创造出旋子彩画系列图式。清代砖木石雕中也存在大量的团花图案（图8-33～图8-35）。

图8-30 甘肃敦煌莫高窟第159窟西壁窟顶团花（唐）

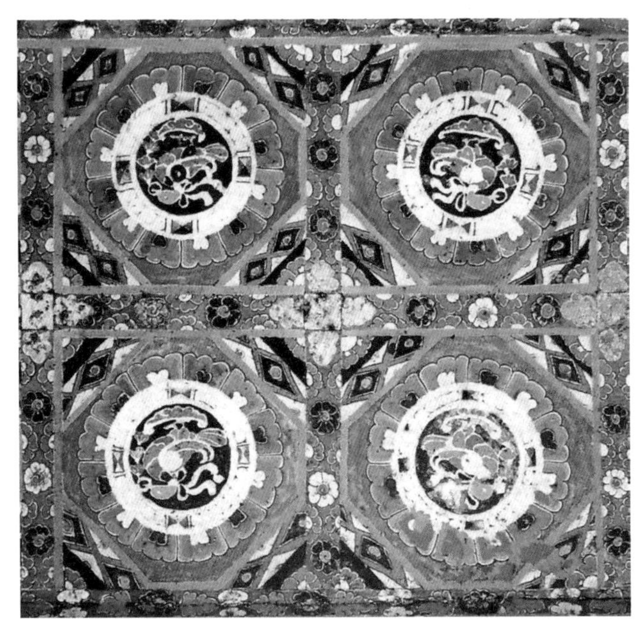

图8-31 甘肃敦煌莫高窟第361窟窟顶团花（唐）

图8-32 宋《营造法式》彩画图样中的团花

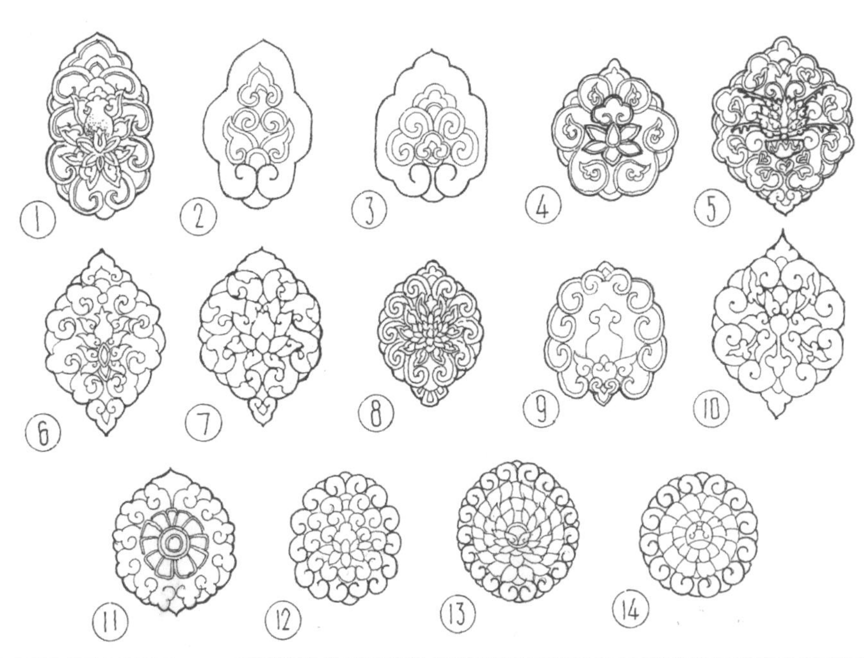

图8-33 明清时期彩画中旋花图案的演变

图8-34 明清时期常用的西番莲团花

图8-35 旋子彩画中的旋花图案

云纹 云纹是对天空彩云的艺术化描写，以不断弯曲回转的线条图案代表云朵。云纹代表天空及流动的含义，也有高升之意，是常用的装饰图案。经长期摸索变化，最后形成以朵云为主体并带有云尾的造型。在建筑装饰上基本采用单体布置的散云，首尾相连的不断云（又称流云）等两种方式。云纹多用在石刻的台座、华表、石柱、陛石，彩画中的海墁彩画等处（图8-36~图8-39）。

如意头 “如意”的造型来源于挠背的“不求人”，呈S形，后来头部采用灵芝的图式，演变成佛具，具有吉祥如意、驱邪避凶的含义，并用金、银、玉、角、象牙、珐琅、沉香木打造，成为一种陈设的工艺品。如意的头部有卷云形、灵芝形、心字形、团花形等多种形式，这些图案引入建筑装饰以后，基本采用卷云式灵芝图样，俗称“如意头”。宋代彩画中将如意头作为梁枋端头的基本图案，并衍生出单卷、抱脚、剑环、簇三、压角等不同图式。元明清三代仍然应用在彩画中，以及木装修裙板、石刻栏板的如意头起线等处（图8-40~图8-44）。

图8-36 湖南长沙马王堆出土的汉代棺板云气漆画（西汉）

图8-37 彩画图案中的流云

图8-38 彩画图案中的散云

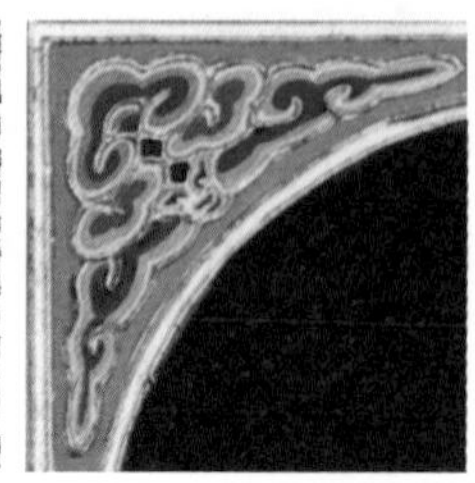

图8-39 彩画图案中的岔角云

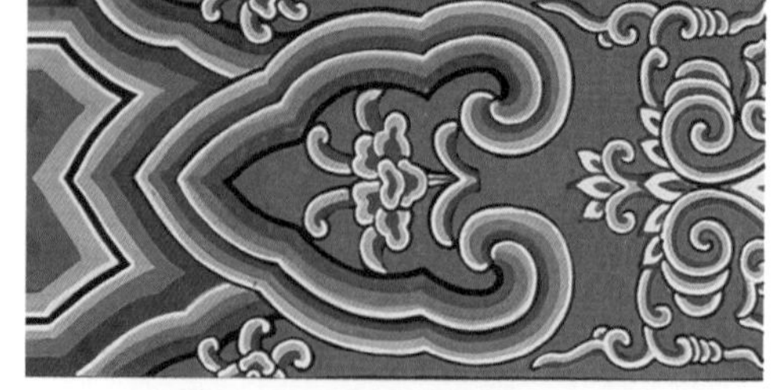

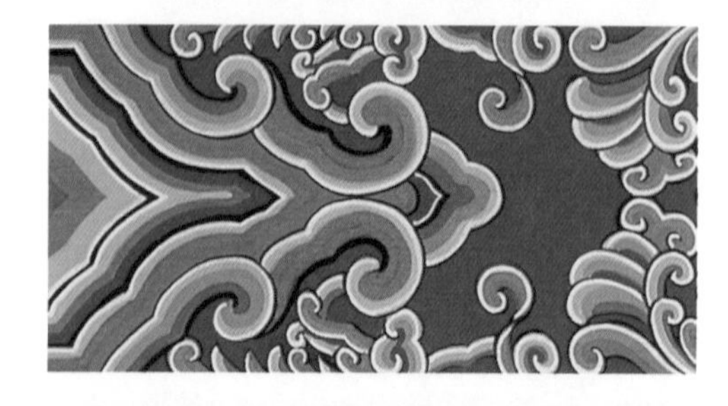

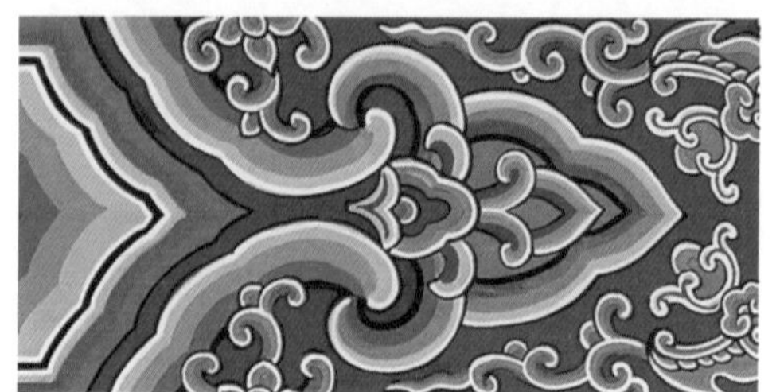

图8-40 宋代建筑彩画中的如意头图案

图8-41 元代雅伍墨彩画中的如意头

图8-42 清代彩画中的如意头

图8-43 安徽歙县呈坎乡罗东舒祠宝纶阁梁架端部的如意头彩画（明代）

图8-44 湖北武当山玉虚宫焚帛炉琉璃贴面砖中的如意头（明中叶）

宝珠　宝珠在建筑装饰中有几种形态，最古老的是连珠纹，即多个圆球连续在一起，作为边饰，唐代石刻门框多用之。清代彩画的箍头图案也仍用之。另一种形态即是火焰珠，又称摩尼珠、如意珠，是随着佛教的传入而兴起的一种装饰图案。此珠有除病、去苦等功德，譬喻佛法与佛德。其形象为六颗各色宝珠呈三、二、一梯形排列，周围是燃烧的火焰。而南北朝的石刻中的火焰珠，多为一颗大珠，外包火焰式样（图8-45）。清代藏传佛教兴盛，形成另一种宝珠形式，即与卷草相结合成为三宝珠吉祥草图案，广泛用于彩画及雕刻。清代椽头彩画的虎眼，应该亦属于宝珠的形态之一（图8-46～图8-48）。

回纹　回纹是由古代陶器和青铜器上的雷纹演化而成。它是由横竖短线折绕而成的方形花纹组成的连续图案，形如"回"字，故称回纹。民间赋予"富贵不断头"的吉祥含义。可单体间断排列的，有作一正一反相连排列的，也有连续不断排列的，广泛用于建筑边饰、底纹及长条形构件的装饰。回纹不仅仅限于"回"字形纹样，凡是由几何形同等大小的单位组成的连续图案，皆可称回纹。如宋代回纹称为"曲水"，包括有万字、丁字、钥匙头、工字、香印等不同形式。清代也有万字、回字、卡子、万不断等式样。回纹也可以在不同方向拐来拐去，故又称为"拐子纹"，并可形成龙的形状，称为夔龙，在木刻及彩画中常用（图8-49～图8-52）。

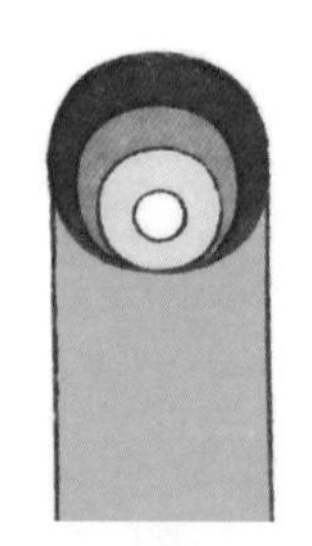

图8-45 椽头彩画中的叠晕宝珠

图8-46 清式彩画中的三宝珠

图8-47 清式彩画中的三宝珠吉祥草

图8-49 河北邯郸响堂山石窟石刻火焰珠纹样

图8-48 宋《营造法式》中的曲水图案

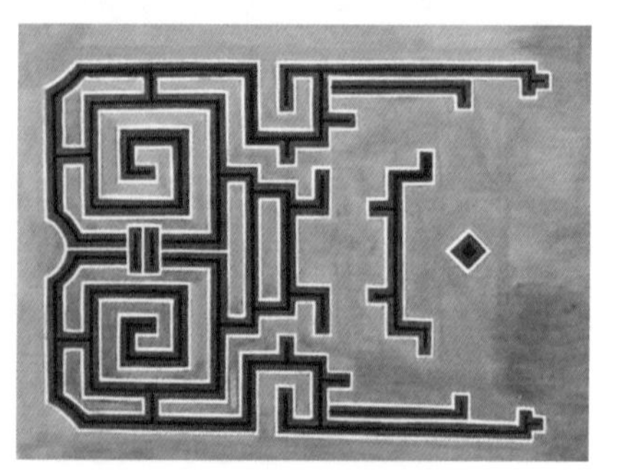

图8-50 清代彩画中的回纹硬卡子

图8-51 清代彩画连珠带回纹锦箍头

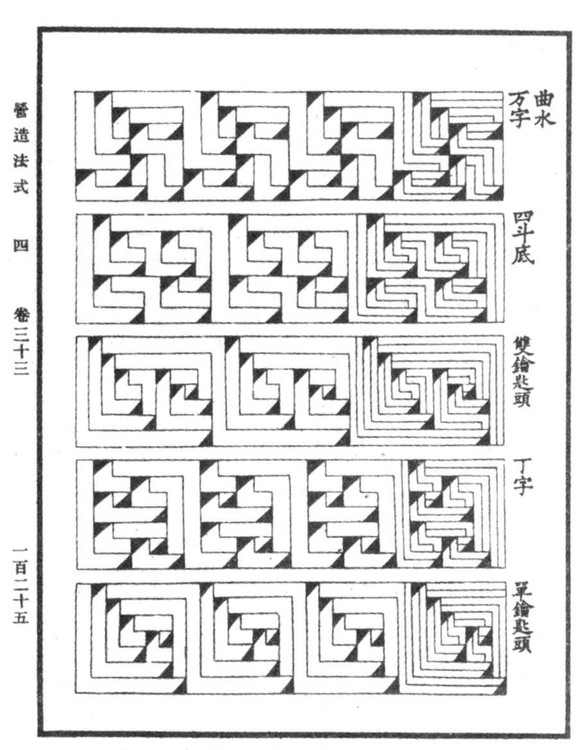

图8-52 宋《营造法式》中的回纹图案

锦纹　顾名思义锦纹是由织锦的图案演化而来。其特点是基本图案四向反复有规律地组合。用于建筑上的锦纹多为几何图案，很少花卉图案。宋代彩画中所用图案除花纹、飞仙、禽兽以外，大量为琐子纹。其中的琐子纹、簟纹（竹席纹）、金铤、方环、龟纹、四出、六出等式即为锦纹，又称宋锦。明代彩画及石雕、木雕中出现包袱图案，包袱就是民间用来包裹衣物的一块方布，考究的包袱是用锦缎制成，周围有沿边，包袱心为织锦形成的几何式有规律的纹饰，具有十分美丽的效果。南方民间建筑的厅堂及祠庙的梁架上往往绘制包袱图案，以表示华贵之意（图8-53）。随着包袱图案扩展到北方宫廷建筑，锦纹也得到很广泛的发展应用。清代彩画的枋心多画宋锦，藻头部分也可用宋锦衬地（图8-54、图8-55）。很多石刻、木刻中亦用锦纹图案衬地。江南地区的铺地图案亦是受锦纹图案的启发影响，只不过是用瓦片、碎石铺砌而成，《园冶》一书中称“选鹅子铺成蜀锦”即是此意。

图8-53 安徽歙县呈坎村罗氏宗祠宝纶阁

图8-54 清代官式彩画中的宋锦图案

图8-55 北京法兴寺宋锦彩画

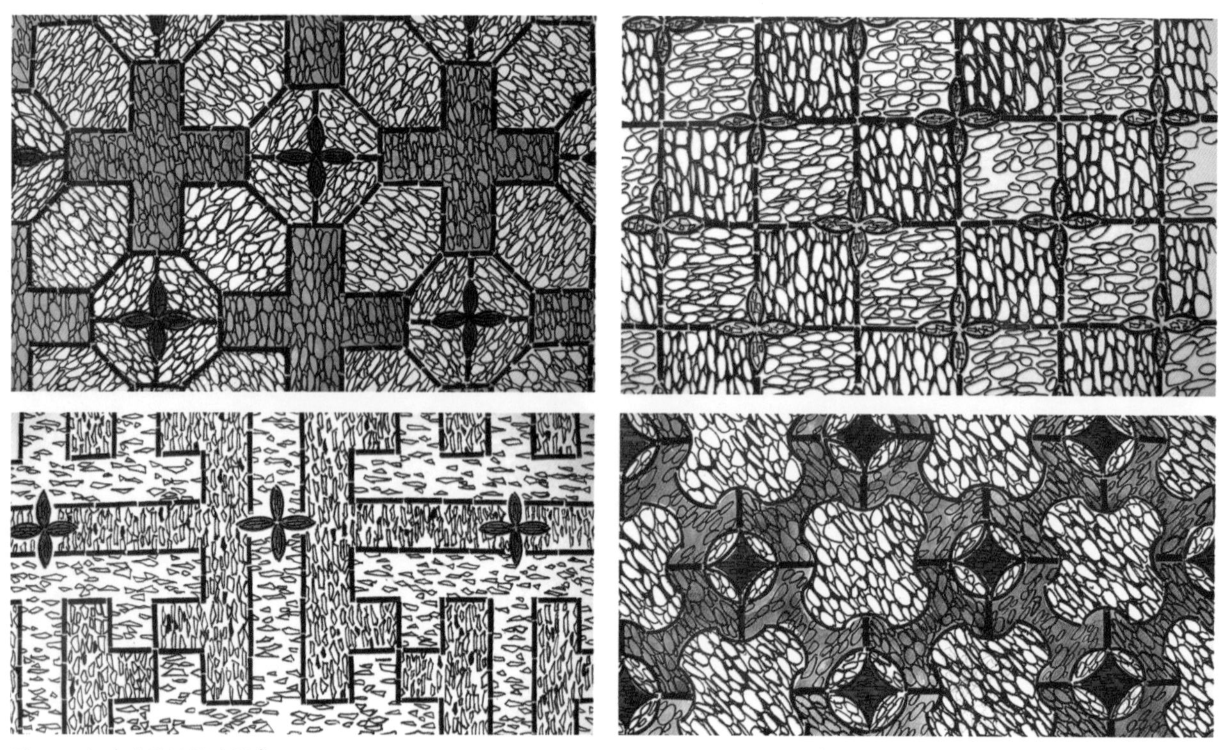

图8-56 江南地区的铺地图案

格网图案 格网图案是建筑上有特色的图案，用于门窗棂格、栏杆、花窗、铺地等处，呈网状图形，与连续图案有关，但又有独立的构图形式。它们多是由木棂条或砖瓦片组合成的，有尺寸上的模数关系。瓦花窗是按瓦片排列而成，组成套环、铜钱、栀子花、鱼鳞、波浪、软脚万字、六出等式样，用在墙头、花窗和铺地处。其中，若加用片砖，则图式更为复杂多变（图8-56）。门窗棂格自宋代开始历经变化，由简单趋向复杂。最初由直棂窗演变为柳条式，即横竖棂条搭配的图案，如一码三箭、井字格、步步紧、井字加杂花等。以后由于曲棂的应用，出现了古老钱、毬纹等。同时，直棂条变成带花翅的棂条，增加图案的变化，演变出

图8-57 甘肃夏河拉卜楞寺棂格窗

图8-58 四川阆中净圣庵街民居棂格窗

图8-59 四川阆中净圣庵街某宅棂花窗

图8-60 山西朔县崇福寺弥陀殿门窗棂格(金代)

图8-61 浙江绍兴民居棂格窗

图8-62 浙江东阳白坦乡务本堂槅扇窗

三交六椀或双交四椀等图案，并成为宫廷建筑的主要门窗棂格图案。南方民间建筑大量用短棂拼接，形成以拐子纹为主体的乱纹，乱纹之间还镶嵌木刻小件，使图案更加繁复（图8-57~图8-62）。门窗上使用玻璃以后，棂格风貌产生大变，又恢复了疏朗的构图，如十字海棠、花边式普遍流行。以门窗棂格为主体的格网图案是中国木制建筑装修的一项特色，应该予以重视及继承。

藏式建筑图案　藏族建筑受其宗教的影响，有许多特殊的装饰图案，如莲花、火焰珠、吉祥法轮、金刚杵、六字真言、坛城、堆经带、五方佛坐骑、佛足印等。法轮代表佛法，能辗碎一切烦恼，使众生上入圣道。

中心轮毂代表戒律，八个轮辐代表八正直，外轮圈为汇集正念之意。藏族佛寺常将法轮与双羊相配，称为吉祥法轮（图8-63）。坛城梵文称“曼陀罗”，有诸佛聚集之意。在密宗信徒修行之时，绘制或塑造坛城，以供信徒观想意会之用。坛城一般的形式是方圆互套，中心是大日如来，四佛拱卫，呈圆形莲花状。周围为方城，有四门。外周为圆形大海大山包围。坛城多用在天花彩画上（图8-64）。六字真言为六个梵文字母，音译汉文为唵嘛呢叭咪吽，是藏传佛教的一种咒语。经常念诵六字真言可广积功德，修行圆满，得到解脱。六字真言可用于井口天花及梁枋彩画上，亦可制成镏金铜板装饰在墙壁上（图8-65、图8-66）。堆经带是装饰在门框周边的小方块，成组地堆积在一起，并退晕式地刷饰颜色，有闪烁的感觉，十分突出（图8-67、图8-68）。

图8-63 法轮

图8-64 坛城

图8-65 六字真言

图8-66 彩画中的六字真言

图8-67 佛八宝

图8-68 堆经带

四、吉祥图案

在众多的具象图案中，民间常取用有吉祥意义的图样，不用凶丧之形，以反映人们心理上趋吉避凶、福顺吉利的愿望，故称这类图案为吉祥图案。百姓的吉祥观可概括为福禄寿三字。“福”的内涵包括家宅平安、家庭和睦、父慈子孝、多子多孙等；“禄”的内涵包括官运顺畅、功名有成、财源茂盛、事业兴隆等；“寿”的内涵包括身体健康、生活有趣、精力充沛、延年益寿等。百姓心目中还有一个“喜”字，喜字包括了福禄寿中任何一方面所取得的成绩，皆使人们欢喜。如喜得贵子、喜中功名、喜得升迁、乔迁之喜、婚嫁之喜、开业之喜、寿诞之喜、百年好合等皆为喜事，若两桩喜事同时出现，谓之“双喜临门”，是喜上加喜。在福禄寿的基础上，还派生出其他认为是祥瑞的事项。如儒家学者认为忠孝仁义亦是人生憧憬的目标，文人雅士认为高洁不染是崇高的风尚，宗教信士认为佛教宝器、道教法物等也为圣洁之物，可给百姓带来吉祥运命。这些都纳入吉祥图案中，扩充了吉祥图案的题材范围。

由于中国的传统文化的历史性及多样性，又加上中国文字的一音多字多义的特点，使吉祥图案产生了不同的表达方式，大致可分为四类，即直描、象征、音借、组配。

（一）直描

即直接从历史故事、典故、传说、宗教中，提取那些宣示吉祥教育内容的题材，组成图案。这些图案多为写生式的直描，人们可以直观地理解其吉祥含义。如佛教八宝（轮、螺、伞、盖、花、罐、鱼、肠）、道教八仙（汉钟离、吕洞宾、李铁拐、曹国舅、蓝采和、张果老、韩湘子、何仙姑）、八宝物（宝珠、方胜、石磬、犀角、金钱、菱镜、书卷、艾叶）、四神（青龙、白虎、朱雀、玄武）、四灵（麟、凤、龟、龙）、天官赐福（一个官员手捧福字）、百子图（众多的小孩）、竹林七贤（阮籍、嵇康、山涛、向秀、刘伶、王戎、阮咸）、商山四皓（东园公、绮里奇、夏黄公、角里先生等四人为汉初隐士）、四艺（琴、棋、书、画）、桃园三结义（刘备、关羽、张飞三人表示忠义）、汉初三杰（萧何、张良、韩信）、郭子仪祝寿（表示寿诞）、八音（金钟、石磬、丝琴、竹箫、匏笙、土埙、皮鼓、木柷敔）等。直描题材多用于壁画、苏式彩画和大型木雕砖雕及灰塑等处，为了适应装饰部位的体量，在写生基础上图案皆需作适当变形。

（二）象征

即选取带有吉祥合顺意义的动植物、器物作为装饰母题，暗示吉祥。这种吉祥含义是人们长期的社会历史积淀形成的，是中国独有的意向解释，只有中国人可以理解。如龙（天子、君权）、凤（皇后、美丽）、虎（除魔）、龟（长寿）、鹤（长寿）、鸳鸯（相爱）、牡丹（富贵）、桃（仙人所食、长寿）、松（长生）、竹（君子、高洁）、佛手（握财宝之手，有福禄之意）、梅（佳人、凌霜傲雪之志）、荷花（高洁）、石榴（多子）、灵芝（如意、吉祥）、萱草（忘忧）、回纹（不断延续）、莲座（佛法）、暗八仙（即道教八仙手执器物，扇子、宝剑、葫芦、拍板、花篮、渔鼓、横笛、荷花）、牡丹与狮子（花王与兽王、美艳与庄严、阴与阳）、蝉纹（居高饮清、高洁之意）、云朵（祥瑞）、博古（古代器物，象征文化）等。象征图案多以独立的图形出现，或有少量的变形与简化。用在槅扇裙板、绦环板、柱头、栏杆、彩画、藻井、屏风、小品建筑等处，图案的体量皆不甚大，描绘较为细致。

（三）音借

即借动植物与器物名称之音韵以示吉祥幸福之意，这是中国所特有的装饰意匠，也是中国传统汉字同音异字的特点在装饰图案中的应用。如羊（吉祥，羊祥音通）、喜鹊（喜）、鲤（利）、蝙蝠（福）、鹿（禄）、猴（侯）、蜂（封）、鱼（余）、莲（连）、金鱼（金玉、富贵之意）、芙蓉（富）、水仙（仙）、大橘（大吉）、寿石（寿）、桂花（贵）、瓶（平安）、屏（平安）、扇（善）、戟（吉）、磬（庆）、卍字（万福）、竹（祝福）、金钱（元）等。在图案设计中利用音借的特点，将思想内容转化为具体形象，便于图案的创造，为高一级的组配图案提供了素材。

（四）组配

即将直描、象征、音借的各种图案的音义并用，组合搭配在一起形成一幅图画，表示出一句吉祥话语。这种寓意图案也是中国所特有的，明显是在中国传统谚语基础上发展出来的。例如，一品当朝（鹤立于潮水前）、一统万年青（木筒插松树及彩带）、岁寒三友（松、竹、梅，代表高洁）、三多（以佛手、桃、石榴代表多福、多寿、多子）、三阳开泰（三只羊配山水）、四君子（梅、兰、竹、菊）、四季花（芍药、踯躅、寒菊、山茶）、锦上添花（锦地上加花朵）、洪福齐天（红色蝙蝠在天上飞舞）、红莲献佛（一佛坐在红莲花上）、五福祥集（中央祥字，五蝠围之）、群仙捧寿（仙鹤及寿桃）、五福捧寿（中央寿字，五蝠围之）、福缘喜庆（蝙蝠叼磬）、梅花八吉（梅花及盘肠八结）、四季连元（四季花及连钱代表连续财富）、三元攀桂（连钱及桂花，表示既富且贵）、喜上眉梢（喜鹊、梅枝）、瓜瓞绵绵（蝴蝶、瓜）、江山万代（山形、波纹、卍字）、寿山福海（寿字、山形、蝙蝠、海波）、福寿绵长（蝠、桃、飘带）、福寿眼前（蝠、寿桃、方眼金钱）、福寿双全（蝙蝠、桃、双钱）、海屋添筹（海波、楼阁、双鹤衔筹，表示长寿）、和合二仙（寒山、拾得）、三星高照（福禄寿）、喜沐恩波（喜鹊浴波，表示功名有成）、流云百福（云中有无数蝙蝠）、忠义双全（葵花、萱草）、松鹤遐龄（松、鹤、灵芝，代表长寿）、寿居耄耋（石、菊、猫、蝶，代表长寿）、荣贵万年（芙蓉、桂花、万年青）、福禄寿（福字、鹿、桃）、富贵白头（牡丹、白头翁）、太平有象（大象、宝瓶）、平安如意（宝瓶上插如意）、丹凤朝阳（丹顶鹤、松树、太阳）、俸禄如意（蜂、鹿、灵芝）、文武双全（书、剑）、马上封侯（马上坐猴及蜂）、一路连科（白鹭、莲叶、花藕）、鱼跃龙门（鲤鱼、牌坊）、四季平安（四枝月季花插瓶中）、安居乐业（鹌鹑、菊花、枫叶）、清风高洁（风竹、舞鹤）、麒麟送子（麒麟、童子）、金玉富贵（金鱼、牡丹）、必定如意（笔、锭形墨、如意）、百事如意（百合、柿子、如意）、必定胜（笔、金锭、方胜）、平升三级（瓶中插三支画戟）、金玉满堂（金鱼游于池塘）、玉堂富贵（玉兰花、海棠、牡丹）等，可列举的不下二三百种。其中，某一种还可派生出多种，如“三多”，即有大三多、小三多、菊三多、万字三多、四季三多、福寿三多、余庆三多、富贵三多等多种形式。

组配的吉祥图案因为内容多、面积较大，故多适用在苏式包袱彩画、大面积的砖雕、木雕、石栏板、影壁墙、屏门、石库门等处，尤其是包袱彩画中应用吉祥用语题材甚多，为传统彩画题材的扩展，提供了丰富的素材。

部分图片引自下列文献

图3-13、图3-16、图3-19引自《山西寺观壁画》 柴泽俊编著 文物出版社

图3-11、图3-26引自《敦煌莫高窟》 敦煌文物研究所 文物出版社

图3-10引自《克孜尔石窟》 敦煌文物研究所 文物出版社

图1-96、图2-68、图2-69、图3-243、图3-244、图3-245、图3-250、图5-22、图5-23、图5-28、图5-29、图5-33、图5-36、图5-38、图5-39、图5-42、图5-43、图5-46、图5-47引自《紫禁城宫殿建筑装饰 内檐装修图典》故宫博物院 紫禁城出版社

图3-8、图3-25引自《唐李重润墓壁画》 陕西博物院 文物出版社

图3-5、图3-21引自《密县打虎亭汉墓》 河南省文物研究所 文物出版社

图3-7引自《北齐东安王娄睿墓》 山西考古研究所 文物出版社

图3-9、图3-49引自《白沙宋墓》 宿白著 文物出版社

图4-16、图4-17、图4-18引自《安阳修定寺塔》 河南省文物研究所 文物出版社

图3-66引自《中国古代建筑技术史》 自然科学史研究所 科学出版社

图3-46、图4-24引自《义县奉国寺》 建筑文化考察组 天津大学出版社

图3-56、图3-57、图3-246、图3-249、图5-37、图6-24、图6-25引自《故宫建筑图典》 于倬云等著 紫禁城出版社

图2-86、图3-22、图3-37、图3-38、图3-39引自《敦煌石窟全集. 石窟建筑卷》 敦煌研究院 商务印书馆

图2-82、图3-90、图6-14、图6-16引自《中国建筑艺术全集. 宫殿建筑(一)》 全集编委会 中国建筑工业出版社

图3-1引自《中国历代艺术. 绘画编》 编委会 人民美术出版社

图1-177引自《中国历代艺术. 雕塑编》 编委会 人民美术出版社

图1-31、图1-32、图1-52、图1-54、图1-153引自《汕头建筑》 林梃主编 汕头大学出版社

图1-19、图1-53、图1-175、图1-243、图5-8引自《中国美术全集. 民居卷》 陆元鼎 杨谷生主编 中国建筑工业出版社

图6-1引自《中国文明之形成》 徐苹芳等著 新世界出版社

图3-2引自《考古》1986年9期

图3-4引自《考古》2006年10期

图3-17引自《文物》2003年9期

图3-28引自《文物》2000年2期

图3-47引自《考古》1999年5期

图3-48引自《中国古代建筑彩画》

图3-50引自《中国十年百大考古新发现》 李文儒主编 文物出版社

图3-101引自《古建园林技术》10期

图3-149、图3-153引自《中国建筑彩画图集》 何俊寿 王仲杰主编 天津大学出版社

图4-1引自《考古》1961年6期

图4-45、图4—46引自《文物》2011年3期

图4-50引自《文物》2005年12期

图4-58引自《考古》2009年5期

图4-67、图4-68引自《考古》2005年3期

图4-69引自《考古学报》1997年3期